特殊用途气力泵性能研究

胡　东　唐川林　编著
邓　岭　王　舒　林　鹏　参编

兵器工业出版社

内 容 简 介

与传统叶片泵及活塞泵相比较，气力泵内无运动部件，具有结构简单、体积小、成本低、污染少、不易堵塞和使用可靠等优点，是一种典型的特殊用途泵，可广泛应用于液体与浆料输送，特别适合应用于钻孔水力开采、深海采矿以及深水域库区及河湖疏浚等领域。随着国家向深海和深陆资源的开采，气力泵的用途将越来越广泛。本书介绍了特殊用途气力泵原理与基础理论、特殊用途气力泵外部特性、特殊用途气力泵内部流场结构等。

本书可供从事气力泵理论分析、实验研究、产品设计及工程应用研究人员参考。

图书在版编目（CIP）数据

特殊用途气力泵性能研究 / 胡东，唐川林编著. --
北京 ：兵器工业出版社，2019. 12
ISBN 978 – 7 – 5181 – 0572 – 4

Ⅰ. ①特… Ⅱ. ①胡… ②唐… Ⅲ. ①泵性能 – 研究
Ⅳ. ①TH3

中国版本图书馆 CIP 数据核字（2019）第 293542 号

出版发行：兵器工业出版社
发行电话：010 – 68962596，68962591
邮　　编：100089
社　　址：北京市海淀区车道沟 10 号
经　　销：各地新华书店
印　　刷：天津雅泽印刷有限公司
版　　次：2020 年 7 月第 1 版第 1 次印刷

责任编辑：陈红梅　杨俊晓
封面设计：博健文化
责任校对：郭　芳
责任印刷：王京华
开　　本：787 × 1092　1/16
印　　张：10. 5
字　　数：230 千字
定　　价：48. 00 元

前言

Preface

业已证明，气力提升技术对加快深井取水、二氧化碳埋藏、管沟开挖、钢厂排渣、钻孔水力开采、大洋采矿以及江、河、湖泊与港口清淤等领域的发展极为有利。特别是在含有油污、腐蚀和放射性介质等恶劣工况以及作业人员受气象与地质条件束缚难以涉猎的深水、深海时，气力提升系统具有不可替代的优势。由于其未含运动部件、结构简单、体积小、成本低、无污染、不易堵塞、使用可靠、自动化程度高，是一种典型的高效、环保与节能新技术，故极具发展潜力，越来越引起学术界的高度重视。

随着有利于浅层开采的砂砾、矿产资源不断消失以及浅水清淤、采矿工作的逐步完成，加之日益恶化的生态环境问题，深水连续开采、提升工艺是解决这些难题的有效途径之一。作为一种高效提升手段，各类叶片泵、容积泵的发展对此起到了积极的推动作用，国内外研究者也耗费了大量物力、财力分析其结构与力学特征，以增强泵内运动部件抗磨损、腐蚀以及冲击的性能。虽然该方案在提升微小尺度颗粒中取得了显著成效，然而在大尺度颗粒输送时却常出现运动部件磨损、卡死甚至折断的弊病，存在重大安全隐患，而且因活动部件的存在使得上述输送方式浓度受限。为此，研究者又提出一种内无运动部件的射流泵技术，较好解决了上述难题，但受喉管处高速流体动量交换影响使得磨损现象仍然严重，且在输送大尺度颗粒时磨损、冲击现象尤为突出。针对于此，本书提出一种适合于各类介质特别是中高尺度固体颗粒输送的特殊用途气力泵，可很好解决上述诸多弊病。

本书是作者十余年来对特殊用途气力泵输送固体颗粒理论及应用研究的成果总结。主要内容包括气力泵发展概况、气力泵工作原理及基础理论、气力泵外部及内部特性、气力泵成套设备组成等。可为从事相关气力泵理论分析、实验研究、产品设计以及工程应用研究人员提供较为全面的参考。

由于时间仓促，作者水平有限，书中错漏缺点在所难免，希望读者批评指正。

本专著的相关工作得到了湖南省重点领域研发计划项目（2019SK2192），湖南省自然科学基金（2018JJ2195 和 2018JJ3253），湖南省教育厅重点科研项目（18A419），娄底市重点研发计划（高效自振气力泵清淤技术）等项目资助，特此感谢。

编著者

2019 年 6 月 30 日

目 录 Contents

第1章

绪　　论

1.1　气力泵在国民经济中的地位

国内许多矿区由于水文地质条件较为复杂，导致勘探成果常年积压，丰富的地下资源化为“呆”矿，如我国云南、湖南、江西、福建、广东、广西等省区的铁锰矿、铜矿、金矿、煤矿、铅锌矿以及稀土矿等。这些宝贵资源埋藏在地下数百米甚至数千米深的地层，以砂状、葡萄状、粉状的形式存在，矿体附近区域有常年性地下河流或矿区构造断裂复杂，大部分断层含水、导水，矿体顶、底板呈岩溶化岩层，其岩溶发育丰富，矿体多分布于此，含有丰富的溶洞裂隙水，矿坑涌水量很大。因此，采用传统的采矿方法实难开采这类矿层。钻孔水力开采，（Borehole Hydraulic jet Mining，BHM）是目前解决这一问题的最佳方案之一。

在欧美国家及加拿大，钻孔水力开采技术属热点研究，受政府专项财政支持。俄罗斯曾将其先后应用于列宁格勒州的金吉谢普磷矿、鄂木斯克州的塔尔钛锆矿、奥伦堡州的阿克尔曼诺夫锰矿以及沙姆拉耶夫铁矿区等矿床的开采，获得了巨大经济效益。美国矿业局也在利用此项技术开采圣约翰磷矿床与那因－玛因湖地区的铀砂矿中取得了重大突破。此外，加拿大还通过将此项技术应用在卑诗省 Snowfield 金铜钼矿床的开采中取得了突出成效。

此外，在太平洋 6000～8000m 以下深海域发现大量含有镍、锰及钴等多种稀有金属结核。然而由于其受制于部分极端化学、物理及其他复杂工况条件，因而难以采出。我国十计划、十一五规划期间已将深海开采技术列为重点科技攻关项目，且习近平主席在 2016 年 2 月 26 日又签署了第四十二号中华人民共和国主席令，同意公布《中华人民共和国深海海底区域资源勘探开发法》，这标志着国家能源开发正逐步由陆地转为海洋。不过由于开采技术的局限性，现有设备仍存在成本高、采掘硬度受限、设备寿命和提升效率偏低等缺点。

再者，国内多数江河、湖泊及港口基本为自然状态，泥沙淤积现象十分严重，部分水系的防洪、抗灾能力被严重削弱。目前，我国清淤疏浚能力严重不足，据资料统计：现有各型挖泥船1000余艘，年疏浚能力仅3亿m^3，居世界第6位，其中水利系统313艘，交通系统430艘，海军系统26艘，其余为各县市级船队所有。上述挖泥船普遍存在船龄长，配套设备陈旧、工效低、能耗高、运行费用和维修量大等弊端，其疏浚能力不能有效发挥。若按中央下达每年完成疏浚工程量3亿m^3计算，黄河、长江已经淤积120多亿m^3泥砂，需40多年才能完成，这还不包括每年新输入14亿m^3泥砂在内。湖南省仅洞庭湖年泥沙淤积量就超过1亿m^3，不断增加的泥沙不仅造成湖区面积急速缩减，还使得水质恶化。此外，水库淤积使蓄水防洪抗旱库容不断损失，导致水库防洪抗旱能力及综合效益降低，威胁城乡人民的生命财产安全，也使得正常航运受阻。因此，加大对疏浚新设备的研制已成为当今迫在眉睫的任务。

气力泵（也称气举，Airlift Pump）是以压缩空气为工作介质，来抽吸或压送液体及浆体的流体机械设备，由于其本身未含运动部件，结构简单，是提升矿浆、泥沙、石油及输运危险性化工产品有效工具之一。将该项技术应用于钻孔水力开采、海洋矿产资源开发以及河道疏浚工程，对改善环境、解决自然能源供应紧张与经济高速发展之间的矛盾、倡导可持续性发展都具有广泛的应用前景和重要的经济战略意义。

1.2 气力泵技术发展与面临的任务

目前，气力提升技术应用于水、油以及化工原料等液体输送的研究成果颇丰，其相关基础理论也较为成熟。然而有关其在钻孔水力开采、大洋采矿以及河道清淤等领域的携固特性研究报道却知之不多，且大部分成果仅限于室内模拟，相关理论学说也因多相流场的复杂性导致其研究进展较为缓慢。以下主要阐述国内外研究者在气力提升理论模型、携固性能及其内部流场结构方面的研究现状，并结合笔者已有研究成果对气力提升技术在举升固体颗粒方面的发展动态进行分析。

1.2.1 气力提升理论模型研究进展

气力提升理论模型的分析一直吸引着众多学者的关注，早期以Kato，Weber和Dedegil等为代表，他们基于气—液两相流理论并耦合两相动量方程及单颗粒运动方程，获得了管内各相流速分布特征，还基于能量守恒导出了效率模型。但由于模型忽略了气体的可压缩性，且在计算中视颗粒浓度为常量，因而使得理论与实验值存在较大偏差，最大相对误差达27%。Yoshinaga 和 Sato 等在上述基础上建立浓度随气量值变化的经验公式，使得系统理论模型精度在一定程度上得以提高。随后，Yoshinaga 和 Sato 基于均相流模型并考虑气体压缩因素建立气力提升系统的理论模型，数值计算得出了气、液、固各相体积流速之间的函数关系。结果表明他们的模型与实验值吻合较好，相对误差控制在±18%以内，且具有较好的通用性。但由于该模型在计算压力损失及相含率时并未涉及流型转换，而是过分依赖于其他学者的经验公式，而且这些经验公式并未在文中给予验证，因而使得该模型的预测精度仍然不高。虽然 Kassab 和 Kandil 等针对于此进行的压力损失以及含气率经验模型的修正工作略微提高了模型精度（±14.8%），但仍未取得实质性突破。显然，上述研究者在理论模型构建中未考虑流型转化因素，这使得其中经验公式的适用性存疑。因此，有必要在气力提升理论模型构建中考虑流型作用。

实际上，已有文献研究表明只有管内存在合适的流型（一般认为是弹状流或搅拌流），气力提升系统工况才达到最佳。因此，众多学者以在管内获得最佳流型为目的开展了一系列卓有成效的研究，并基于此探讨理论建模方法。Cachard 和 Delhaye 等在弹状流下建立了气—液两相流的控制方程，并在建模过程中考虑了液膜下降过程，因而其模型精度较高。不过他们的研究结论表明，该模型仅适用于小管径（$D \leqslant 40$mm），且在其他流型工况下预测失效，而且该建模方法是否适用于三相流理论模型分析还不得而知。为验证该方案在三相流中的实用性，Mahrous 采用上述方法对气力提升固体颗粒的情况进行了分析，同样获得了弹状流型下系统理论模型，并数值计算得出了液体、固体表观流速及效率随气体表观流速的变化规律。显然，他们的研究成果仍限于单一流型，而且他们所推断的弹状流为最佳流型之说也不实。Yoon 和 Park 基于质量及动量守恒方程建立了气力提升系统内部瞬态三相流体动力学模型，并基于欧拉方程主要应用数值模拟研究得到管内各相压力、相含率以及速度等主要参数沿轴向的分布特征，并辅之以实验佐证。虽然所得理论值与实验值最大误差仅为8%，但由于该模型仅考虑弹状流与搅拌流，未深入分析因气流量和浸入率变化所引起的其他流型转化，因而模型在预测时同样受制于流型。而且实验所选择的浸入率较高[$\gamma \in (0.6, 0.8)$]，其模型是否在低浸入率还具有同样精度亦需确认。裴江红也采用类似方法对环状流进行了分析，并通过对其修正建立了较大颗粒输送时的压降模型。不过这一研究结论仅限于环状流，仍难以适用于其他流型工况。而 Pougatch 和 Salcudean 基于多相流欧拉方程所得瞬态动力学模型也仅适用于搅拌流，同样未考虑其他流型。由于受错综复杂的环境因素影响，即使处于最佳流型区域的气力提升系统也可能会发生流型转变。Tramba 和 Topalidou 等学者对此进行续研，发现即使工况条件一致，管内流型沿管轴向发展也略有不同，这应是由不同轴向点所受围压差异所引起。据此可推，若浸入深度明显加大时，管中流型沿轴向的差异会因围压变化更为显著。一个明显的现象是在钻孔水力开采锰铁矿时发现提升管出口处的浆体流速较高，而在井底气力泵吸口位置所对应的浆体速度却相对较低。因此，有必要在理论建模中综合考虑各种流型以提高其精度及适用范围。

Kajishima 和 Saito 基于质量和动量守恒运用一维瞬态微分方程对三相混合流体建模，数值计算得出了管内各相流速的时变特征，他们的研究对揭示气、液、固各相的瞬变机理极为有利。但模型中关于三相速度间差值的计算均依赖经验参数，其参数的适用性尚需确认，而且还未对某些工况下计算与实验值偏差极大的事实给予解释。Anil 和 Agarwal 等则基于 CFD 技术对上述模型进行数值模拟研究，获得了各相流速的时空演变规律，有助于阐明混合流体的流场结构特征。就整体而言，上述基于典型流型作用下所获取的理论模型其预测精度均较高。而事实上，气力提升过程中因工况的复杂性常使得流型极不稳定，即便在相同工况条件下，混合流体的压力波动也易诱发管内流型的频繁转换。

Margaris 和 Papanikas 基于分相流模型，考虑气、液、固相间作用力，确定了各流型下的雷诺数表达式，以此建立了气力提升系统的动量方程，其计算值与实测结果吻合较好，且模型适用范围因全理论公式推导大幅提高。然而，该模型中重要的压力梯度却未考虑流型变化的影响，并且计算结果仅体现了固体质量流速随气体质量流速或管径的变化关系，其他如浸入率和进气口位置等参数对气力提升性能的影响无法获得。Hatta 和 Fujimoto 等也是基于连续性方程与动量方程建立了气力提升固体颗粒的理论模型，数值计算得出了管内各相表观流速之间的关系并给予实验佐证。此外，他们的研究还获得了管内各相体积分数及平均压力的变化规律。随后，Hatta 和 Omodaka 等在此基础上考虑了混合流体的虚拟质量力，进一步提高了模型精度。不过，他们所选择的含气率模型完全沿用 Kurul 和 Podowski 的经验公式，也就导致各相体积分数的计算值分别在液—固两相段和气—液—固三相段为恒定值，显然这与实际不符。笔者对此也进行了尝试，通过进一步修正管内相含率与压降模型获得了气、液、固各相表观流速之间的关系，结果表明该方案显著提高了气力提升理论模型的精度及其实用范围。

此外，Fujimoto 和 Murakami 等对气力提升固体颗粒的临界条件进行了理论分析，获得了颗粒正好得以提升的临界表观水流速度模型，且计算结果与实验值吻合较好。笔者在此基础上将气力泵底部距离至颗粒距离 H 延长进行续研，获得了 H 对临界条件的影响规律。不过上述所建立的模型仅适于液—固两相段。为此，Fujimoto 和 Nagatani 等在上述工况下实验分析了气—液—固三相段内颗粒的临界条件，得出了颗粒在三相段较两相段更易“启动”的结论，但缺乏必要的理论支撑。

1.2.2 气力提升性能研究的发展动态分析

长期以来，气力提升性能偏弱一直困扰着学术界。针对于此，早期的研究者大多以增加浸入率来提高颗粒排量及效率。该方案对促进微细颗粒输送较为显著，但难以应用于粗颗粒提升。为此，后续研究者则通过改变气流量来考察气力提升性能，他们发现气流量对气力提升性能起到至关重要的作用，且仅当其为某一特定值才使提升性能达到最佳。Fan和Saito等在研究气力提升颗粒的性能中利用气—液两相流型理论解释此处峰值特征，即认为弹状流型也为气—液—固三相流的最佳流型。事实上，上述结论仅为他们的推论，并未得到高速摄像仪的实证。因此，有必要找出气力提升性能曲线峰值位置对应的确切流型。

除上述针对于浸入率和气量值的研究外，Anil和Kumar等还通过改变管道结构（直管、锥管和阶梯管）进行了分析，研究结果表明三种管型下锥管的扬水能力最佳，阶梯管其次，直管最弱，这说明采用扩散式结构管道可弥补因围压变化带来的流型恶化问题。在上述研究基础上，Hanafizadeh和Saidi等对不同锥度的提升管（锥度分别为：0°，0.25°，0.5°，1°，1.5°，2°和3°）进行了数值模拟与实验研究，获得了较为理想的锥度。Hanafizadeh和Karimi等选择阶梯管道进行分析，得出了较佳的阶梯长度、突扩直径等结构参数的匹配规律。Esen则是以矩形管道（20mm×80mm）为研究对象，将其与圆形管道进行对比，发现前者提升性能在低气量值下优于后者，而在高气量值下弱于后者。上述研究成果表明，合理的管道结构确能改善管内流型，进而实现气力提升性能的增强。显然，这对于大洋采矿，滨海砂矿开采，江、河、湖泊及港口的清淤有较强的理论及实际指导意义，但难以适用于孔道受限的钻孔水力开采工艺。

Parker曾在分析气液两相流时发现，当气力泵由径向式进气转变为轴向式供给，会导致提升效率增加，尤以低浸入率工况最为突出，而扬水量的变化却极为微弱。为阐释其机理，Parker在后续研究工作中考察了气力泵上气孔数量对气力提升性能的影响规律，不过由于仅选择了三种气孔方式，所以并未取得理想的成效。随后，Khalil和Elshorbagy等对此展开续研，分析了九种气孔分布方式对气力提升性能的作用规律，结果表明进气方式对气力提升效率的影响较大，但对扬水量的改变极其有限。Geest和Aoliemans等还探讨了三种进气方式（锥形、环形以及狭槽）对气力输送原油的影响，其中重点研究进气方式对气泡尺寸及分布的作用特征，进而寻求到气力提升系统的理论模型及其性能曲线。研究结果表明，环形与狭槽进气方式对应的产油量及提升效率均显著高于锥形式进气，且三种进气方式对应的流型转换边界也存在明显差异。Cho和Hwang等还提出了一种气流喷嘴角度可调的气力泵，并通过调节其喷射角度使得管内产生较强的旋流效应，从而扩大气力泵底引流范围，导致系统的携液能力加强。Kassab和Kandil等在进气方式的优化方面也取得了较为理想的成效，但仍然局限于气—液两相流。鉴于此，为阐明进气方式在气—液—固三相流中的作用，Hanafizadeh和Ghorbani探讨了多种气孔分布方式对气力提升性能的作用规律。结果表明，进气方式的不同会导致进气口管壁压力差异变化较为显著，但其对扬水量的影响极为微弱。该结论对优化进气方式极为有利，不过遗憾的是，他们的研究工作未涉及进气方式对扬固量与效率的作用规律。裴江红与笔者进行深入研究，发现在气力输送固体介质的过程中进气方式的变更虽仍对扬水量影响甚微，但却能大幅改变扬固量及其提升效率，这表明管内流型在固体介质作用下受进气方式激励其响应敏感性大幅增强。国内夏柏如和曾细平等在钻孔水力采煤试验中也探讨了进气方式对煤浆输送性能的影响，该方案对应的系统能量利用率较传统气举大幅升高，研究工作取得了令人欣喜的成果。Ahmed 和 Badr 还提出一种双环喷式气力泵，使其扬固效率较传统气举提高约 30%，并通过高速摄像仪证实管内流型确有改善，团状流所对应气量值前移，且范围拓宽。这说明该方案使得气力提升系统在低气量下即可获得较佳的性能。但遗憾的是，他们未对其中机理进行深入分析，也就未阐明气力提升性能增强的内在诱因。笔者在此基础上进一步分析认为，由于气流的双向喷射速度不一致，可能会诱发流体发生一定程度的振荡，这种特有的现象将促使流型更佳。经课题组证实，上述针对于固体颗粒的气力喷射方案虽在微、小尺度介质工况中取得了极好的效果，却在中、高尺度介质提升中受阻。为此，陆大玮提出了一种脉冲气力提升装置，较大幅度提高了其输送固体介质，特别是中等颗粒的能力，并通过进一步改进其结构使其在清淤、排渣等方面颇具优势。Li 和 Zhao 则提出了一种新型振荡气力反应器（ARLR），极大提高了流体的传质系数，较中心式与环形式反应器分别提高 11% ~ 25% 和 14% ~58%。虽然他们是将其应用于污水处理，但其中关于脉冲进气方式诱导流体振荡，进而实现大块絮凝团上浮的机理性分析为合理优化进气方式提供了重要参考。值得指出的是，上述方案因脉动式输送所引发的瞬时“真空”确能有效增强气力提升性能，但也会造成管内压力波动，进而引发系统振动。显然，这对于长距离提升的大洋采矿和钻孔水力采矿工艺极为不利。笔者及其团队还在研究低浸入率（$\gamma = 0.42$）气力提升性能时发现，通过优化一种进气方式使得气力提升效率及扬固量较传统气举分别增加约 40% 和 100%。还应指出的是，在普遍认为浸入率低至 $\gamma = 0.35$ 出现提升失效的现象可通过改善进气方式使得系统再次复苏。在湖南永州进行的锰铁矿（地下 150m）钻孔水力开采工业应用试验表明：笔者及其团队所设计的气力提升系统在低浸入率下与采用气举反循环相比，其扬固量和效率均明显增加。这说明低浸入率并不为限制气力提升应用的瓶颈，而是可以通过合理的进气方式“激活”，同时也表明进气方式对气液两相流和气—液—固三相流的影响机理应有差别。

1.2.3 气力提升系统内部流场结构的研究现状分析

众所周知，混合流体流型已成为气力提升性能变化的关键诱因。为便于分析，多数学者以气—液两相流为研究对象，探讨其流型图构建方法。这方面主要以 Ohnukihe，Samaras和Shaban等的研究较为突出，他们均是基于气、液相表观速度分析流型转换边界，提出了垂直管道气—液两相流型图。接着Charalampos，Du和Azadi等分别考虑浸入率、管径以及管道倾角的影响对上述流型图进行修正，进一步提高了其适用范围。以上研究成果虽是针对于对气—液两相流，但为气—液—固三相流型图的构建提供了有益的借鉴。

Kumar和Srinivasulu等就基于上述气—液两相研究结论视液—固为浆体相，分析了颗粒浓度对流型转换的作用规律，获得了气—浆体的流型图，并通过压力传感器测试方法证实其可靠性。事实上，他们所获流型图本质仍为气—液两相流型图，且仅适用于微细颗粒（微米级）输送，显然不适用于较大尺度颗粒的情况。不过他们所提出的利用压力传感器获取管壁压力进而实现流型识别的方法对后续研究颇有参考价值。Xu和Zhong等学者则是采用高速摄像仪对此进行分析，并依据气泡分布特征将其划分为五种流型。但其实验结果受限于工况，缺乏必要的理论支撑，且所用介质颗粒尺度同样为微米级。Chladek和Enstad等以较大颗粒为研究对象，分析其种类与结构对气力提升性能的影响规律。他们在研究中利用高速摄像仪捕捉到了颗粒在管内的运动轨迹，并基于颗粒流模型建立了固相控制方程，还通过对管内压力脉动结果分析找出其影响流型演变的机理，这对促进本书流型研究不无裨益。Cheng和Hirahara等还以氮气为工作介质，研究气—液—固三相流动中流型演变规律，重点探讨低气量下流型演变规律。其中关于气泡运行轨迹的处理手段对本书探讨气泡行为特征极具启发意义。基于前述研究并结合笔者近年来的成果，可以认为：流型为气—液—固三相流的本质特征，其他运行、结构参数皆以此为纽带形成对气力提升性能的控制。值得指出的是，以上针对于气—液—固三相流型的研究或者基于气—液两相流型图进行修正，或者侧重于管内混合流体的表观描述，鲜有涉及较高尺度介质作用下流型图的构建方法，但正是这一关键科学难题制约着气力提升技术的发展。可以预见，如若能突破这一瓶颈问题，不仅有助于深入揭示多相流流场结构特征，还为探讨气力提升性能增强手段提供理论指导。

弹状流型有利于气—液两相流输送已成为不争的事实。Cachard和Delhaye就针对这一特定流型进行建模，数值计算得出了液相瞬时速度，结果表明其具有显著的波动性，之后的压力测试结果也证实了这一特征。Hanafizadeh和Keng等也利用高速摄像仪对此进行分析，发现管内气塞效应为气力输送之原动力。同时，他们也观测到该效应使得混合流体表现出较强的振荡特征。Fadel和Leonard对环状流的研究也同样证实了这一现象。Fujimoto和Mena等针对于气—液—固三相流输送的研究仍发现管内具有上述现象，且其因气量值变化而差异甚大。对以上成果总结归纳，并结合课题组近期研究发现管内流体振荡频率随气流量增加依次表现出高频、低频以及中频特征，且流态相近时振荡频率相差极小。Iio和Dehkhoda等在研究脉冲水射流破岩中曾认为射流振荡频率为流体中旋涡结构及运动轨迹变化的关键诱因，并主要通过分析压力功率谱图来探讨岩石失效形式。据此可推断，流体的振荡频率能最大限度体现流体结构特征，因而可将其视为两相及多相流型的关键表征。因此，建立气力提升中管内气—液—固三相流体的振荡频率模型就显得尤为迫切，但遗憾的是鲜有针对于此的研究报道。陈二锋和厉彦忠等以气—液两相为研究对象，虽建立了管内压力波传播速度模型，并以此分析其对流型的影响规律及机理，但未基于此建立流体振荡的频率模型。孔祥伟和林元华等基于双流体模型，构建了控压钻井中油－气－钻井液混合流体的压力波速度模型。后续 Waldemar 基于气—液—固三相流型的研究也与上述类似，同样未获得其频率模型。笔者及其团队曾在此方面进行了尝试，在自振气—液射流频率模型构建方面取得了一定的成绩，且得到了《Journal of Fluids and Structures》评审专家的好评，然而在气—液—固三相流体中因其强非线性与相间多变性等因素暂未取得理想的效果，研究工作依然任重而道远。

此外，Saito 与 Usami 等在深海锰结核气力提升试验（垂直输送距离为 200m）中还考察了管内轴向压力分布与波动特性，并基于动量定理建立了压力损失模型，但由于未考虑管内混合流体结构变化，使得实际压力与浆体流量随浸入率的变化关系与理论值存在较大差别。随后，Ohnuki，Liang 与 Peng 等分析了气、液、固各相之间滑移对气力提升能力的影响规律，并基于此建立了气力提升系统的理论模型，他们的研究结果表明气、液相之间的滑移比为影响气力提升性能变化的重要因素。为探究其中机理，Charalampos 和 Eeftherios 还针对于气液两相流深入分析了管内流体结构特征，并建立了气相与液相的滑移模型，深入揭示了气泡与水流界面力作用规律。Hanafizadeh 和 Ghanbarzadeh 等则利用高速摄像仪对弹状流时气泡运移规律进行研究，获得了气泡的轨迹及前段与尾部的变化特征，从而计算得出气泡的轴向瞬时速度。这一方法对本书研究气—液—固三相流型中气泡结构及其运移规律提供了有益的借鉴。针对于气力输送固体介质的研究，Fujimoto 和 Murakami 等采用高速摄像仪对进气口之下颗粒的轨迹也进行了追踪，获得了两相段颗粒的运移规律。不过他们未对进气口之上的（三相段）气相与固相结构加以分析，但正是这一特征对于揭示混合流体复杂流动机理及规律至关重要。为此，Hatta，Yoon 和 Oebius 等利用高速摄像仪对此展开分析，获得了气泡与颗粒的复杂运动轨迹。值得指出的是，他们选用测试颗尺度也仅为微米级，其研究方法及结论仍是基于气—液两相而得，所获研究结论显然不能适用于较大颗粒（毫米级与厘米级）输送的情况。因此，探寻基于较高尺度介质的气力提升系统内部复杂流动结构及规律势在必行，但遗憾的是有关于此的研究报道极少。

1.2.4 急需解决的问题

综上所述，针对于气力提升理论模型、携固性能以及多相流场结构的研究日趋完善，且已取得了较为丰硕的成果，但仍存在一些问题尚未解决：

理论模型方面：①模型建立过程中涉及较多的经验公式；②气相沿管轴向变化的非线性特征考虑不足；③模型构建过程中对流型转变考虑不详；④气—液—固三相压降模型过于简化，未考虑气相加速度项引起的压降；⑤浆料气力提升的临界理论模型研究极为缺乏。

提升性能方面：①低浸入率工况下气力提升性能研究鲜有涉及；②气—液—固三相压降及其临界条件的实验研究不足；③目前针对于能使气力提升性能大幅增强的有效"激活"方式研究暂未取得实质性突破。

系统内部流场结构方面：①气—液—固三相流型研究涉猎极少，特别是较高尺度介质下的三相流型图未见有报道；②针对于混合流体微观运动的研究较少，特别是其中气泡结构及其位置的变化规律鲜有涉及；③混合流体振荡特性已成为气力提升过程中的固有特性，但其相关理论及实验分析明显滞后。

1.3 气力泵的分类

气力提升系统主要由气力泵与提升管构成（如图1-1所示）。工作时，压缩气体由空压机排出经管道送至气力喷射器内与液体混合，在浮力及气泡加速作用下举升固体颗粒，最终由提升管输送至指定区域。

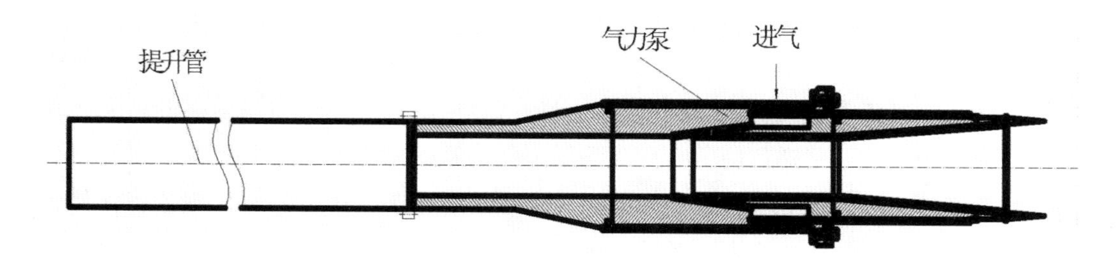

图1-1 气力提升装置组成

气力泵作为气力提升装置的核心部件，对管内气泡初始尺寸、形状、分布特征、初始速度及其运移轨迹影响极为重要。因此，不同结构气力泵对应的相含率、压力以及流型差异也应相当显著。据此可以认为，喷射器的好坏基本决定着气力提升性能的优劣。

目前，按照气力泵内进气方式的差异，可将气力提升分为径向式、轴向式、双向式、旋喷式以及环喷式等几种，如图1-2所示，其具体原理分别如下：

（1）径向式气力提升：气力泵内气体的出流方向与管径向平行，该方案下气力提升装置结构最为简单，且由于轴向喷射速度极低导致气力泵内磨损较轻。不过由于气流的径向

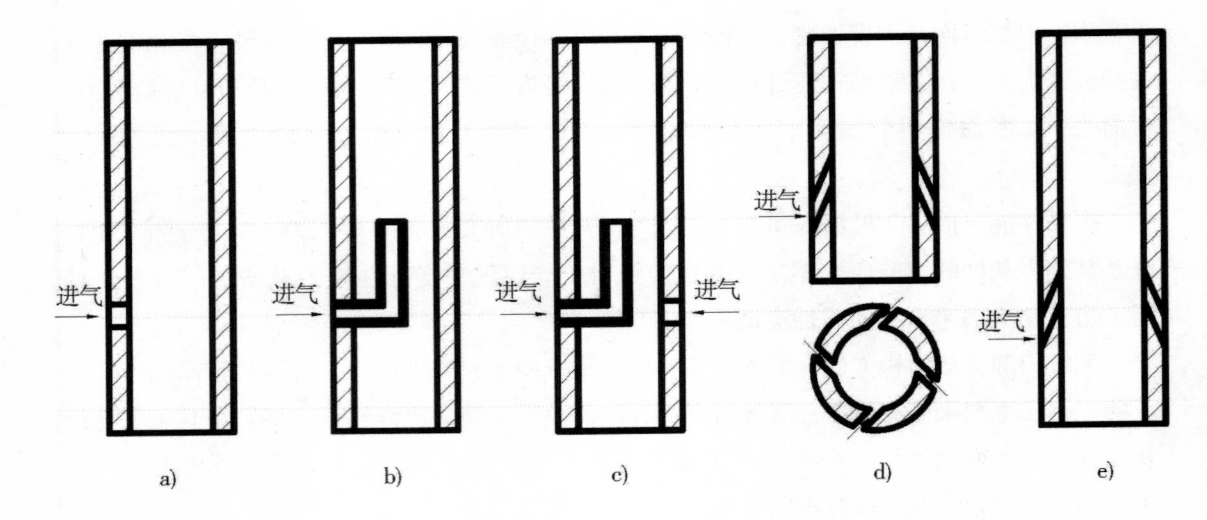

图 1－2　喷射方式

a）径向式；b）轴向式；c）双向式；d）旋喷式；e）环喷式

喷射并未导致轴向液体的动量传递，而是仅靠气—液—固三相的密度差效应举升固体颗粒，从而导致该方案作用下气力提升固体颗粒的能力较弱。

（2）轴向式气力提升：气体在气力泵内的出流方向与管轴向一直。由于该方案作用下气体喷射速度垂直向上，因而与液体产生极为强烈的动量交换，且因浮力效应作用，导致该方案对应的携固性能大为增强。然而，由于此方案中气流喷嘴伸入气力泵内且占据一定的过流断面，会干扰流场，导致局部阻力损失增加，并形成对颗粒的阻滞作用。

（3）双向式气力提升：该方案实为径向式与轴向式两种进气方式的组合。因两种进气方式同时存在，可依据情况合理分配两进气口的气体流量，使得气力泵射出的两束气流极大发挥浮力作用与动量传递效应，从而起到增强气力提升效率的目的。此外，由于气流的双向喷射速度不一致，可能会诱发流体发生一定程度的振荡，这种特有的现象将促使管内气泡分裂为更细小的气泡，进而改善混合流体流型，最终导致系统携固性能较径向式与轴向式气力提升装置显著增强。

（4）旋喷式气力提升：气流在向管内喷射时与轴向及径向成一定的夹角，诱发混合流体作螺旋式上升运动。该方案导致气力泵底部流场作用范围扩大，并增强了固体颗粒的横向拖曳力，使其易于启动。然而由于这种旋流效应导致颗粒受离心力与管内壁摩擦，从而加大摩阻损失，致使气力提升效率偏低。

（5）环喷式气力提升：气流在泵体内沿环向缝隙斜射入液体，因密度差与动量交换作用携带固体上升。该方案也可视为径向式与轴向式进气方式的组合，且由于采用环形式结构使得出流气体的分布更均匀，与液体及固体摩擦后的气泡更细小，管内流型更接近细泡状流。此外，由于泵内未含喷嘴，也就不会对流体形成阻滞作用。

值得指出的是，管道结构也是影响气力提升性能的重要因素。因此，气力提升的分类还可依据管结构进行划分，如图1－3所示，分别为圆柱形气力提升、圆锥形气力提升、阶梯型气力提升以及矩形气力提升等。

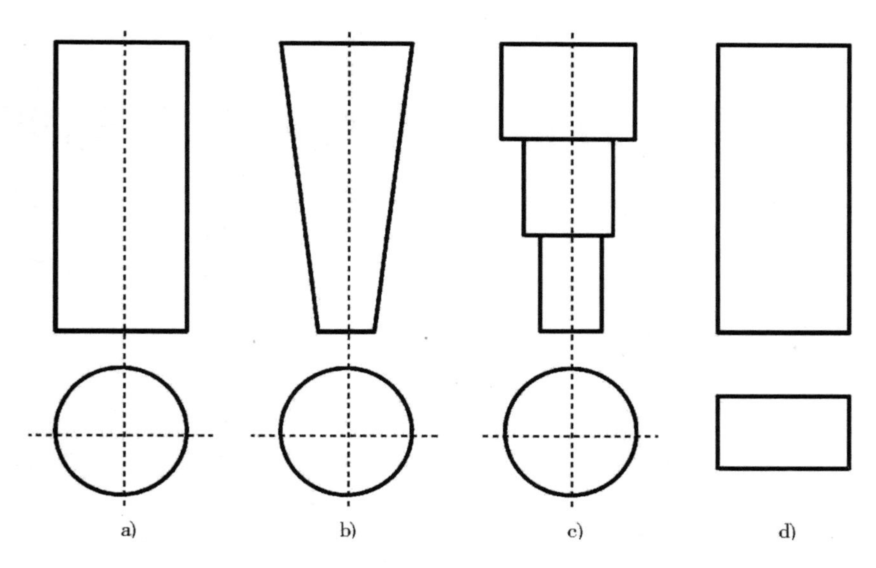

图1－3 提升管道结构

a）圆柱形；b）圆锥形；c）阶梯形；d）矩形

（1）圆柱形气力提升：管道结构为圆柱形。由于该方案加工与安装非常便捷，因此在实际应用多选择此种气力提升。此外，在井孔受限的长距离输送场合，圆柱形气力提升装置也为最佳的选择。值得注意的是，此方案下气泡因浸入深度减小而沿管轴向上升时会显现出膨胀特性，但由于管径恒定不变，导致气相体积分数沿轴向上升而增加，最终迫使进气口附近流型与管出口位置流型差异较大，且这种差异在深水区域更明显。显然，这一特性会导致气力提升性能恶化。

（2）圆锥形气力提升：提升管由下至上为锥形结构。若锥度设计合理，上述圆柱形气力提升中气相体积分数沿轴向上升增加的现象可得到有效抑制，从而可避免进气口与管出口位置流型差异现象，进而保证提升管内流型的一致性，增强了气力提升系统的携固性能。该方案在短距离输送中较为理想，但应用在长距离输送时存在加工与安装不便等弊端，且不适于井孔受限场合。

（3）阶梯形气力提升：为解决圆锥形气力提升中加工与安装不便等问题，将不同直径的圆柱形管道串接成为阶梯形气力提升。显然，该方案对应的气力提升性能要弱于圆锥形气力提升，但应优于圆柱形气力提升。在深水域清淤以及大洋采矿中可考虑应用此方案。

（4）矩形气力提升：管道结构为长方体形的气力提升装置。该方案对应的气力提升性能整体上弱于上述三种方式，但可以考虑将其应用于一些狭长孔、畸形孔等特殊场合。

第2章 特殊用途气力泵扬固原理与基础理论

2.1 气力泵扬固原理

一般认为，气力提升能实现液体或浆体的输送是因为在管内形成的混合流体密度低于水所致，还有研究者认为管内的气塞效应为气力输送之原动力。目前，第一种观点已被诸多研究者接受且证实，然而在进气口之下形成的液—固段显然不能利用此学说。而且气力提升由初始至稳定阶段的工作原理也存在较大差异。另外，第二种观点在解释低浸入深度气力输送液体时较为可靠，而在深度达数百米、数千米的深井和深海时，管中泰勒泡因高围压存在难以形成，也就无法用气塞效应分析液体或浆体的提升。因此，气力提升过程不能单纯以一种观点或学说进行阐释，需对气力提升过程展开多工况、多阶段划分，从而对传统气力提升原理进行丰富、拓延及修正。

气力提升系统物理模型如图 2 - 1 所示，该系统主要由气力泵与提升管组成，其中气力泵为液体或浆体动力输送源，提升管则为传输系统。首先，压缩空气经进气口入气力泵内，在水力作用下分裂为大量小气泡，受气—液相间作用力驱动，管内原有静态水被迫向上运动以达到新的平衡。因气体不断输入管内，会导致液体持续上升。但若此时气—液相间力因气量输入不足而较小，所形成的水流速度较低，其拖曳力不足以克服颗粒所受阻力及重力，从而导致颗粒提升失效，如图 2 - 1a 所示。当输入泵内气量逐渐增多时，小气泡数量扩大，易发生聚结，形成较大体积的泰勒泡，继而推动其前端液团上移，最终导致管内流体作上升运动。若流体速度超过临界工况点，作用于固体颗粒上的拖曳力便能迫使其离开槽底，运移至提升管内两相段（见图 2 - 1b）。当固体颗粒跃过进气口后，小气泡此时受颗粒的制约难以形成泰勒泡，之前存在的气塞效应急剧减弱，混合流体则因其平均密度低于水而上浮（见图 2 - 1c）。值得指出的是，此过程中，小气泡沿管上升会因压力降低而膨胀，进而出现加速运动，导致加速轨迹线上颗粒的剪应力不平衡，迫使颗粒发生旋转，并从低速区移至高速区。因此，颗粒在气—液—固三相段的上升主要取决于混合流体

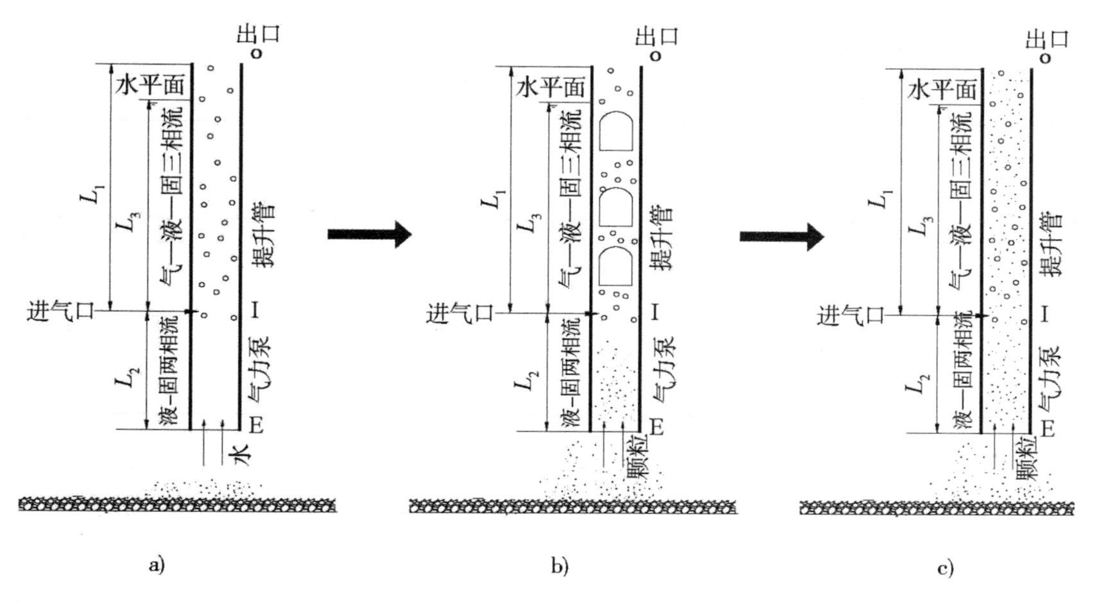

图 2-1　气力提升物理模型

a）颗粒未提升；b）颗粒进入两相段；c）颗粒进入三相段

与水的密度差以及气泡的加速运动，而颗粒在液—固两相段的提升则主要由其所受拖曳力控制。

2.2　气力提升动量模型

气力提升技术由于其特有的“柔性”，一经提出便得到了众多研究者的青睐。不过受其理论研究的滞后性，气力提升系统的结构设计一直以来主要依赖于经验模型，其结果往往是某一工况下所获合理结构参数却难以适用于其他工况，甚至完全失效，从而造成这一原本颇具潜力的新技术被弱化。虽后续研究者针对于此建立了相关理论模型，但其中也涉及较多的经验公式，导致模型精度及其适用范围大幅受限，特别是在数百米甚至数千米的深井及深海中尤为突出，这严重制约了气力提升技术的发展。由此可见，寻求精确、高效和通用性强的气力提升理论模型势在必行。

实际工况下，气力提升系统内部混合流体流动极为复杂，且颗粒尺度、种类及分布也不均匀，导致气力提升理论模型的建立及求解较难。为对上述复杂工况进行简化，以均匀性球状固体颗粒为研究对象，并视流体间无热传递，再基于动量定理，同时考虑气体沿管轴向的非线性变化特征建立气力提升管内混合流体的一维控制方程，以期计算得出气、液、固各相流速之间的关系以及压降与相含率的分布特性。

2.1.1 动量模型构建

图2-2所示为气力提升示意及其轴向压力分布图，其中E，I和O分别为气力泵底部、进气口以及提升管出口位置，Z为管内混合流体流向。气流进入气力泵后在进气口之下形成液—固两相流，在其上则发展成为气—液—固三相流。视混合流体为一维流体，且其中颗粒均为球形，其粒径及密度相同，再以管内E至O段混合流体为控制体（见图2-3），利用冲量定量可得：

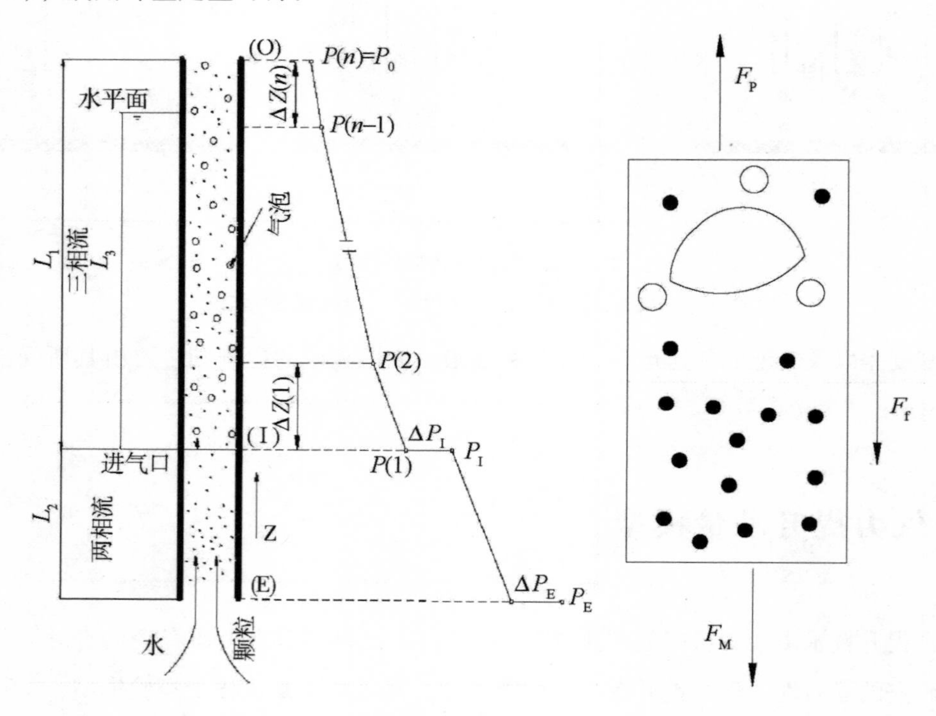

图2-2 气力提升示意及其轴向压力分布图　　图2-3 控制体受力示意图

$$\sum_{i=1}^{n} F_i = \frac{I}{\Delta t} \tag{2-1}$$

$$(F_P - F_M - F_f)\Delta t = I = m_1u_1 - m_2u_2 \tag{2-2}$$

式中　F_P、F_M和F_f——分别为控制体底部所受水压、重力以及管壁摩擦力，N；

I——冲量，N·s；

m_1u_1和m_2u_2——分别为控制体流入与流出的动量，kg·m/s。

式（2-2）中各参数计算如下：

$$F_P = A[\rho_L g(L_2 + L_3)] \tag{2-3}$$

$$F_M = A\int_E^I[\rho_L\beta_{L,LS} + \rho_S\beta_{S,LS}]g\mathrm{d}Z + A\int_I^O[\rho_G\beta_{G,3} + \rho_L\beta_{L,3} + \rho_S\beta_{S,3}]g\mathrm{d}Z \tag{2-4}$$

$$F_f = \pi D \int_E^I \tau_{LS} dZ + \pi D \int_I^o \tau_3 dZ \tag{2-5}$$

$$m_1 u_1 = A\Delta t[J_{G,O}\rho_{G,O}u_{G,O} + J_l\rho_L u_{L,O} + J_S\rho_S u_{S,O}] \tag{2-6}$$

$$m_2 u_2 = A\Delta t[J_l\rho_L u_{L,E} + J_S\rho_S u_{S,E}] \tag{2-7}$$

式中 A——管内截面积，m^2；

D——管内径，m；

ρ——密度，kg/m^3；

J——表观流速，m/s；

u——速度，m/s；

τ——剪切应力，N/m^2；

β——体积分数；

g——重力加速度，m/s^2；

L_1、L_2和L_3——分别为吸入段（两相）、提升段（三相）及浸入段长度，m；

下标G，L，S，LS和3——分别为气体、液体、固体、固—液两相以及气—液—固三相。

将F_P、F_M、F_f、I_1和I_2代入式（2-2）可得：

$$A[\rho_L g(L_2 + L_3)] - A\int_E^I[\rho_l\beta_{L,LS} + \rho_S\beta_{S,LS}]gdZ - A\int_I^o[\rho_G\beta_{G,3} + \rho_l\beta_{L,3} + \rho_S\beta_{S,3}]gdZ - \pi D\int_E^I\tau_{LS}dZ - \pi D\int_I^o\tau_3 dZ - A(J_{G,O}\rho_{G,O}u_{G,O} + J_l\rho_L u_{L,O} + J_S\rho_S u_{S,O}) + A(J_l\rho_L u_{L,E} + J_S\rho_S u_{S,E}) = 0 \tag{2-8}$$

式（2-8）中，第一项为控制体底部E处所受水压，第二项和第三项分别为控制体液—固两相与气—液—固三相段重力，第四项与第五项则分别为两相与三相所受管壁摩擦力，第六项和第七项分别为控制体单位时间内流入与流出的动量。

由于液固段未含气体，可认为其中各相体积分数沿轴向变化基本恒定，则式（2-8）中第二项修改为：

$$A\int_E^I[\rho_l\beta_{L,LS} + \rho_S(i)\beta_{S,LS}(i)]gdz = A[\rho_L(1-\beta_{S,LS}) + \rho_S\beta_{S,LS}]gL_2 \tag{2-9}$$

在液固两相中，固相体积分数$\beta_{S,LS}$可表达为：

$$\beta_{S,LS} = \frac{J_S}{J_S + J_L} \tag{2-10}$$

对于气—液—固三相段，将其划分为n微段，各节点对应绝对压强分别为$P(1)$，$P(2)$，…，$P(n)$，其中$P(n)=P_0$（P_0为标准大气压）。相邻节点的密度、体积分数及压强变化可认为呈线性规律，式（2-8）第三项则按以下方式计算。

$$A\int_{I}^{o}[\rho_G\beta_{G,3}+\rho_I\beta_{L,3}+\rho_S\beta_{S,3}]g\mathrm{d}Z=A\sum_{k=1}^{n}[\{\rho_G(k)\beta_{G,3}(k)+\rho_I\beta_{L,3}(k)+\rho_S\beta_{S,3}(k)\}g\Delta Z(k)] \tag{2-11}$$

视三相段中理想气体作恒温变化，则

$$\rho_G(k)=\frac{P(k)M}{RT} \tag{2-12}$$

$$\beta_{S,3}(k)+\beta_{L,3}(k)+\beta_{G,3}(k)=1 \tag{2-13}$$

式中 M——空气的平均分子量，kg/mol；

R——气体常数；

T——温度，K。

上式中各相体积分数定义如下：

$$\beta_{S,3}(k)=\frac{J_S}{J_G(k)+J_L+J_S} \tag{2-14}$$

$$\beta_{L,3}(k)=\frac{J_L}{J_G(k)+J_L+J_S} \tag{2-15}$$

$$\beta_{G,3}(k)=\frac{J_G(k)}{J_G(k)+J_L+J_S} \tag{2-16}$$

且

$$\rho_G(k)J_G(k)=\rho_{G,0}J_{G,0} \tag{2-17}$$

式（2-8）中第四项可改写为：

$$\pi D\int_{E}^{I}\tau_{LS}\mathrm{d}Z=A\left(\frac{\Delta P_{f,LS}}{\Delta Z}L_2+\Delta P_{\Delta}\right) \tag{2-18}$$

式中 $\frac{\Delta P_{f,LS}}{\Delta Z}$——固液两相段摩擦压力梯度，Pa/m；

ΔP_E——吸入段进口压力损失，Pa。

在液—固两相流中，视其为单相浆体，则通过修正 Sadatomi 等提出的液相摩擦压力梯度公式可得

$$\frac{\Delta P_{f,LS}}{\Delta Z}=\lambda_{LS}\frac{\rho_{LS}(J_L+J_S)^2}{2D} \tag{2-19}$$

$$\rho_{LS}=\rho_L(1-\beta_{S,LS})+\rho_S\beta_{S,LS} \tag{2-20}$$

$$\lambda_{LS}=0.316Re_{LS}^{-0.25} \tag{2-21}$$

$$Re_{LS}=\frac{(J_L+J_S)D}{\upsilon_L} \tag{2-22}$$

式中 λ_{LS}——管道阻力系数；

Re_{LS}——浆体雷诺数；

υ_L——液体的运动黏度，m^2/s。

对于 υP_E，其计算式如下：

$$\Delta P_E = (\xi + \xi_E)\frac{\rho_{LS}}{2}(J_L + J_S)^2 \tag{2-23}$$

其中，ξ 和 ξ_E 分别为进口管件损失系数和入口长度损失系数。

由于可视管内相邻节点压力呈线性变化，则式（2－8）第五项表达为：

$$\pi D\int_I^o \tau_3 dZ = A\left[\sum_{k=1}^{n}\frac{\Delta P_{f,3}(k)}{\Delta Z(k)}\Delta Z(k) + \Delta P_I\right] \tag{2-24}$$

式中　$\frac{\Delta P_{f,3}}{\Delta Z}$——气—液—固三相段摩擦压力梯度，Pa/m；

ΔP_I——进气口处管内混合流体压力损失，Pa。

同样视气—液—固三相为气－浆体两相，则通过修正 Sadatomi 等提出的气—液两相摩擦压力梯度公式可得：

$$\varphi_{LS}^2 = \frac{\left(\frac{\Delta P_{f,3}(k)}{\Delta Z(k)}\right)}{\left(\frac{\Delta P_{f,LS}}{\Delta Z}\right)} = 1 + \frac{21}{\chi(k)} + \frac{1}{\chi^2(k)} \tag{2-25}$$

其中

$$\chi^2(k) = \frac{\left(\frac{\Delta P_{f,LS}}{\Delta Z}\right)}{\left(\frac{\Delta P_{f,G}(k)}{\Delta Z}\right)} \tag{2-26}$$

$$\frac{\Delta P_{f,G}(k)}{\Delta Z} = \lambda_G(k)\frac{\rho_G(k)J_G^2(k)}{2D} \tag{2-27}$$

$$\lambda_G(k) = 0.316Re_G(k)^{-0.25} \tag{2-28}$$

$$Re_G(k) = J_G(k)D/\nu_G \tag{2-29}$$

式中　υ_G——气体的运动黏度，m^2/s。

式（2－24）中 ΔP_I 计算式如下：

$$\Delta P_I = \xi_I\left[\frac{\rho_{LS,3}(1)}{2}\left\{\frac{J_L + J_S}{1-\beta_{G,3}(1)}\right\}^2 - \frac{\rho_{LS}}{2}(J_L + J_S)^2\right] \tag{2-30}$$

其中

$$\rho_{LS,3}(k) = \rho_L\frac{\beta_{L,3}(k)}{1-\beta_{G,3}(k)} + \rho_S\frac{\beta_{S,3}(k)}{1-\beta_{G,3}(k)} \tag{2-31}$$

式中　ξ_I——进气口压强损失系数。

式（2－8）第六项与第七项分别修改为：

$$A(J_{G,O}\rho_{G,O}u_{G,O}+J_{L}\rho_{L}u_{L,O}+J_{S}\rho_{S}u_{S,O})$$
$$=A[\frac{P_0M}{RT}\frac{J_{G,O}^2}{\beta_{G,O}}+\rho_L\frac{J_L^2}{1-\beta_{G,O}-\beta_{S,O}}+\rho_SJ_S(J_{G,O}+J_L+J_S)] \tag{2-32}$$

$$A(J_L\rho_Lu_{L,E}+J_S\rho_Su_{S,E})=A(J_L+J_S)(\rho_LJ_L+\rho_SJ_S) \tag{2-33}$$

值得指出的是，上式中 $J_{G,O}$和$\beta_{G,O}$等出口O处参数即为图2-2中对应的第（n）段参数。为便于后续分析，以J_G表示$J_{G,O}$，且定义浸入率$\gamma=L_3/L_1$，再联立上述方程采用迭代法在Matlab中求解，即可获得J_L和J_S随J_G、D、γ以及进气口位置L_2的变化关系。在计算时，为与后续实验条件吻合，模型中其他一些参量值如表2-1所示。

表2-1 动量模型计算所需参数

符号	参数值	符号	参数值	符号	参数值
ρ_L	$1000kg/m^3$	P_0	1.01×10^5Pa	ξ	0.56
ρ_S	$1967kg/m^3$	g	$10m/s^2$	ξ_E	1
$\rho_{G,O}$	$1.26kg/m^3$	M	$2.9\times10^{-2}kg/mol$	ξ_I	1
v_L	$1.01\times10^{-6}m^2/s$	R	8.3144 J/（mol·K）		
v_G	$14.8\times10^{-6}m^2/s$	T	293.15K		

2.1.2 模型计算结果分析

（1）J_L 和 J_S 随 J_G 的变化

气量值是影响气力提升最为关键的因素，这已被诸多文献证实。为此，令L_1，L_2，D和d_S分别等于2.91m，0.09m，0.04m和0.002m，即可由模型计算得出J_L和J_S随J_G的变化规律，具体计算过程如下：

① 选择$n=2000$，这既可保证计算精度，又能节约计算时间；

② 给定J_G与J_S；

③ 设气—液—固三相段中相邻节点间的压力变化为线性，且初步设置P（1）为I点管外水压，计算$P(k)/P(k+1)$和$\Delta Z(k)$，其中$0<k<n$；

④ 计算I、O以及节点处的J_G；

⑤ 假设J_L为某个值；

⑥ 计算I、O以及节点处$\beta_{G,3}$，$\beta_{L,3}$和$\beta_{S,3}$；

⑦ 分别计算$\Delta P_{f,LS}/\Delta Z$，$\Delta P_{f,3}$（k）/ΔZ，ΔP_E和ΔP_I；

⑧ 计算式（2-8）左边项；

⑨ 重复步骤⑤～⑧，直至式（2－8）左边项趋近于0；

⑩ 更新 $P(k)$；

⑪ 重复步骤④～⑩，直到 P（1）趋于恒定值，然后输出 J_L。

图2－4给出了不同浸入率下液体表观流随气体表观流速变化的关系。从图中可知，当系统仅为气—液两相输送时（$J_S=0$ m/s，图2－4a），任一浸入率下液体表观流速均首先快速增加，继而降至零。由此可判断气量值过低与过高均不利于气力提升。这与笔者之前的研究结论基本一致。事实上，随气量值上升，管内依次为泡状流、弹状流、搅拌流和环状流，且仅在弹状流条件下气力提升性能最优，由此可解释曲线存在峰值的原因。从图中还可得出管内流型由泡状流迅速过渡至弹状流，而之后弹状流与团状流的转捩段则较长。这说明在实际应用中，少量的气流量即可使得气力提升性能达到最佳，而过高的气量

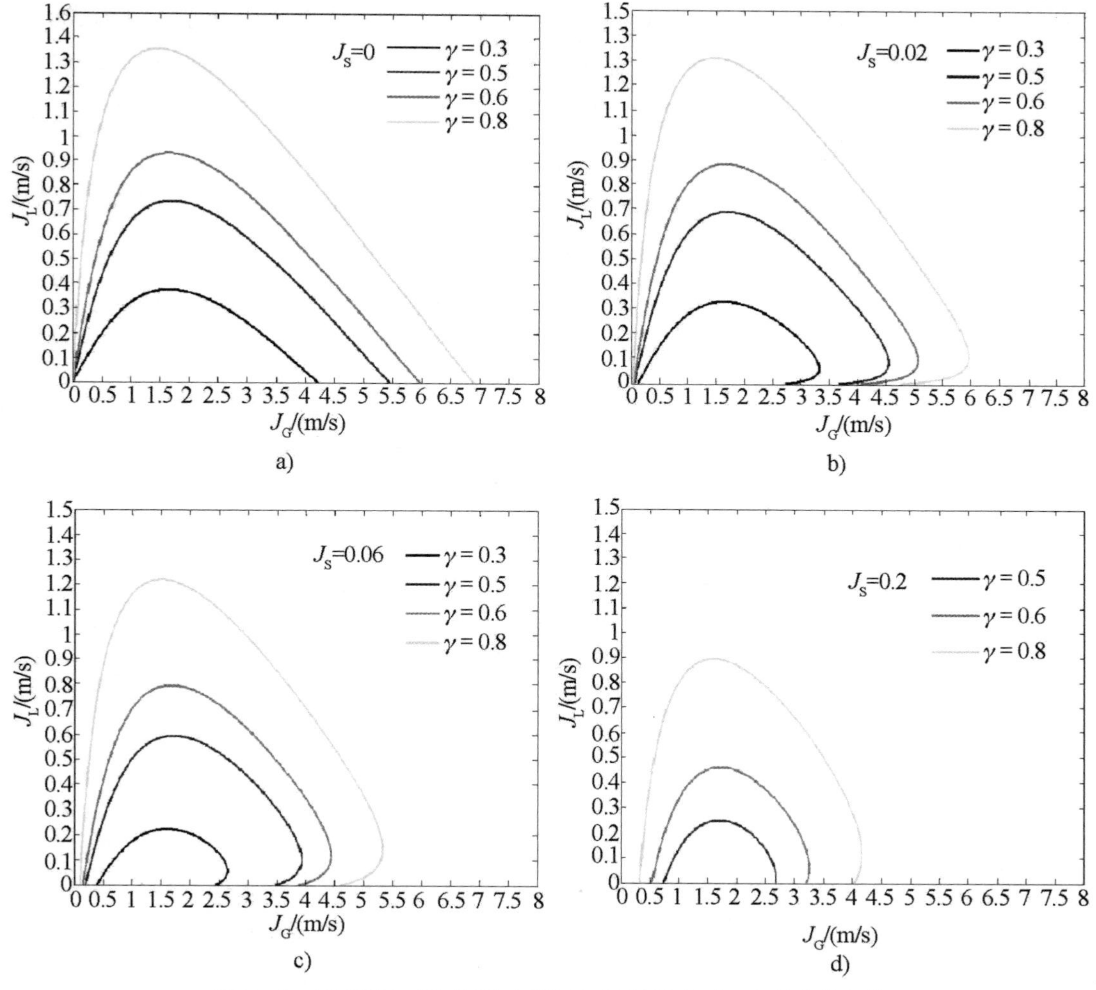

图2－4　不同浸入率下液体表观流速随气体表观流速的变化规律

a）$J_S=0$m/s；b）$J_S=0.02$m/s；c）$J_S=0.06$m/s；d）$J_S=0.2$m/s

值反之起抑制作用，不利于气力输送。

由图 2 -4a 还可知，不同浸入率下液体表观流速的峰值位置略有差异，且随浸入率升高而向低表观气速偏移，在浸入率 γ 分别为 0.3，0.5，0.6 和 0.8 时，相应峰值分位于 $J_G = 1.68\text{m/s}$，1.62m/s，1.56m/s 和 1.49m/s。另外，极大气体表观流速（即 $J_L = 0$ 时对应的 $J_{G,L,max}$）也因浸入率增加相差较大，且依次为 4.19m/s，5.46m/s，5.99m/s 和 6.92m/s。这说明浸入率加大可拓宽有效气流范围（$0 \sim J_{G,L,max}$）。分析其原因应是由于浸入深度升高，管内气泡膨胀受抑，气芯范围缩小，引发环状流延迟所致。

分析图 2 -4b ~ 图 2 -4d 还可得，当管内含有颗粒时（$J_S > 0$），$J_L - J_G$ 性能曲线除具有图 2 -4a 中的峰值外，还出现一拐点。拐点之前曲线与图 2 -4a 变化趋势基本一致，而在拐点之后存在显著差异，有封闭趋势。显然，如若在拐点后继续增加气量值，则液体表观流速无解。这可能是由于拐点处管内流型已为环状流，液体表观流速极小，其形成的拖曳力仅能克服颗粒阻力，此时需减小气量值迫使管内流型转换。值得指出的是，计算结果表明拐点后气量减小过程未按拐点前原轨迹返回，这说明拐点前后曲线变化规律不可逆。分析其原因，极有可能为：拐点后管内主要为气固输送，即气相为颗粒主要载体，而拐点前液体则为主载体。另外，综合分析图 2 -4b ~ 图 2 -4d 可见，浸入率升高促使拐点明显右移，对应的极大气体表观流速 $J_{G,max}$ 也随之增加。将图 2 -4b ~ 图 2 -4d 与图 2 -4a 进行比较还可知，当 $J_S = 0$ 时，任一浸入率下极小气体表观流速（即 $J_L = 0$ 时对应的 $J_{G,L,min}$）均为零。而当 $J_S > 0$，$J_{G,L,min}$ 则随浸入率增加而减小。结合上述结论，在气—液—固三相输送中，浸入率加大会拓宽有效气量值的范围。

图 2 -5 显示出不同固体表观流速下液体表观流速随气体表观流速的变化规律。由

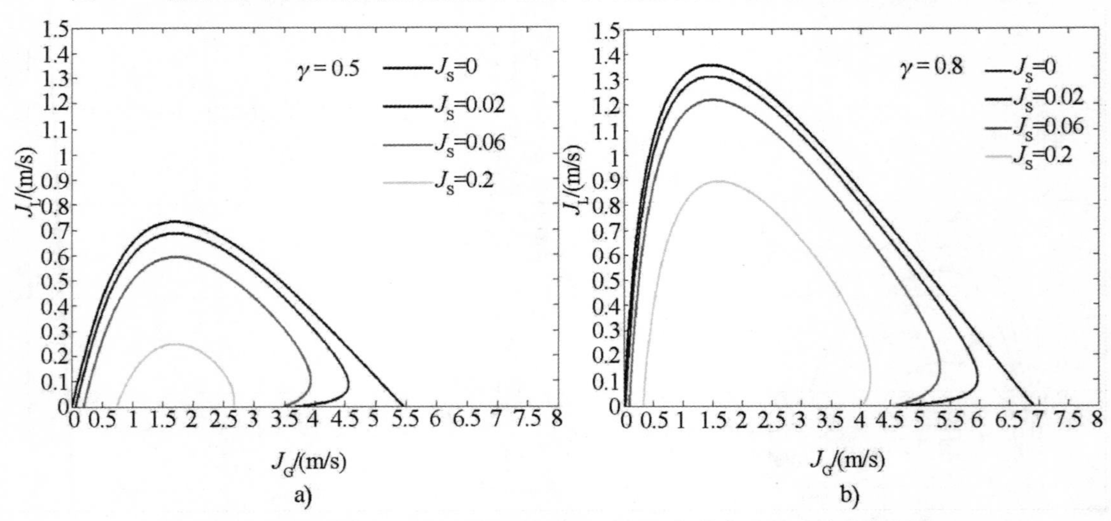

图 2 -5　不同固体表观流速下液体表观流速随气体表观流速的变化规律

a）$\gamma = 0.5$；b）$\gamma = 0.8$

图 2－5 可知，除 $J_S=0$ 之外，其他三种工况曲线均存在拐点。当 $\gamma=0.8$ 时，拐点位置在 J_S 分别为 0.02m/s，0.06 m/s 和 0.2 m/s 时依次处于 $J_G=5.97$ m/s，5.31 m/s 和 4.18 m/s。从中还可发现，随着 J_S 增加，曲线左拐幅度依次减弱。究其原因，可能是由于 J_S 加大到一定程度引发管内颗粒载体由液体逐渐向气体转移所致。由此可推断，过高的 J_S 值将会导致拐点消失。

图 2－6 展现了不同浸入率下固体表观流速随气体表观流速的变化规律。由图可得，随气量值的增加，固体表观流速先增加至峰值，而后下降，直至其量值为零。这一变化规律与图 2－5 类似，结合第 4 章实验结论可判定，在气量持续上升过程中，管中流型主要依次为泡状流、小弹状流、不规则弹状、大弹状流、搅拌流、细泡状流以及环状流，其中在搅拌流和细泡状流气力提升性能较好，且在细泡状流时达到最佳。这一流型变化规律对

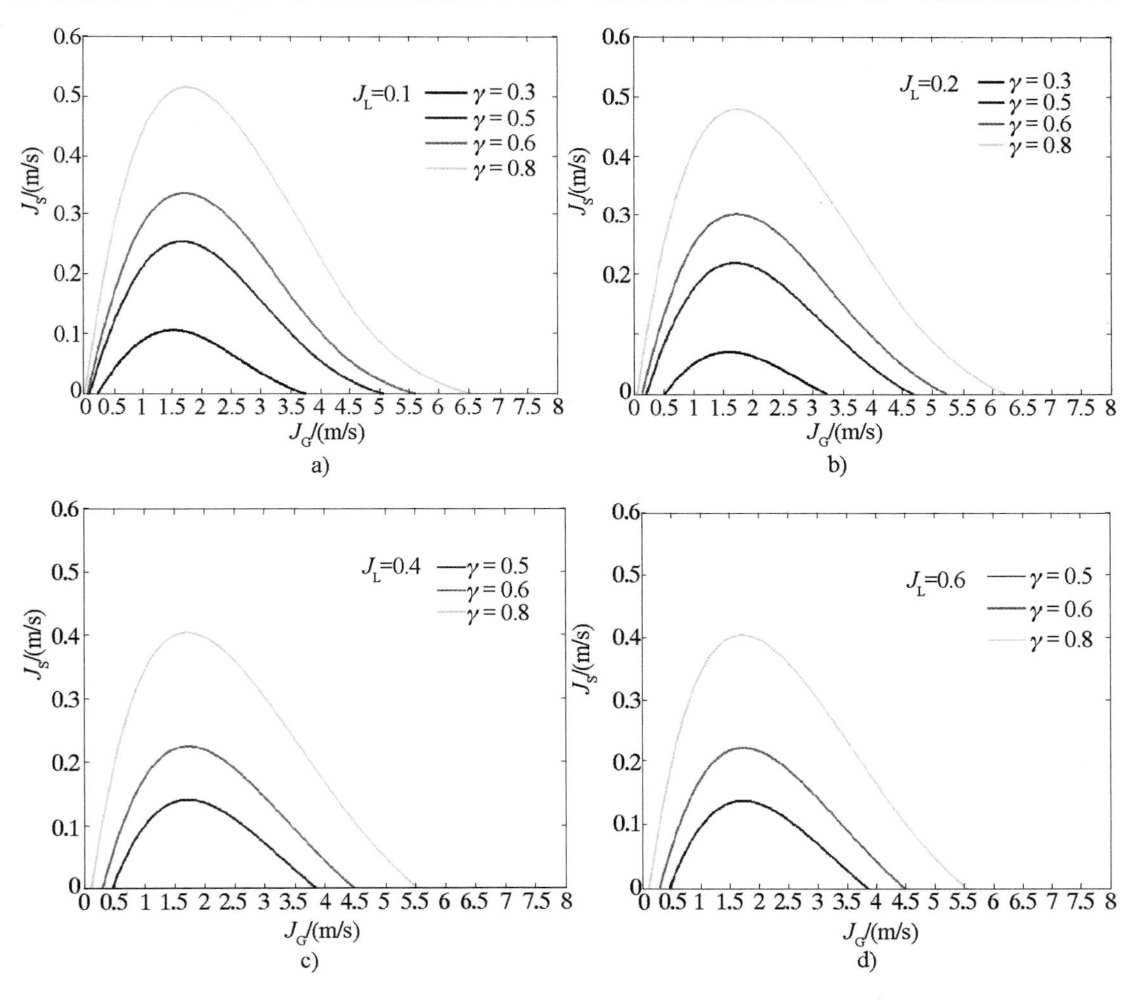

图 2－6　不同浸入率下固体表观流速随气体表观流速的变化规律

a）$J_L=0.1$m/s；b）$J_L=0.12$m/s；c）$J_L=0.4$m/s；d）$J_L=0.6$m/s

阐释曲线变化特征极有说服力。此外，浸入率升高使得固体表观流速上升，尤以其峰值增加最为显著，这与 J_L-J_G 性能曲线变化规律较为一致。不过此处峰值位置随浸入率升高略呈右移特征，与 J_L-J_G 曲线中峰值点左移结论存在差异。另外，从图中还发现任一浸入率下 J_S-J_G 性能曲线均存在两个极限气体表观流速（即 $J_S=0$ 时对应的 $J_{G,S,min}$ 和 $J_{G,S,max}$），且随浸入率升高，$J_{G,S,min}$ 减小，$J_{G,S,max}$ 反而加大，可以认为浸入率升高拓宽了有效气量值的范围。

分析图 2-7 可知，随液体表观流速增加，J_S-J_G 性能曲线逐渐内缩，即固体表观流速和有效气量范围 [$J_{G,S,min}$，$J_{G,S,max}$] 均变小。这是由于液量值加大导致其提升所需能耗升高，从而致使气力输送颗粒的能量减弱所致。另外，从图中还可发现，曲线峰值位置随液体表观流速减小略微右移，且曲线右侧内凹程度随其加强。由此可以认为，当液体表观流速持续减小，上述内凹将会愈加明显，使得此区域固体排量 J_S 随 J_L 减小转而降低。这说明较高气量值下过低的液体流速不利于颗粒的提升。此外，比较图 2-6 与图 2-5 可知，J_S-J_G 曲线未出现 J_L-J_G 中的拐点，这应与固体排量较低有关。

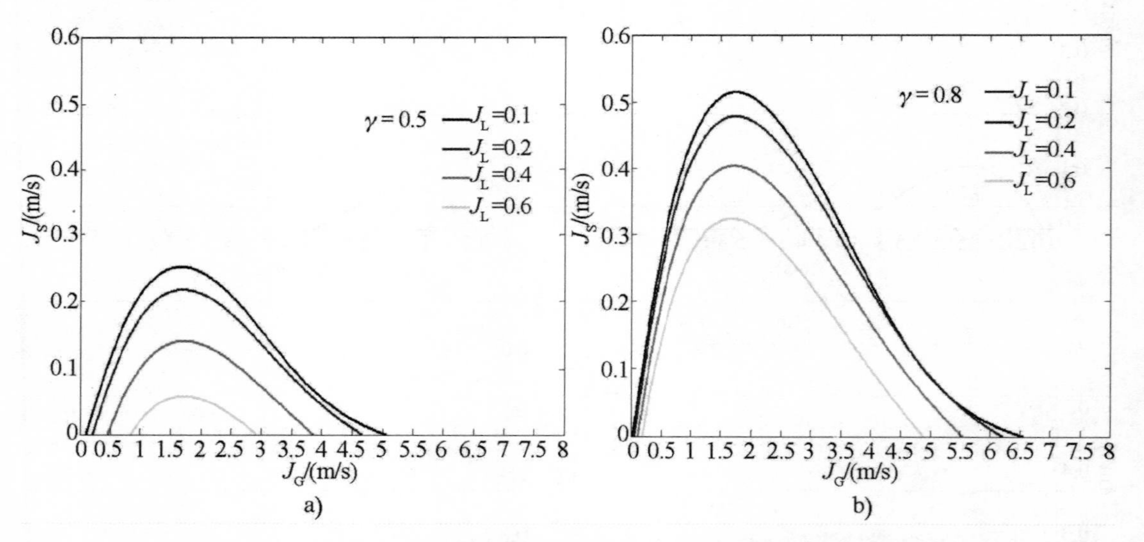

图 2-7　不同液体表观流速下固体表观流速随气体表观流速的变化规律

a）$\gamma=0.5$；b）$\gamma=0.8$

（2）J_L 和 J_S 随 D 的变化

管径也是影响气力提升性能的重要因素。为便于模型计算，令 L_1、L_2，γ 和 d_S 分别等于 2.91m，0.09m，0.8 和 0.002m，即可得出 J_L 和 J_S 随 D 的变化规律。由于气体表观流速 J_G 与管径 D 有关，因此在模型求解时不宜再令 J_G 恒定，而是应选择参量 Q_G（$Q_G=AJ_G$）。

不同气流量下液体表观流速随管径的计算结果如图 2-8 所示。从图中可知，液体表观流速随管径加大快速增加至峰值后逐渐下降。这说明气体体积流量恒定时，管径过小与

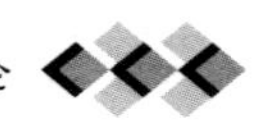

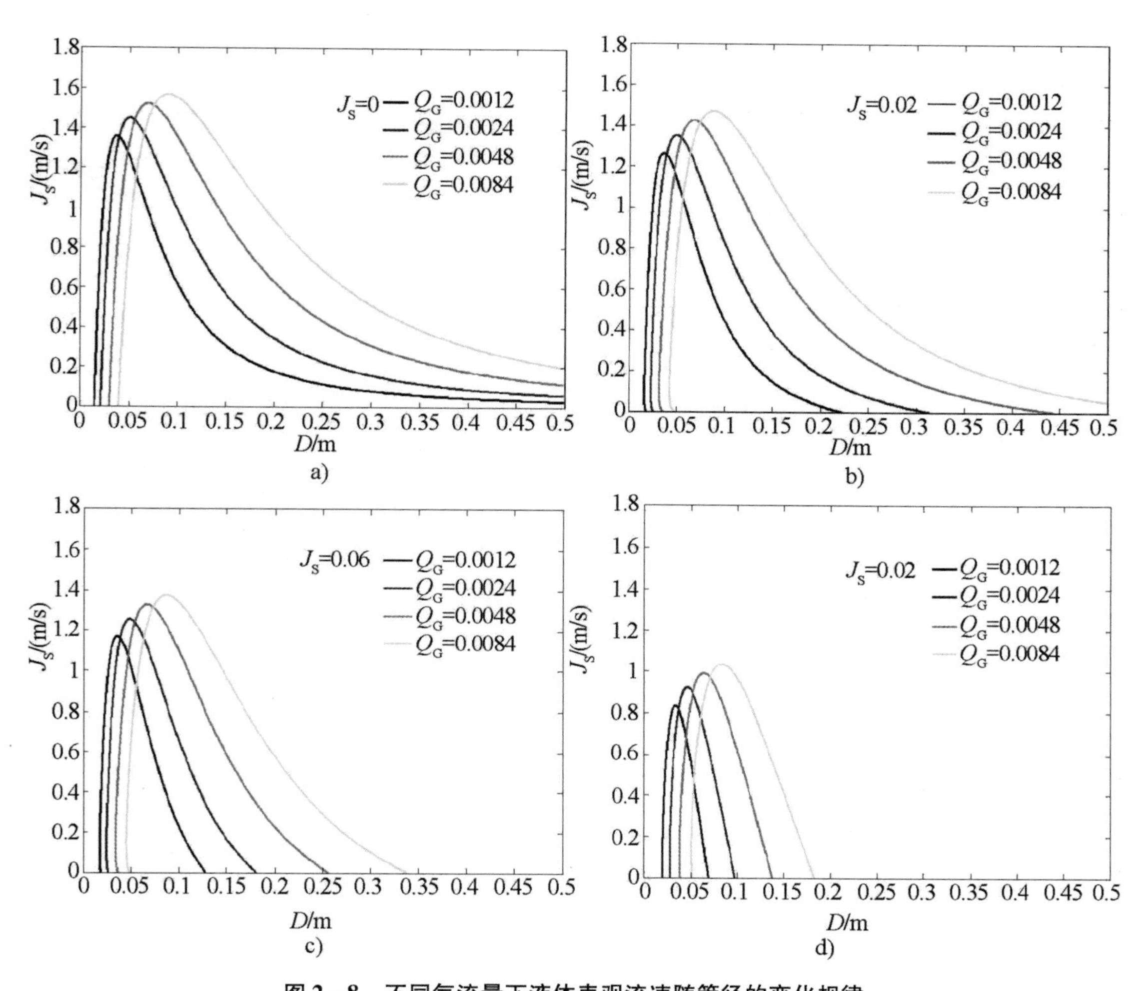

图 2－8　不同气流量下液体表观流速随管径的变化规律

a）$J_s = 0\text{m/s}$；b）$J_s = 0.02\text{m/s}$；c）$J_s = 0.06\text{m/s}$；d）$J_s = 0.2\text{m/s}$

过大均不利于液体输送，过小会引发管内阻力损失加剧，而过大则又会导致推动水流上升的气量不足。值得注意的是，仅当管径大于其临界值时（即 $J_L = 0$ 时对应的 D_{min}）气力提升才得以实现。而在临界点以内，一方面因管径较小易使得混合流体阻力损失很大；另一方面因进气口附近管道空间限制，积压了大量气体从而阻滞气力泵下部流体上移。此时若管径太小甚至还会引发流体反向下移，在管底部外围形成上升流。实验过程中就观测到，在$D = 0.004\text{m}$ 与 $Q_G = 0.0012\ \text{m}^3/\text{s}$ 时，提升管上端出现气喷，而在管道外围液面形成泡流的特殊现象。由此可以判断，此时在气力泵底部发生了气体溢流。值得一提的是，实际工程应用时可利用该现象来有效解堵。

从图 2－8 中还可知，随进气口气体体积流量的增加，对应液体表观速度的峰值位置向更大管径偏移，以 $J_S = 0.02\ \text{m/s}$ 时为例（见图 2－8b），对应 $Q_G = 0.0012\text{m}^3/\text{s}$，

0.0024m³/s，0.0048m³/s 和0.0084m³/s，相应曲线峰值依次略有升高，其位置分别位于 $D=0.036$m，0.048m，0.066m 和0.088m 处。由此可以推出，若气体体积流量升高，需增加管径以保持系统提液性能维持在最佳状态。此外，D_{min}还因 Q_G的升高而增加，但增幅较小，虽 D_{max}（$J_L=0$ 时对应的右极限管径）因气体流量上升也表现出增加趋势，但增幅却极为显著。这说明气流量的加大会使得有效管径范围［D_{min}，D_{max}］变宽。

分析图 2－9 可知，任一气流量下，J_L-D 曲线峰值随固体表观流速加大而降低，但其峰值位置差异极小。另外，在 J_S极小时，J_L随 D 增加在起始段急速上升，但在越过峰值后下降趋势变缓。而随 J_S增加，其下降幅度逐渐加大，特别是在小气流量下尤为突出。这说明颗粒含量的增加使得有利于液体输送的流型段逐渐缩短，特别是过高的 J_S还会造成管内阻力损失加剧。

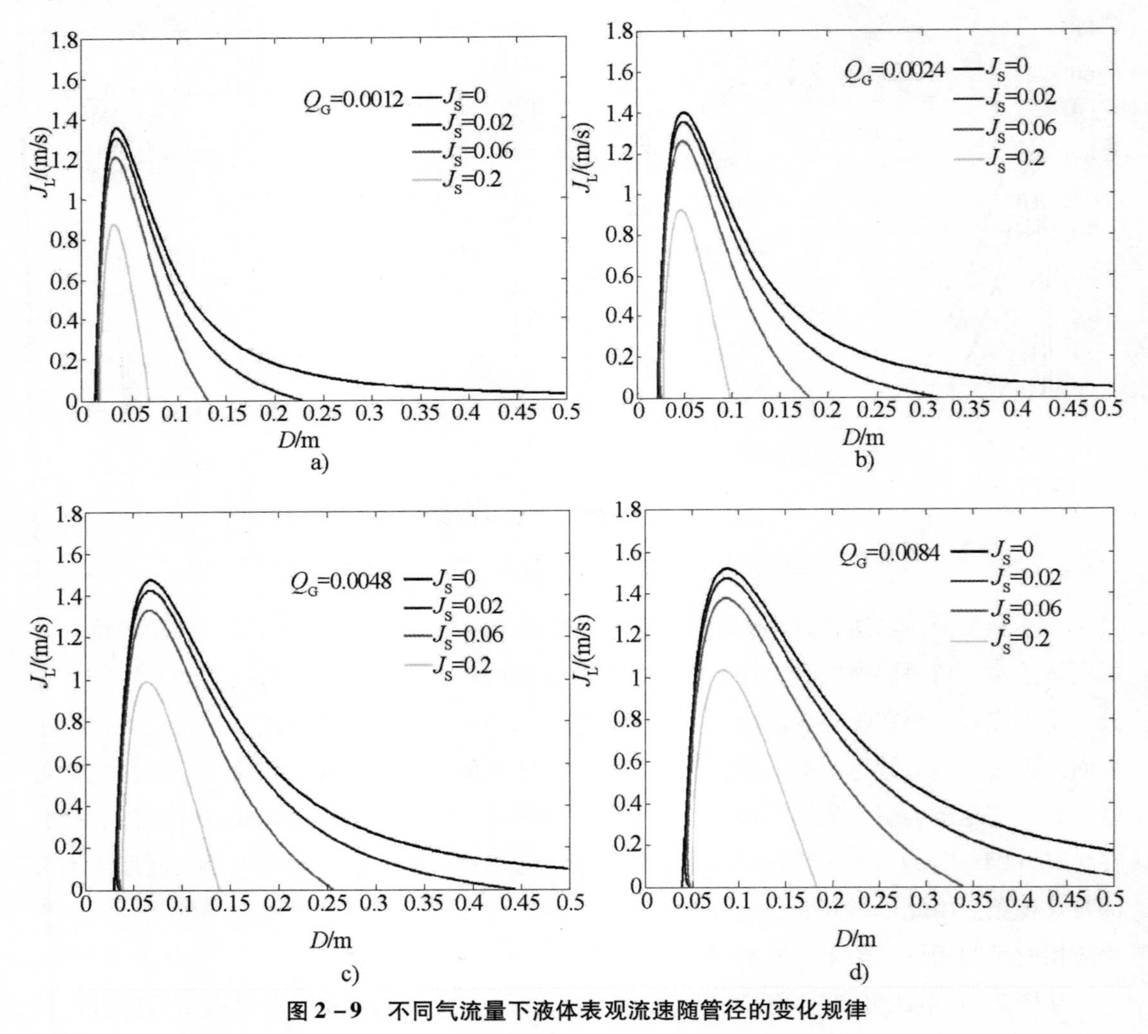

图 2－9　不同气流量下液体表观流速随管径的变化规律

a）$Q_G=0.0012$m³/s；b）$Q_G=0.0024$m³/s；c）$Q_G=0.0048$m³/s；d）$Q_G=0.0084$m³/s

分析临界管径还可知，J_S的加大仅使得 D_{min}稍有增加，却导致 D_{max}迅速减小，即迫使有效管径范围变窄。结合图2－8和图2－9可得出，气流量对 D_{min}的作用要显著高于固体表观流速，而两者对 D_{max}的影响均较为显著。

图2－10给出了固体表观流速随管径的变化规律。显然，J_S-J_G曲线特征与图2－8和图2－9类似，即随管径增大在跃过 D_{min}后 J_S快速增加至峰值，而后开始下降。另外，随 J_L变大，J_S整体下降，这是由于在相同气流量下，J_L升高意味着气体提升颗粒的能力减弱。与前述结论类似，J_L增加对 D_{min}影响极小，仅略微使其上扬，但对 D_{max}的影响则较大。以 $Q_G=0.0012m^3/s$ 为例，在 J_L分别等于0.1m/s，0.2m/s，0.4m/s和0.6m/s时，D_{min}基本在0.016m附近，D_{max}则依次为0.248m，0.174 m，0.121 m和0.09 m。

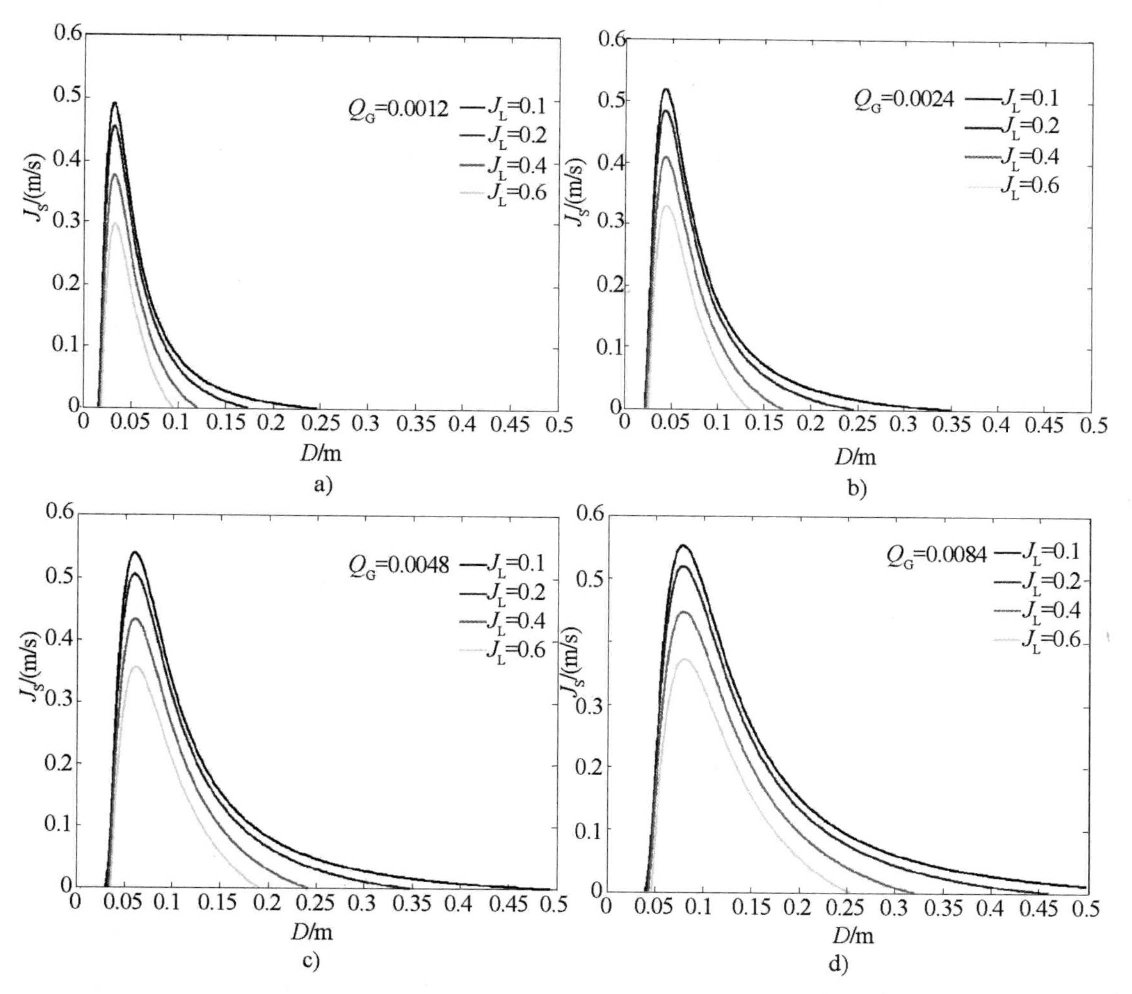

图2－10　不同气流量下固体表观流速随管径的变化规律

a）$Q_G=0.0012m^3/s$；b）$Q_G=0.0024m^3/s$；c）$Q_G=0.0048$；d）$Q_G=0.0084m^3/s$

分析图 2－11 的计算结果还发现，$J_S - J_G$曲线峰值随气流量上升而增加，且其峰值位置明显右移，该结论与图 2－8 的相似。以图 2－11a 为例，在 Q_G分别为 0.0012m^3/s，0.0024m^3/s，0.0048m^3/s 和 0.0084m^3/s 时，峰值分别为 0.492m/s，0.519 m/s，0.54 m/s 和 0.554m/s，其位置对应的最佳管径依次等于 0.031m，0.043m，0.06m 和 0.078m。对上述变化规律可作如下解释，气流量增加后，导致管内原有流型变化，细泡状流有向环状流转化的趋势，从而削弱了气力输送颗粒的能力，而且气流量的上升也会导致管内混合流体速度加快，整体阻力损失增加。因此，需扩大管径以改善管内流场结构特征以实现高性能颗粒输送。由此可见，管径增加有助于颗粒提升能力的增强。但由于该方案所获得的扬固效果不甚理想，且加之需额外数倍甚至数十倍增加气体流量，因此在实际应用中鲜有实施。分析图 2－11 还可知，D_{min} 和 D_{max} 均因 Q_G的升高而增加，且后者的增加幅度远高于前者，液体表观流速的降幅因此减小。据此可得，小流量气体以小管径为宜，且合理管径范围较窄；而大流量气体则采用大管径为佳，且可用管径范围较宽。对比 $J_S - J_G$与 $J_L - J_G$曲线特征还可得，前者有效管径范围整体上窄于后者，这是由于气、液和固相之间的滑移所致。

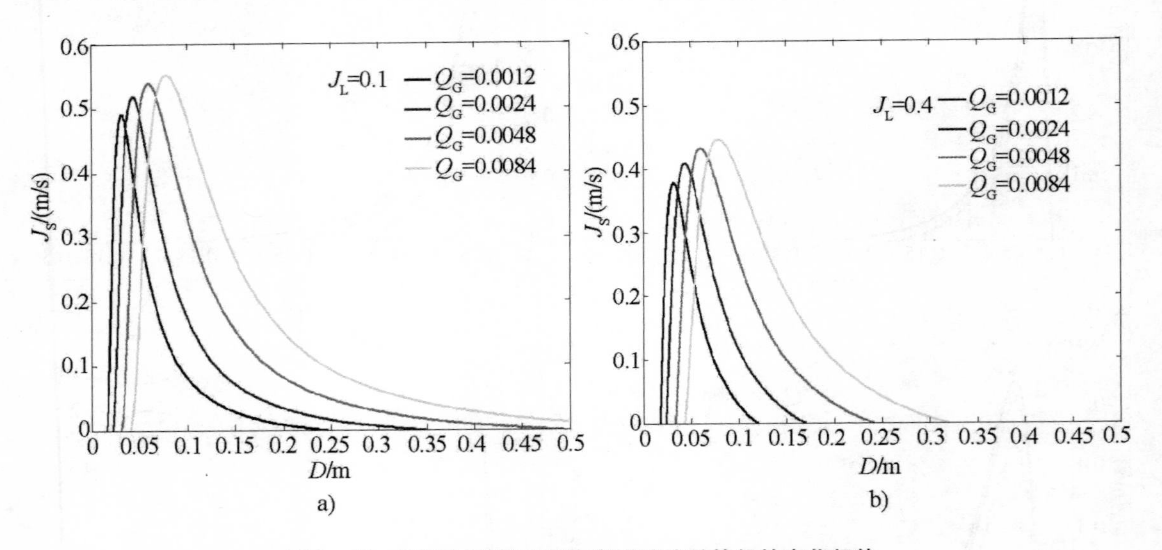

图 2－11　不同气流量下固体表观流速随管径的变化规律

a）J_L = 0.1m/s；b）J_L = 0.4m/s

（3）J_L 和 J_S 随 γ 的变化

已有大量实验研究表明浸入率对气力提升性能的影响极为显著，但鲜有针对于此的数值计算研究。令 L_1、L_2，D 和 d_S分别等于 2.91m、0.09m，0.04m 和 0.002m，且由于 $\gamma = L_3/ L_1$，即可由动量模型计算得出 J_L 和 J_S 随 γ 的变化规律。

图 2－12 反映了液体表观流速与浸入率的变化关系。结果显示，只有当浸入率跃过其临界点（J_L = 0 时对应的 γ_{min}）后，液体表观速度才随其上扬。由此可见，当浸入率 0 位

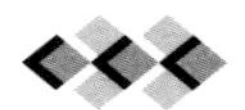

于 ~γ_{min}，液体因其自身重力水头过高而导致气力输送失效。显然，气力提升技术特别适合应用于高浸入率工况，如深河、深湖及海洋中的取水工作。由图 2 - 12 还可知，随 J_S增加，J_L呈减小趋势。另外，不同 J_S下液体表观流速之间差值 ΔJ_L随浸入率升高逐渐缩小，这表明在低浸入率下，不同 J_S时管内流型差异较大，而在高浸入率下，其差异则较小。

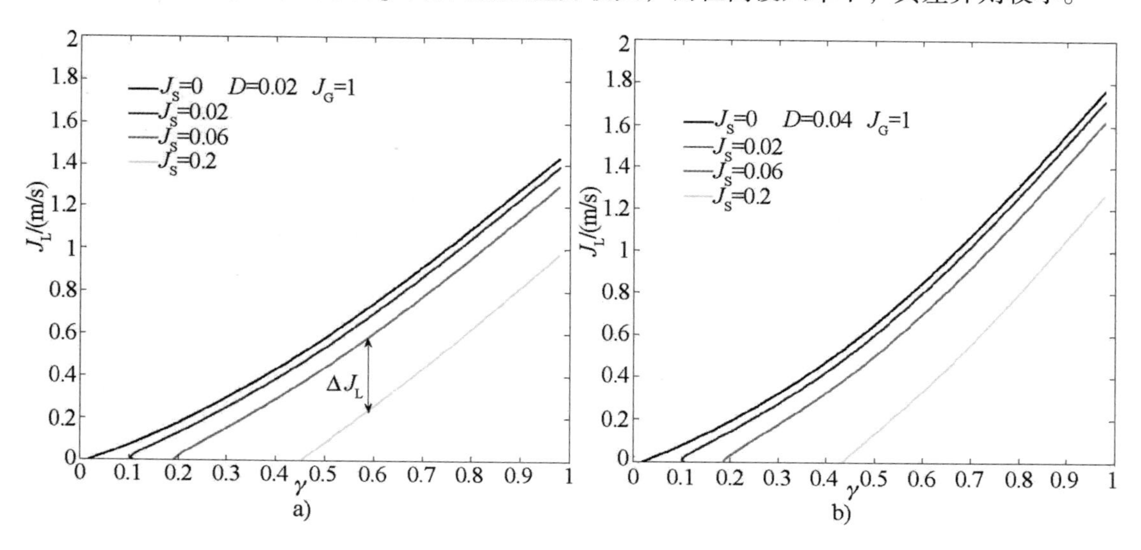

图 2 - 12　不同固体表观流速下液体表观流速随浸入率的变化规律

a）D = 0. 02M；b）D = 0. 04m

图 2 - 13 表示固体表观流速与浸入率的关系。从图中可发现，$J_S - \gamma$ 曲线变化规律与 $J_L - \gamma$ 基本类似，即 J_S随 γ 增加呈递增趋势。分析其原因，一方面由浸入率增加使得液体提升所需能量消耗减小所致，另一方面因浸入率加大导致管内流型转变，迫使细泡状流提早出现所引起。该结论得到了后续高速摄像实验研究的证实。此外，比较图 2 - 13a ~ 图 2 - 13d 可以发现，均存在一临界浸入率 γ_{min}（J_S = 0 时对应的 γ）。当 J_L = 0. 1 时，对应 J_G = 0. 6m/s，1m/s，2 m/s 和 4m/s，γ_{min}分别为 0. 16，0. 12，0. 14 和 0. 34。据此可以推出，气体表观流速过高与过低均不利于颗粒“启动”。其原因如下：气体进入管内与液体需经历一定管长完成混合，气量越高，所需混合段越长，否则易导致气流逸散，致使提升失效，因此高气量值下的 γ_{min}值应较大。而在低气量值下，气力能量明显不足，需提高浸入率以减少液体所需能耗，进而实现颗粒输送，所以 γ_{min} 值也较高。比较图 2 - 13a ~ 图 2 - 13d 还可知，J_L越高，$J_S - \gamma$ 曲线线性度下降，其凹凸现象逐渐显现出来。这说明 J_L 减小使得 J_S加大，多颗粒碰撞所导致的非线性因素也相应增加。

（4）J_L 和 J_S 随 L_2的变化

目前，鲜有针对于进气口位置影响气力提升性能的研究报道，笔者之前也仅仅是从实验角度进行了探讨，初步得出了进气口位置下移有助于增强气力提升性能的结论。为此，

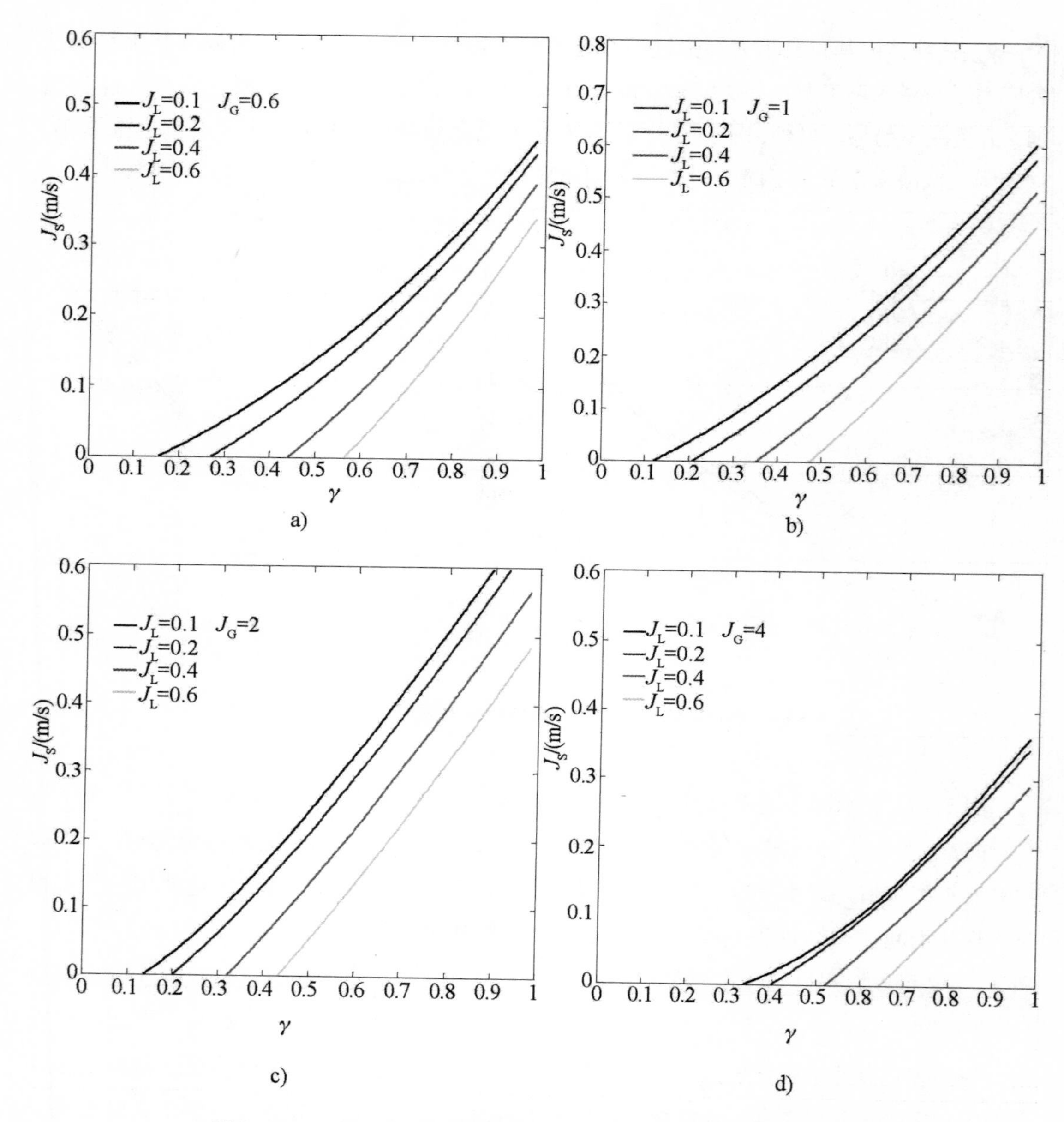

图 2－13 不同液体表观流速下固体表观流速随浸入率的变化规律

a）$J_G=0.6\text{m/s}$；b）$J_G=1\text{m/s}$；c）$J_G=2\text{m/s}$；d）$J_G=4\text{m/s}$

选择合适参数，利用上述动量模型也可求得 J_L 和 J_S 随进气口位置 L_2 的变化规律。

为考察进气口位置对气力提升性能的作用规律，设管总长（$L_1+L_2=3\text{m}$）与液面高度（$L_2+L_3=2.49\text{m}$）恒定，再令 D 和 d_S 分别等于 0.04m 和 0.002m，即可计算得出如图 2－14 所示的变化规律。

由图 2－14 可见，进气口位置上移（即 L_2 增加）有碍于气力提升性能的提高。分析其原因，一方面是浸入率降低所致；另一方面则因提升系统由扬程（$3-L_2$）工作渐变为吸

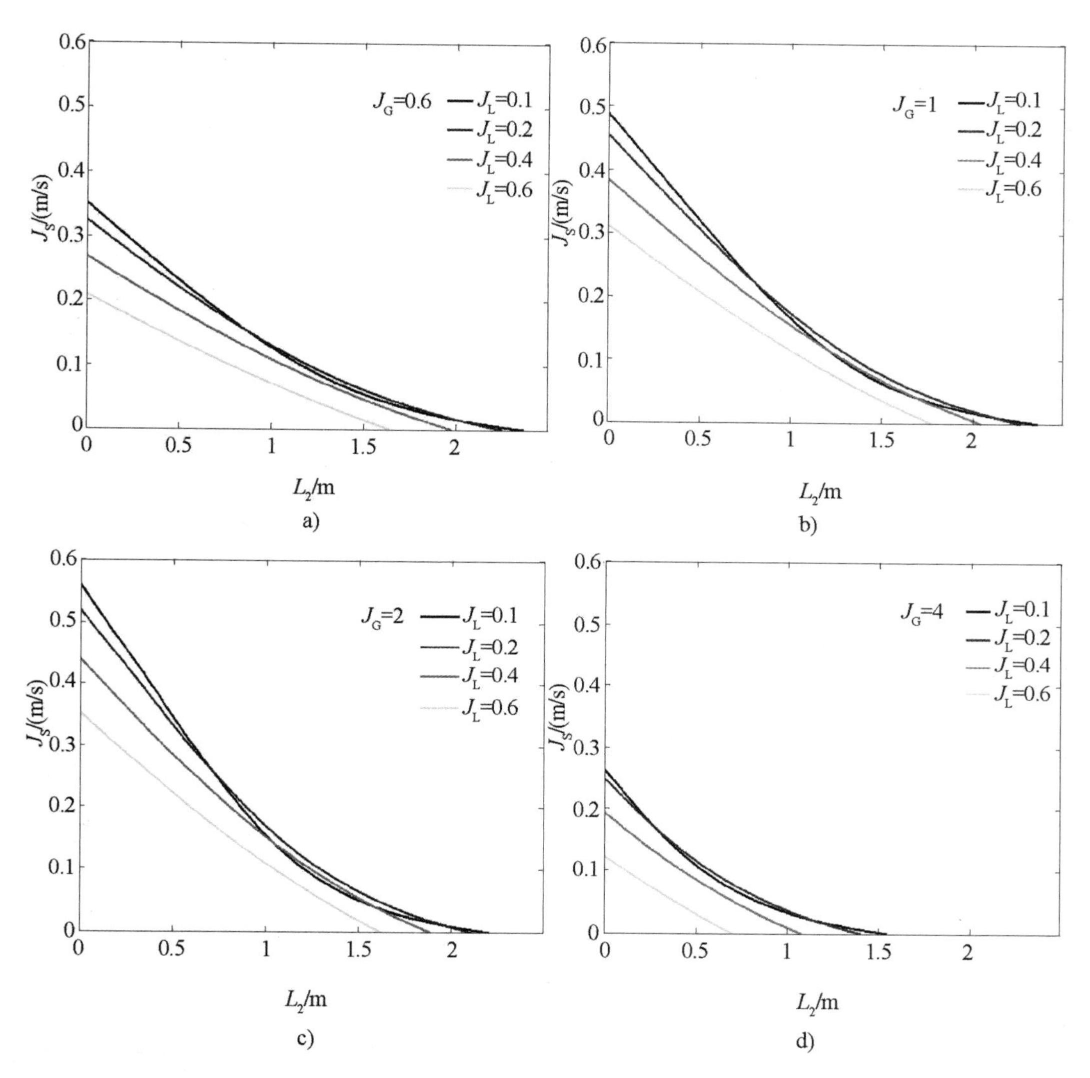

图 2－14　不同液体表观流速下固体表观流速随浸入率的变化规律

a）J_G =0.6m/s；b）J_G =1m/s；c）J_G =2m/s；d）J_G =4m/s

程（L_2）运行引发阻力损失升高所引起。该结论也表明在应用气力提升系统时应以高扬程作用为宜。若继续增加 L_2 直至极限值 $L_{2,max}$（此处 J_S =0），则气力提升系统失效，且液体表观流速越大，对应 $L_{2,max}$ 愈小，进气口位置有效变动范围（0，$L_{2,max}$）也越小。当 J_G = 0.6 m/s，在 J_L 分别取值 0.1m/s，0.2m/s，0.4m/s 和 0.6m/s 时，$L_{2,max}$ 分别等于 2.362m/s，2.246m/s，1.976m/s 和 1.638m/s，而最大固体表观流速液依次为 0.355 m/s，0.329 m/s，0.272 m/s 和 0.210 m/s。此外，随 J_L 减小，曲线下凹程度越来越明显。这说明在局部浸入率范围，J_L 的减小使得 J_S 转而降低。比较不同气量值下曲线特征还可知，当吸程段 L_2 =0，四种工况中对应最大固体表观速度不同。以 J_L =0.1m/s 为例，对应 J_G =0.6 m/s，

1m/s，2 m/s 和 4 m/s，最大液体表观依次为 0.353m/s，0.490m/s，0.562m/s 和 0.265m/s。由此可判断此处（$L_2=0$）应存在一最佳气量值使得气力提升性能最佳，这与之前计算结果吻合。从图 2－14 中还发现，随气量值增加，低液体表观流速下的 J_S-L_2 曲线下凹程度首先扩大，继而缩小。此外，在 $J_L=0.1$m/s 时，其最高进气口位置 $L_{2,max}$（即 $J_S=0$ 时 L_2）随上述气量值变化依次等于 2.366 m，2.354 m，2.198 m 和 1.546 m，呈现递减趋势。

（5）管内各相体积分数

由动量模型还可计算得出液—固两相段各相体积分数（$\beta_{L,LS}$ 和 $\beta_{S,LS}$）以及气—液—固三相段各相体积分数（$\beta_{G,3}$，$\beta_{L,3}$ 和 $\beta_{S,3}$）。令 L_1、L_2，D 和 d_S 分别等于 2.91m、0.09m，0.04m 和 0.002m，再设 $J_G=1.326$m/s 恒为常数，即可由此获得各相体积分数沿轴向 Z（Z 起点为气力泵底部 E，终点为管出口端 O，即 $0\leqslant Z\leqslant 3$m）的变化规律，其计算结果如图 2－15 所示。

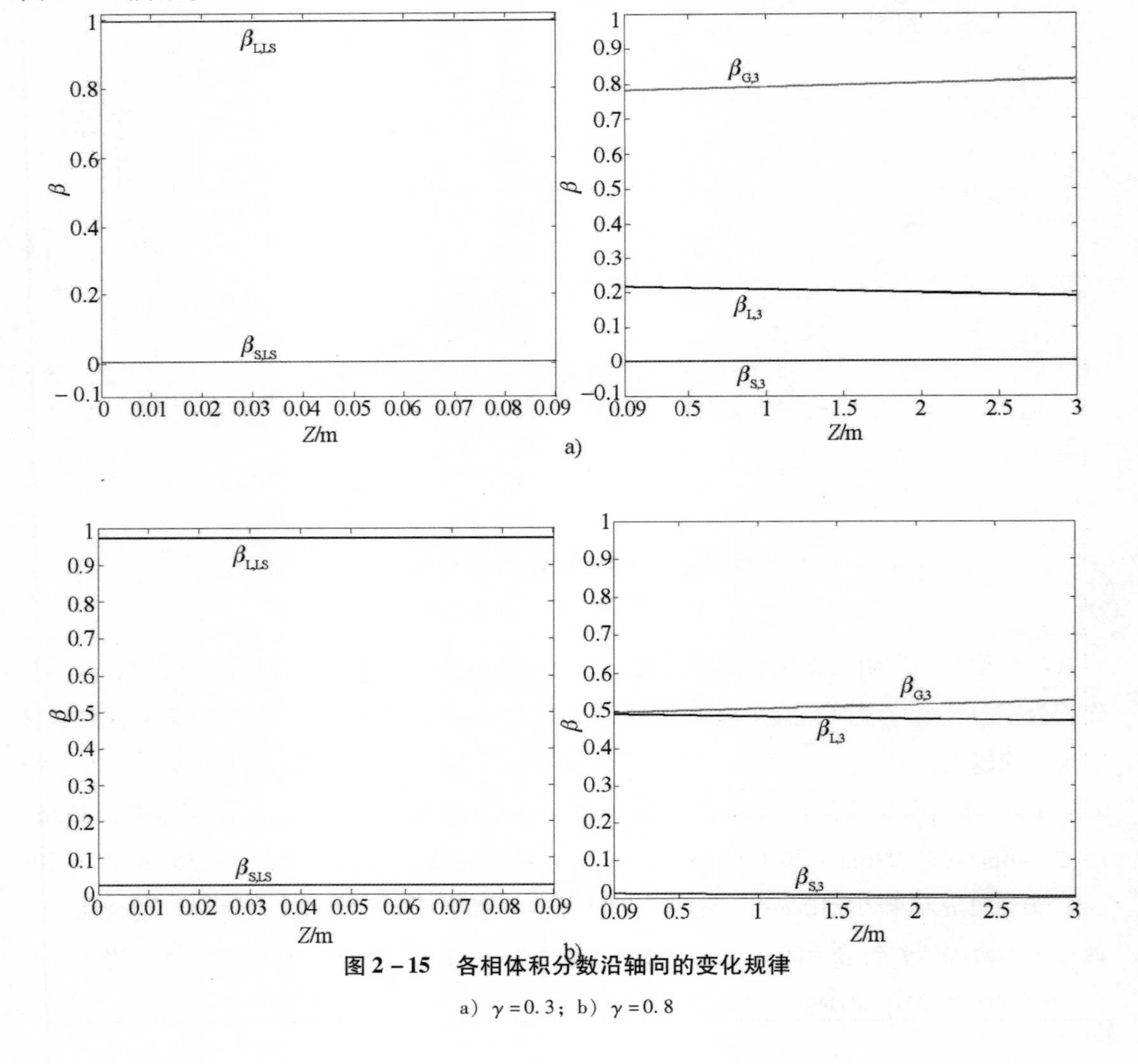

图 2－15　各相体积分数沿轴向的变化规律

a）$\gamma=0.3$；b）$\gamma=0.8$

由图 2-15 可知，在液—固两相段，液相体积分数远高于固相体积分数，且两者随轴向增加恒定不变，但在进气口位置，因气相参与，液相与固相体积分数发生突变，且气相与液相体积分数显著高于固相。之后沿轴向上升，气相体积分数近乎为线性升高，且增加趋势极为缓慢，而液相与固相体积分数则发生细微减小。这是由于在三相段内，气相在沿管上升时因压力减小而发生膨胀所致。由前述分析可知，固相体积分数在由两相段过渡至三相段内出现较大跳跃，不过就整体而言，其计算值在整段内均极小，与气、固相体积分数相比较可忽略不计。另外，浸入率变化对气相、液相及固相体积分数的影响均较大。在气—液—固三相起点位置（$Z=0.09\text{m}$），对应 $\gamma=0.3$ 时，$\beta_{G,3}=0.782$，$\beta_{L,3}=0.217$ 和 $\beta_{S,3}=0.001$，而当 $\gamma=0.8$ 时，气、液、固各相体积分数分别为 0.495，0.492，0.013。

2.3　气力提升效率模型

针对于气力提升系统的效率模型，已有部分文献可查阅，但多数研究针对于液体输送。部分文献虽建立了固体颗粒输送的效率模型，但以颗粒质量流速与气体质量流速之比来定义效率显得过于简单。为此，后续研究者将颗粒重力势能与输入气体能量的比值作为效率，较大程度上提高了模型精度，但却未考虑出口端颗粒动能以及管内颗粒所受浮力，模型精确性仍有待提升。为此，本书从能量守恒出发，拟建立一种较高精度的效率模型。

效率反映了气力提升系统输送固体颗粒的能力，一般定义为提升管出口端固体所持有的能量与输入气体能量的比值，计算公式如下：

$$\eta = N_S/N_G \tag{2-34}$$

式中　N_S——管道出口终端固体颗粒所具有的能量，W；

N_G——输入气体的能量，W。

$$N_G = \int_{P_0}^{P_E} Q_{GX}\mathrm{d}p = P_0 Q_G \ln\left(\frac{P_E}{P_0}\right) \tag{2-35}$$

$$P_E = \rho_L g(L_2 + L_3) + P_0 - 0.5\rho_L J_L^2 \tag{2-36}$$

式中　Q_{GX}——输气管内气体体积流量，m^3/s；

Q_G——大气压力下气体体积流量 m^3/s；

P_E——管终端出口处压力，Pa。

由于固体颗粒在 $z\in(0,L_2+L_3)$ 段内受到浮力作用，因此在计算颗粒总能量时需在管顶端除去浮力对颗粒所做之功，以 E_B 表示。式（2-34）中 N_S 由两部分构成，即 $N_S = E_{V2} + E_2$，其中 E_{V2} 与 E_2 分别代表颗粒的动能与重力势能。由此可得出：

$$N_S = \frac{N_S - E_B}{N_G} = \frac{E_{V2} + E_2 - E_B}{N_G} \tag{2-37}$$

式中各项如下：

$$E_2 = \rho_S g(L_1 + L_2)Q_S = A\rho_S g(L_1 + L_2)J_S \tag{2-38}$$

$$E_{V2} = \frac{1}{2}\rho_S Q_S\left(\frac{Q_S}{A}\right)^2 \approx \frac{\rho_S Q_S{}^3}{2A^2} = \frac{1}{2}A\rho_S J_S^3 \tag{2-39}$$

$$E_B = \rho_L g(L_2 + L_3)Q_S = A\rho_L g(L_2 + L_3)J_S \tag{2-40}$$

式中　Q_S——固体的体积流量，m^3/s。

整理式（2-34）~式（2-40）可得扬沙效率为：

$$\eta = \frac{\rho_S g(L_1 + L_2)J_S + 0.5\rho_S J_S^3 - \rho_L g(L_2 + L_3)J_S}{P_0 J_G \ln\left(\frac{\rho_L g(L_2 + L_3) + P_0 - 0.5\rho_L J_L^2}{P_0}\right)} \tag{2-41}$$

将式（2-41）与提升理论模型中动量方程联立，其中恒定参量值如表2-1所示，即可求得效率特性曲线。图2-16给出了效率与气体表观流速之间的关系。从图2-16中可知，随着气体表观流速增加，效率迅速增加至峰值，而后下降趋势放缓。与之前的J_L-J_G和J_S-J_G曲线相比较，虽然三者变化趋势大致相同，但效率特性曲线峰值处对应的气体表观流速远小于其余两者。比较图2-16和图2-7可得，在$J_L=0.1m/s$时，最佳提升颗粒与效率的峰值位置分别位于$J_G=1.756m/s$和$0.292m/s$处。由此可见，很小的气量值即可达到极佳的提升效率，但对应的排固量却不理想。这是因为在较小气量值下，虽然固体表观流速不为最佳，但是其所消耗的气量却很小，因此其效率反而很高。显然，在追求效率

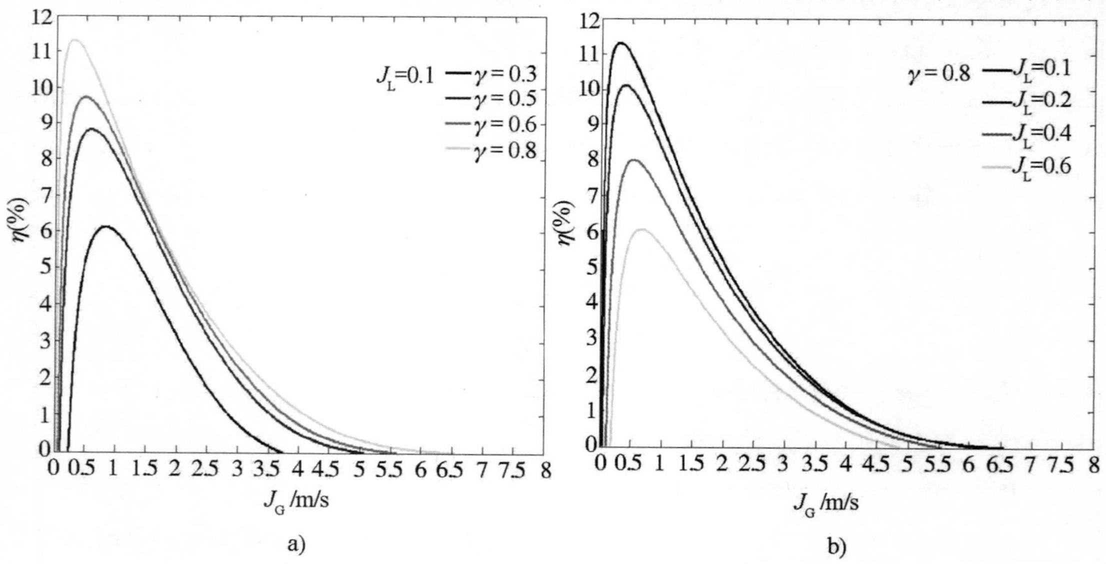

图2-16　效率随气体表观流速的变化规律

a 不同浸入率；b）不同液体表观流速

时应以较小气量为宜。

由图 2－16 还可知，效率随浸入率升高而增加。另外，还存在一临界气体表观流速 $J_{G,min}$（即 $\eta=0$ 时对应的最小气流速度），且仅当气量值超过临界点才能保证颗粒顺利提升。浸入率越高，$J_{G,min}$越小，而 $J_{G,max}$（$\eta=0$ 时对应的最大气流速度）则增大，这说明浸入率上升能扩大有效气量值范围。分析图 2－16 还发现，液体表观速度增加使得效率整体下降。这是由于液体所需能耗增加，颗粒排量减弱所致。

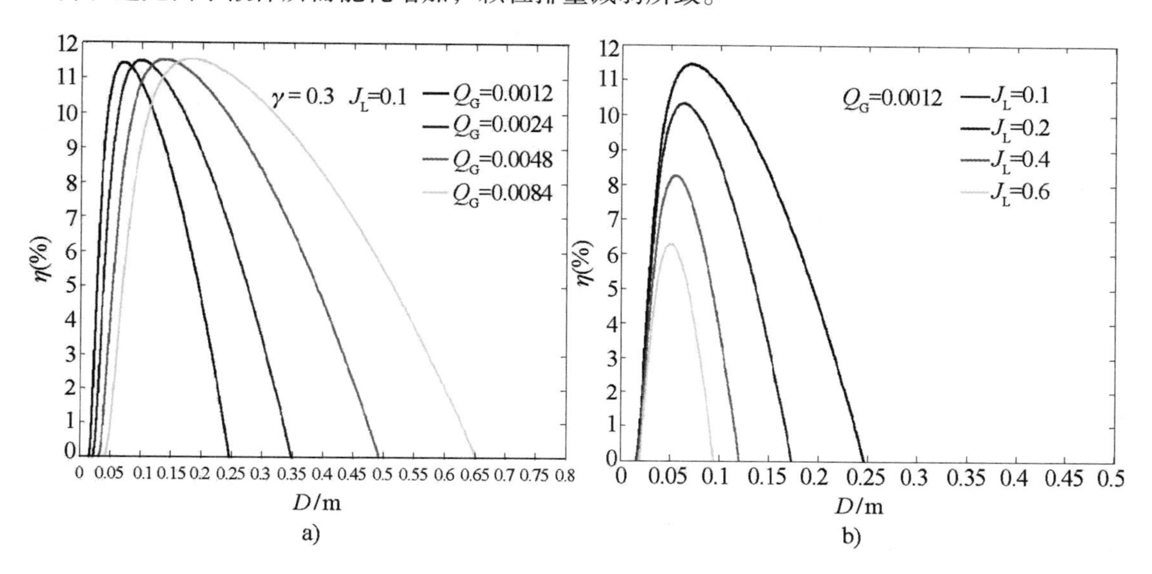

图 2－17 效率随管径的变化规律

a）不同气流量；b）不同液体表观流量

图 2－17 体现了效率与管径的关系。显然，存在一最佳管径使得提升效率达到最佳，且峰值前曲线上升迅速，而之后则衰减较为缓慢。结果说明，较小的管径就可达到最佳的提升效率。其原因可解释如下：在气流量恒定工况下，管径极小会导致阻力损失加剧，而太大又会造成气量不足，且管内流型也会因此转变，不利于颗粒提升。分析图 2－17 还可知，同样存在临界管径 D_{min}与最大管径 D_{max}，即 $\eta=0$ 时对应管径的最小值与最大值。其原因可借鉴上述 J_L-D 分析中的结论，即当管径很小时，无水量排出，也就导致颗粒输送失效。而极大管径时同样因无液体输出而导致气力提升失效。另外，气体流量的增加还迫使 $\eta-D$ 曲线右移，使 D_{min}，D_{max}和最佳管径值均增加，且 D_{max}增加幅度要显著高于 D_{min}，这表明高气流量下有效管径范围更宽。分析图 2－17b 可知，不同液体表观流速下曲线变化特征与图 2－17a 类似。两者不同之处在于前者曲线峰值随 J_L增大而减小，而后者曲线峰值随 Q_G上升基本保持不变。由此可见，在 J_L恒定下，气流量的变化未影响最大效率值，但其对应的最佳管径却不同。所以在实际应用中，在仅强调效率的情况下，选择低气流量

和小管径可满足要求。

图 2－18 给出了效率随浸入率变化的规律。由图可发现，效率随浸入率增加表现出递增规律。其原因与之前对 $J_L-\gamma$ 和 $J_S-\gamma$ 曲线变化特征的解释大致相同。分析图 2－18a 还可知，任一气量值下均存在一临界浸入率 γ_{min}（即 $\eta=0$ 时对应的浸入率），且 γ_{min} 随气量值的变化较为复杂。当 $J_L=0.1$m/s 时，随气量值增加（见图 2－18a），γ_{min} 依次为 0.258，0.120，0.138 和 0.334。结果显示，气量值过低与过高均不利于颗粒的“启动”。这是由于低气量下其输送能力有限，因而需要较高的浸入率完成气力输送。而在高气量下其能量却又较大，若浸入率过低则易导致部分气流直接溢出水面，导致能量耗散，因而需较大的浸入率实现气—液充分混合。此外，还发现随着气量值的增加，曲线斜率整体减小，不利于气力输送。由图 2－18b 还可得出，效率随液体表观流速上升呈递减趋势，且临界浸入率 γ_{min} 随此增加。这是由于 J_L 增加导致提升颗粒所需的气力减弱所致。

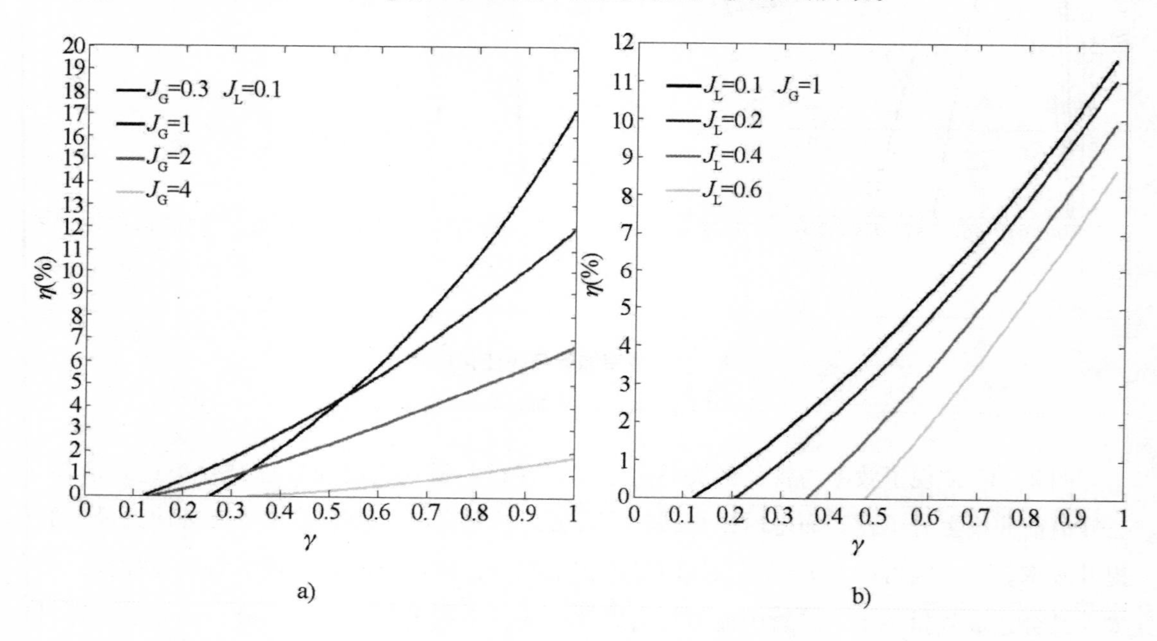

图 2－18　效率随浸入率的变化规律

a）不同气流量；b）不同液体表观流速

图 2－19 显示了效率与进气口位置的关系。从图中可知，效率随进气口位置上移而逐渐降低，且均存在极限进气口位置 $L_{2,max}$（即 $\eta=0$ 对应的 L_2），该结论与 J_L-L_2 和 J_S-L_2 曲线的变化特征较为类似。分析图 2－19a 可得，在 $J_G=0.6$m/s，1 m/s，2 m/s 和 4 m/s 时，$L_{2,max}$ 依次减小，分别等于 2.362m，2.354m，2.198m 和 1.544m。由此可见，气量值越低，对应提升效率的有效进气口位置变动范围越广。其原因主要如下：气量值越高，则进气口位置离水平面应越远，否则易导致气流直接冲出水面。对图 2－19b 分析可得，液

体表观流速越高，$L_{2,max}$越小。同时还发现，液体表观流速越小，曲线下凹程度也越明显，导致曲线出现交叉。结果表明，当进气口位置过低与过高时，需降低液体表观流速，若进气口位置介于之间，则需适当提高液体表观流速以增强效率。对此变化规律可作如下解释：L_2较小时，系统主要为扬程工作，气体能量主要消耗在液体与固体的提升，此时液体表观流速加大会导致固体输送减弱，因而效率减小。而随着进气口位置上移，系统吸程段长度增加，不同 J_L下系统提升颗粒的能力均减弱，但由于在高 J_L下固体排量衰减较慢，管中能量损失相对较小，导致此时其对应的固体表观流速相对低 J_L工况有所上升，因此提升效率转而增加。但随着进气口位置逐渐接近 $L_{2,max}$，系统以吸程工作为主，能量损失加大，原有高 J_L下举升颗粒的气体能量被削弱，导致效率降低。

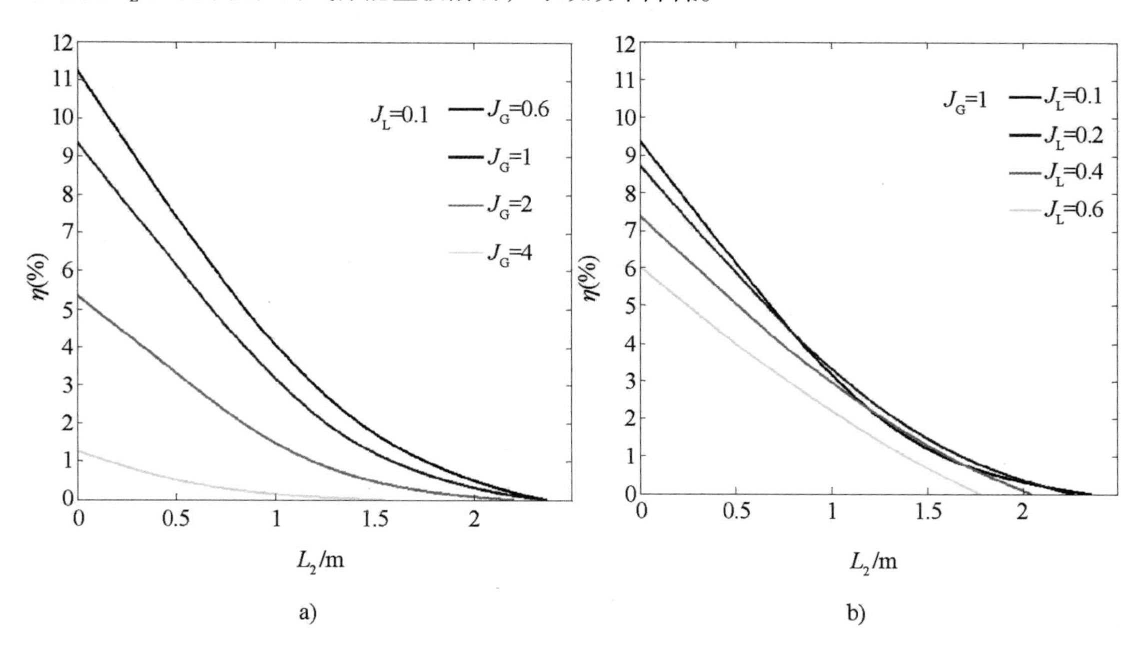

图 2－19　效率随进气口位置的变化规律

a）不同气流量；b）不同液体表观流量

2.4　气力提升压降模型

前期的研究表明气力提升理论模型计算的难易及精度受压力损失作用极大，且管内流场结构同样受此影响较为显著。因此，探讨气力提升系统内部压降模型极为重要。沿混合流体流向将其分为液—固两相段（E～I）与气—液—固三相段（I～O），则可分别对两相段及三相段混合流体压降进行建模。

对于液—固两相段，其总压降（E～I）可表示为：

$$\left|\frac{\Delta P_{LS}}{\Delta Z}\right| = \left|\frac{\Delta P_{g,LS}}{\Delta Z}\right| + \left|\frac{\Delta P_{f,LS}}{\Delta Z}\right| + \left|\frac{\Delta P_{a,LS}}{\Delta Z}\right| \tag{2-42}$$

$$\left|\frac{\Delta P_{g,LS}}{\Delta Z}\right| = \rho_{LS} g \tag{2-43}$$

$$\left|\frac{\Delta P_{f,LS}}{\Delta Z}\right| = \lambda_{LS}\rho_{LS}\frac{(J_L + J_S)^2}{2D} \tag{2-44}$$

式中 $\frac{\Delta P_{g,LS}}{\Delta Z}$，$\frac{\Delta P_{f,LS}}{\Delta Z}$ 和 $\frac{\Delta P_{a,LS}}{\Delta Z}$——分别为液—固两相段内重力项、摩擦力项与加速度项分别引起的压力梯度，Pa/m。

对 $\left|\frac{\Delta P_{f,LS}}{\Delta Z}\right|$，可由式（2－19）～式（2－22）计算，结果如下：

$$\left|\frac{\Delta P_{f,LS}}{\Delta Z}\right| = \frac{0.158}{D}(\rho_L J_L + \rho_S J_S)(J_L + J_S)\left[\frac{(J_L + J_S)D}{\nu_L}\right]^{-0.25} \tag{2-45}$$

对 Cachard 和 Delhaye 所提出的模型进行修正，可得

$$\left|\frac{\Delta P_{a,LS}}{\Delta Z}\right| = \rho_{LS}\frac{d}{dZ}\left[u_{LS}^2(1-\beta_{G,LS})\right] = \rho_{LS}J_{LS}^2\frac{d}{dZ}\left(\frac{1}{1-\beta_{G,LS}}\right) \tag{2-46}$$

显然，在液—固混合流体中，虽部分气体可能因溢流返至此段，但含量极其微小，因此可视 $\beta_{G,LS}=0$，由此得 $\Delta P_{a,LS}/\Delta Z=0$，所以

$$\left|\frac{\Delta P_{LS}}{\Delta Z}\right| = \left|\frac{\Delta P_{g,LS}}{\Delta Z}\right| + \left|\frac{\Delta P_{f,LS}}{\Delta Z}\right| + \left|\frac{\Delta P_{a,LS}}{\Delta Z}\right| = \frac{\rho_L J_L + \rho_S J_S}{J_L + J_S}g + \frac{0.158}{D}(\rho_L J_L + \rho_S J_S)(J_L + J_S)\left[\frac{(J_L + J_S)D}{\nu_L}\right]^{-0.25} \tag{2-47}$$

对于气—液—固三相段，其总压降（I 至 O）可表示为：

$$\left|\frac{\Delta P_3}{\Delta Z}\right| = \sum_{i=1}^{n}\left|\frac{\Delta P_{g,3}(k)}{\Delta Z}\right| + \sum_{i=1}^{n}\left|\frac{\Delta P_{f,3}(k)}{\Delta Z}\right| + \sum_{k=1}^{n}\left|\frac{\Delta P_{a,3}(k)}{\Delta Z}\right| \tag{2-48}$$

$$\left|\frac{\Delta P_{g,3}(k)}{\Delta Z}\right| = \rho_3 g = \frac{\rho_G(k)J_G + \rho_L J_L + \rho_S J_S}{J_G(k) + J_L + J_S}g \tag{2-49}$$

针对三相段摩擦压力梯度，可由式（2－25）～式（2－29）计算结果如下：

$$\left|\frac{\Delta P_{f,3}(k)}{\Delta Z}\right| = \frac{0.158}{D}(\rho_L J_L + \rho_S J_S)(J_L + J_S)\left[\frac{(J_L + J_S)D}{\nu_L}\right]^{-0.25} + \frac{0.158}{D}\rho_G(k)J_G^2(k)\left[\frac{J_G(k)D}{\nu_G}\right]^{-0.25} + \frac{3.318}{D}J_G(k)\sqrt{\rho_G(k)(\rho_L J_L + \rho_S J_S)(J_L + J_S)\left[\frac{(J_L + J_S)J_G(k)D^2}{\nu_G\nu_L}\right]^{-0.25}} \tag{2-50}$$

$$\left|\frac{\Delta P_{a,3}(k)}{\Delta Z}\right| = \rho_{LS}\frac{d}{dZ}[u_{LS}^2(1-\beta_{G,LS})] = (\rho_L J_L + \rho_S J_S)\frac{d}{dZ}(J_G(k)) \qquad (2-51)$$

$$\rho_G J_G = \rho_G(k) J_G(k) = \frac{P(k)}{RT}J_G(k) = \frac{P_0}{RT}J_G = \text{const} \qquad (2-52)$$

对于液—固两相段总压降损失 $\Delta P_{LS}/\Delta Z$，其计算较为简单，在给定 J_G和浸入率下，由实验得出对应的 J_L，再由动量模型计算得出对应的 J_S，并将 J_L和 J_S代入上述压降模型即可计算得出 $\Delta P_{LS}/\Delta Z$ 随管径的变化规律。再通过不断赋值 J_G，即可获得 $\Delta P_{LS}/\Delta Z$ 与气流表观速度的关系。而在计算气—液—固三相总压降损失 $\Delta P_3/\Delta Z$ 时，需采用迭代方法计算，其他步骤与两相压降损失计算过程一致。模型计算所需其他参数如表 2 -2 所示。

表 2 -2　压降模型计算所需参数值

符号	参数值	符号	参数值	符号	参数值
ρ_L	1000kg/m³	υ_G	14.8×10^{-6}m²/s	R	8.3144 J/（mol·K）
ρ_S	1967kg/m³	υ_L	1.01×10^{-6}m²/s	T	293.15K
ρ_G	1.26kg/m³	P_0	1.01×10^5Pa	g	10m/s²

图 2 -20a 体现了液—固两相段总压降随管径变化的规律。从图中可发现，两相段压降随管径增加首先急剧减小，然后基本恒定。其原因如下，当管径很小时，其中流速较高，阻力损失显著，对应压降值较大。而随管径扩大，其对应压降值则因流速减小而降低。当管径超过一定值，管内流速逐渐稳定，其对应压降值也基本维持不变。由图还可得，细管径下气量值对压降影响较大，而当管径超过一定值时气量值对压降的影响极其微小。以 $\gamma=0.3$ 为例，当管径值超过 0.012m 时，三种气量值下的压降值仅存在细微差别，经检验，其相对误差控制 ±2.82% 以内。由此可寻求到较为合理的管径以减小压降值。另外，浸入率由 0.3 升高至 0.8 也仅导致压降值略微上升。由此可推断，较高管径下（图中为 $D\geqslant0.028$m）的液—固两相压降值整体恒定（图中 $\Delta P_{LS}/\Delta Z\approx10$kPa/m），鲜受气量值、管径以及浸入率等工作参数的影响。

气—液—固三相段总压降与管径的关系如图 2 -20b 所示。从中可以发现，三相段压降随管径的变化特征与两相段类似，均是在初始段近乎为突跃，之后则趋于恒定。与两相段不同的是，任一管径范围内三相段压降值受气量值与浸入率影响均较大。当浸入率较低时（$\gamma=0.3$），对应 $J_G=0.6$m/s，2m/s 和 4m/s，$\Delta P_3/\Delta Z$ 的稳定值分别为 2.822kPa/m，1.606 kPa/m 和 0.155 kPa/m。而在 $\gamma=0.8$ 时，对应同样上述气量值，$\Delta P_3/\Delta Z$ 的稳定值依次为 6.620 kPa/m，4.152 kPa/m 和 1.874 kPa/m。显然，三相段压降值随气体表观流速增加而减小，而随浸入率升高而增加。这说明，气量值增加有利于混合流体的“润滑”，降低了管内阻力损失，加之进气口处的压力也会因此上升，最终迫使三相段压降减小。而浸入率的增加不仅导致进气口与出口压差变大，还会抑制气泡长大、膨胀，使得气相平均体积分数缩小，因而整体压降值增加。

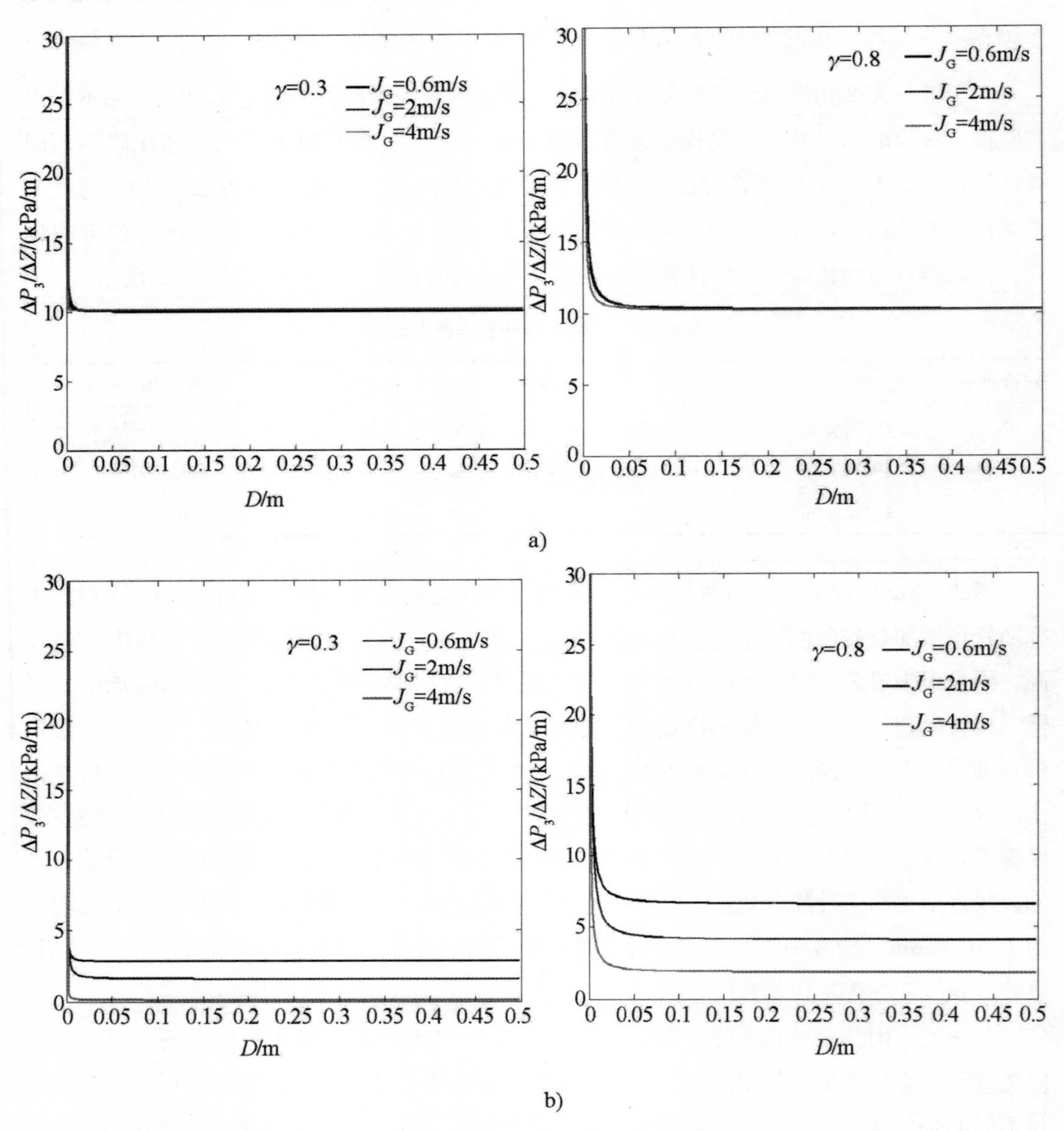

图 2-20　压降随管径的变化规律

a）液—固两相段；b）气—液—固三相段

图 2-21 给出了压降随气体表观流速的变化规律，计算过程中 D 取 0.04m。由图可得，在液—固两相段，当 $\gamma=0.3$ 时，压降值随气量值增加基本恒定在 10 kPa/m 左右。而随着浸入率升高，压降值随气量值变化在初始段表现出轻微增加趋势，之后则缓慢下降。

究其原因，可解释为：在低浸入率工况下，进气口处所受围压较低，气流在此不易积压，从而导致气力泵底部 E 与进气口 I 之间压差基本恒定。而当浸入率增大后，气流因围压升高易在 I 处形成积压，导致压降值升高。若气量值过高，虽围压仍存在，但管内气芯范围却扩大，其中压力由受外部液面围压作用逐渐转至受出口 O 端大气压力影响，因此 I 处压力降低，从而使得两相段压差又逐渐减小。不过就整体而言，$\Delta P_{LS}/\Delta Z$ 仍接近 10 kPa/m。在气—液—固三相段内（见图 2－21b），随气量值增加，$\Delta P_3/\Delta Z$ 衰减较快，且在较大气量范围内基本呈线性递减规律。显然，若要降低三相段压降值，采用增加气量的方法极为有效。分析图 2－21 还可知，浸入率升高使得三相压降增加，其原因可参考图 2－21b 中的分析结论。

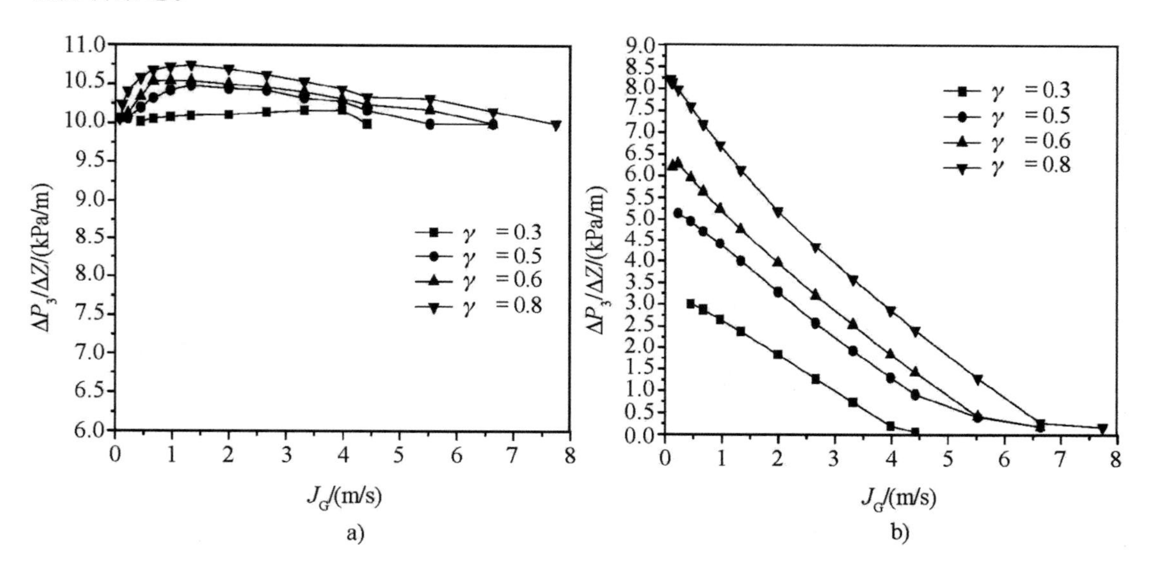

图 2－21　压降随气体表观流速的变化规律

a）液—固两相段；b）气—液—固三相段

2.5　气力提升临界模型

在气力提升过程中，固体颗粒正好得以提升的临界情况也极为关键，而目前研究大多以实验分析为主，Fujimoto 和 Murakami 等虽建立了针对于固体颗粒的临界理论模型，但仅适用于液—固两相段，气—液—固三相段并未涉及，且槽内压持效应也同样未考虑，临界情况分析不够全面。因此，有必要对上述问题展开续研。

为便于研究，以单颗粒为研究对象。由于气—液—固三相段与液—固两相段中颗粒的受力形式存在较大差异，因此针对于颗粒输送的临界理论模型需分段建立。

对于液—固两相段，设其中单颗粒为球形，且无初始速度，对其进行分析（见图2－22），由牛顿第二定律可得：

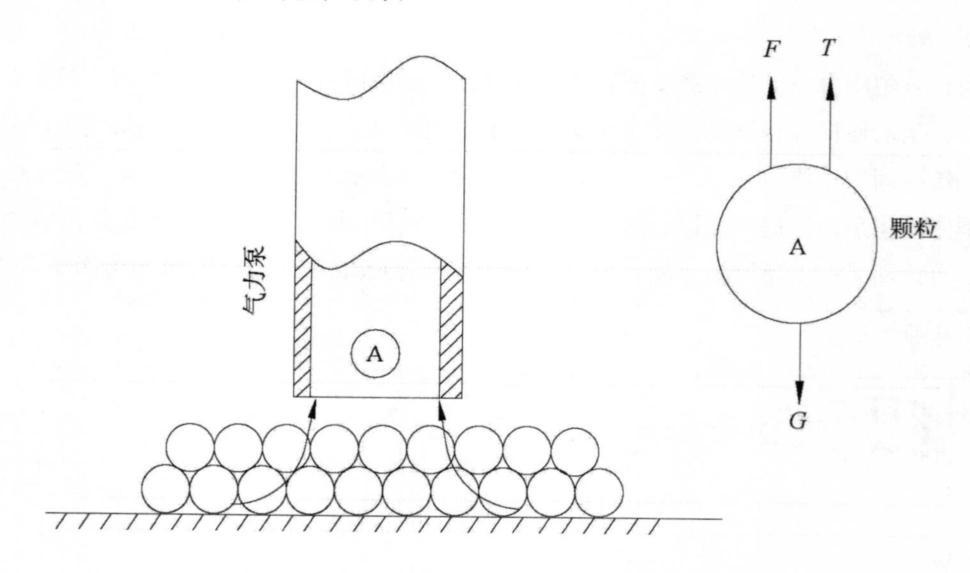

图2－22　液—固两相段时颗粒放置位置及受力示意图

$$F + T - G = M\frac{\mathrm{d}u_s}{\mathrm{d}t} \tag{2-53}$$

且

$$F = \frac{1}{6}\rho_L g\pi d_S^3 \tag{2-54}$$

$$T = \frac{1}{8}\pi d_S^2 C_D\rho_L |u_L - u_S|(u_L - u_S) \tag{2-55}$$

$$G = \frac{1}{6}\pi d_S^3\rho_S g \tag{2-56}$$

$$M = \frac{1}{6}\pi d_S^3\rho_S \tag{2-57}$$

式中　F，T和G——分别为颗粒受到浮力、拖曳力以及重力，N；

M——颗粒质量，kg；

d_S——颗粒直径，m；

C_D——颗粒阻力系数。

将式（2－54）～式（2－57）代入式（2－53）可得

$$\frac{\mathrm{d}u_S}{\mathrm{d}t} = -g\frac{\rho_S - \rho_L}{\rho_S} + \frac{3C_D\rho_L}{4d_S\rho_S}|u_L - u_S|(u_L - u_S) \tag{2-58}$$

在固体颗粒即将得以提升的瞬间，其速度仍为零，显然$u_S=0$，$\mathrm{d}u_S/\mathrm{d}t = 0$，则由式

（2－58）计算得出的 u_L 即为临界水流速度：

$$u_{L,LS,cri} = \sqrt{\frac{4d_S g(\rho_S - \rho_L)}{3C_D\rho_L}} \tag{2-59}$$

式中　$u_{L,LS,cri}$——液—固两相流中单颗粒得以提升的临界水流速度，m/s。

由于液—固段中仅为单个颗粒，则颗粒体积相对于液相可忽略不计，则 $\beta_{S,LS} \approx 0$，$\beta_{L,LS} \approx 1$，所以

$$J_L = \beta_L u_L \approx u_L \tag{2-60}$$

由此可得

$$J_{L,LS,cri} = \sqrt{\frac{4}{3C_D\rho_L} d_S g(\rho_S - \rho_L)} \tag{2-61}$$

式中　$j_{L,LS,cri}$——液—固两相流中单颗粒得以提升的最小液相表观速度，m/s。

针对于气—液—固三相段，设单一颗粒位于管中心，并接近出口端 O 处，对其中单一颗粒进行受力分析（见图 2－23），可得：

$$\frac{4\pi}{3}\left(\frac{d_S}{2}\right)^3 \rho_S \frac{du_S}{dt} = -\frac{4\pi}{3}\left(\frac{d_S}{2}\right)^3 g(\rho_S - \rho_{GL}) + \frac{1}{2}\pi\left(\frac{d_S}{2}\right)^2 C_D\rho_{GL}|u_{GL} - u_S|(u_{GL} - u_S) \tag{2-62}$$

且

$$u_{GL} = \frac{1}{\rho_{GL}}(\beta_{G,3}\rho_G u_G + \beta_{L,3}\rho_L u_L) = \frac{1}{\rho_{GL}}(\rho_G J_G + \rho_L J_L) \tag{2-63}$$

$$\rho_{GL} = \beta_{G,3}\rho_G + \beta_{L,3}\rho_L \tag{2-64}$$

式中　u_{GL}——气—液相的速度，m/s；

　　　ρ_{GL}——气—液相的密度，kg/m^3。

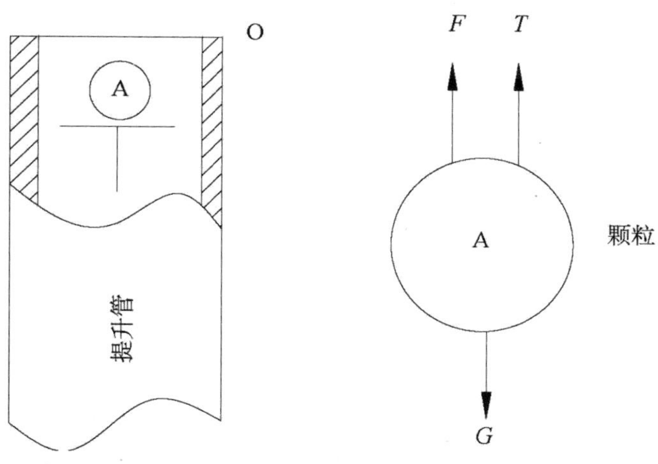

图 2－23　气—液—固三相段内颗粒放置位置及受力示意图

由于在三相混合流体中临界提升时也为单一颗粒，所以仍可将固相体积分数忽略不计：

$$\beta_{G,3} + \alpha_{L,3} \approx 1 \tag{2-65}$$

因管内仅为单颗粒，基本可视混合流体为气—液两相流体，由此可基于 Smith 的研究结论获得气相体积分数：

$$\beta_{G,3} = \left[1 + 0.4\frac{\rho_G}{\rho_L}\left(\frac{1}{x} - 1\right) + 0.6\frac{\rho_G}{\rho_L}\left(\frac{1}{x} - 1\right)\left\{\frac{\frac{\rho_L}{\rho_G} + 0.4\left(\frac{1}{x} - 1\right)}{1 + 0.4\left(\frac{1}{x} - 1\right)}\right\}^{\frac{1}{2}}\right]^{-1} \tag{2-66}$$

其中

$$x = \frac{\rho_G J_G}{\rho_G J_G + \rho_L J_L} \tag{2-67}$$

$$\beta_{L,3} = 1 - \beta_{G,3} - \beta_{S,3} \approx 1 - \beta_{G,3} \tag{2-68}$$

则：

$$\frac{du_S}{dt} = -g\frac{\rho_S - \rho_{GL}}{\rho_S} + \frac{3}{4d_S}C_D\frac{\rho_{GL}}{\rho_S}|u_{GL} - u_S|(u_{GL} - u_S) \tag{2-69}$$

令 $du_S/dt = 0$，即可求得单颗粒正好得以提升的临界水流表观速度：

$$J_{L,3,cri} = \frac{1}{\rho_L}\left(\sqrt{\frac{4gd_S\rho_{GL}(\rho_S - \rho_{GL})}{3C_D}} - \rho_G J_G\right) \tag{2-70}$$

显然，若使颗粒提升，则三相段水流表观速度需满足

$$J_L \geqslant J_{L,3,cri} \tag{2-71}$$

将式（2-64）~式（2-68）代入式（2-70），即可计算得出三相段临界表观水流速度，模型求解所需参数如表 2-3 所示。

表 2-3　临界理论模型计算所需参数

符号	参数值	符号	参数值	符号	参数值	符号	参数值
ρ_L	1000kg/m^3	ρ_G	1.26kg/m^3	g	10m/s^2	C_D	0.42

图 2-24 所示为临界理论模型的计算结果，其中计算所得出的 J_G 即为临界气量值 $J_{G,cri}$。从图中可发现，液—固两相段临界水量表观速度为一恒定值，且任一工况下均存在 $J_{L,LS,cri} \geqslant J_{L,3,cri}$。由此可判断，只需满足 $J_L > J_{L,LS,cri}$，则颗粒在整段管内（$L_1 + L_2$）就得以顺利提升。由此可见，在气力提升工作过程中，仅确定两相段临界表观水流速度 $J_{L,LS,cri}$ 即可。分析其原因可知，三相段中因气相的存在使得气—液—固混合流体密度较轻而更易被提升，从而导致 $J_{L,3,cri}$ 较 $J_{L,LS,cri}$ 更小。结果说明，减小两相段长度将会使得颗粒启动较易，该结论与前述进气口位置下移有利于气力提升的结论一致。

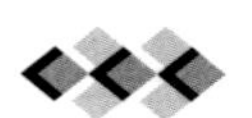

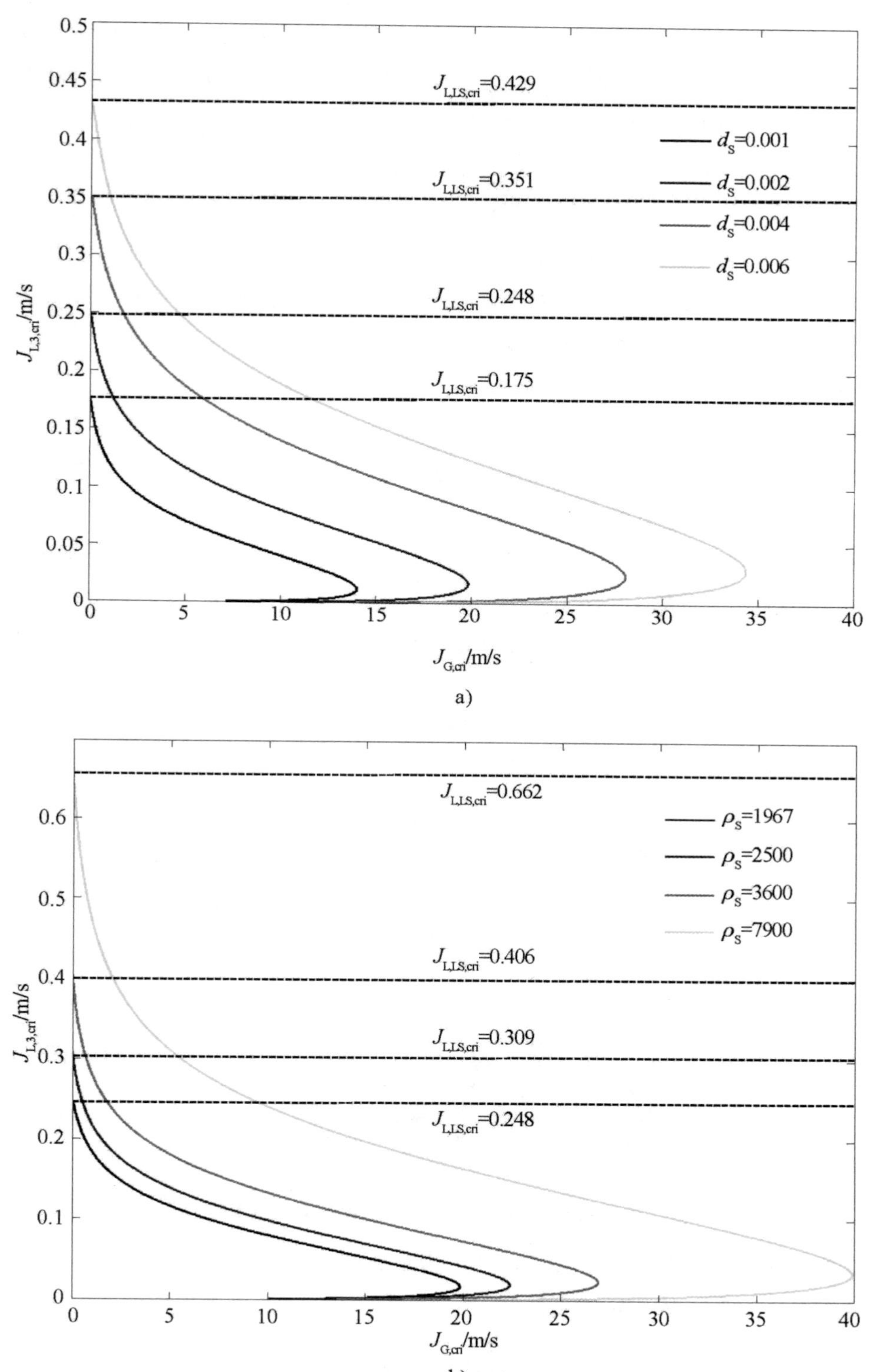

图2-24　临界理论模型计算结果

a）不同颗粒直径（$\rho_s=1967\text{kg/m}^3$）；b）不同颗粒密度（$d_s=0.002\text{m}$）

分析图2-24还发现，随 $J_{G,cri}$ 增加，$J_{L,3,cri}$ 一直变小，且在跨过拐点后随临界气量值减小而继续降低。由此可见，首先随 $J_{G,cri}$ 增加，混合流体密度越来越轻，颗粒逐渐变得易于启动，所需 $J_{L,3,cri}$ 因此减小。之后在拐点附近因气量值极大而导致管内气芯比例过高，使得颗粒运动转由气相控制。由前述分析可知，此工况不利于气力提升。因此，此时需减小气量值迫使管内流型由环状流向弹状流转化，然由于其转化过程不可逆（未沿拐点之前原轨迹返回），使得 $J_{L,3,cri}$ 在拐点后随 $J_{G,cri}$ 减小而降低。结合之前 J_L-J_G 曲线特征（见图2-4和图2-5），可判断，气力提升的可逆过程发生在拐点前，且在实际应用中应尽量避免出现拐点，以避免系统调节失效。比较不同颗粒粒径下临界提升情况（见图2-24a）还可知，$J_{L,LS,cri}$ 和 $J_{L,3,cri}$ 随 d_S 增加均表现出上扬趋势，这是由于液、固相滑移随颗粒直径增加而上升所致。图2-24b还显示，$J_{L,LS,cri}$ 和 $J_{L,3,cri}$ 随颗粒密度加大也同样表现上升迹象，该特征主要因混合流体平均密度增加导致浮力不足所引起。此外，颗粒粒径与密度的增加还造成拐点位置右移。

上述对于临界理论情况的分析均将颗粒置于管内，而实际应用中，颗粒群一般因破碎、冲击作用沉积于水底而承受静水压持力，从而使得水底部存在压持效应，这与之前工况差异较大。为此，以砂床表层与气举头距离最近之处 B 颗粒为研究对象，则其受力如图2-25所示。

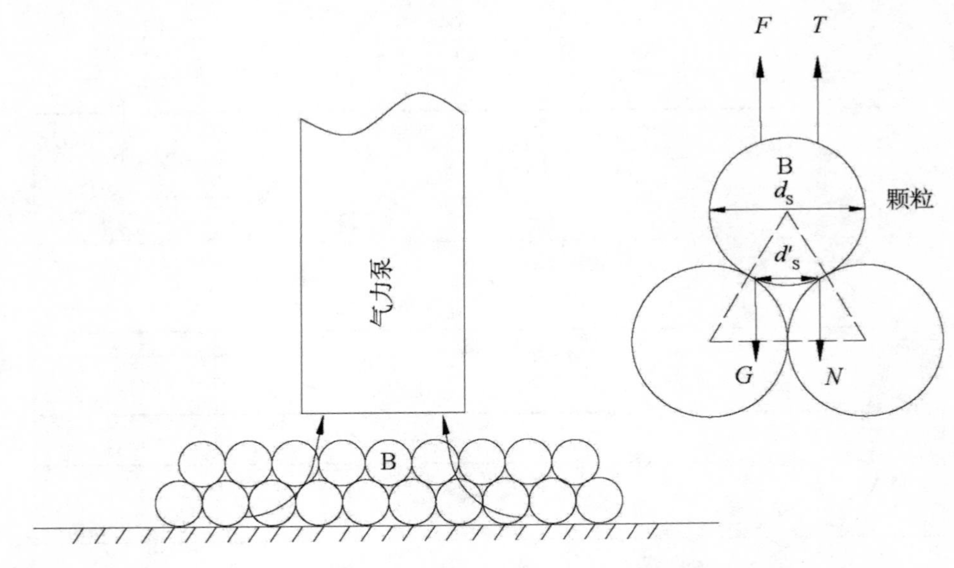

图2-25　压持效应作用下颗粒受力示意图

假设所有颗粒均为直径相等的球，且分层紧密排列，上层颗粒与气举头底部近似平齐，则对颗粒A由牛顿第二定律可得：

$$F+T-G-N=M\frac{du_S}{dt} \tag{2-72}$$

式中　N——固体颗粒承受的静水压持力，N，其计算如下：

$$N = \frac{1}{4}\pi d'^2_S P = \frac{1}{16}\pi d_S^2 \rho_L g(L_2 + L_3) \tag{2-73}$$

将式（2-54）~式（2-57）和式（2-73）代入式（2-72），最终可得

$$\frac{du_S}{dt} = -g\frac{\rho_S - \rho_L}{\rho_S} + \frac{3C_D\rho_L}{4d_S\rho_S}|u_L - u_S|(u_L - u_S) - \frac{3\rho_L g(L_2 + L_3 + H)}{8d_S\rho_S} \tag{2-74}$$

式中　d_S'——颗粒接触弦长，m。

在固体颗粒即将得以提升的瞬间，其速度仍为零，显然 $u_S=0$，$du_S/dt=0$，则由式（2-74）计算得出的 u_L 即为临界水流速度：

$$u_{L,cri} = \sqrt{\frac{8d_S g(\rho_S - \rho_L) + 3\rho_L g(L_2 + L_3)}{6C_D\rho_L}} \tag{2-75}$$

由于在颗粒群中仅表层中心颗粒得以提升，其固相体积分数仍可忽略，并引入浸入率，则上式改写为

$$J_{L,LS,cri} = u_{L,cri} = \sqrt{\frac{8d_S g(\rho_S - \rho_L) + 3\rho_L g(L_2 + \gamma L_1)}{6C_D\rho_L}} \tag{2-76}$$

表 2-4　压持效应作用下临界理论模型计算所需参数

符号	参数值	符号	参数值	符号	参数值	符号	参数值	符号	参数值
ρ_L	$1000kg/m^3$	L_1	2.91m	L_2	0.09m	g	$10m/s^2$	C_D	0.42

与笔者之前所提出的临界水流速度模型相比较，该模型更接近于工程实际应用，即考虑了固体颗粒上表面所承受的静水压持力，通常称之为静压持效应。利用表 2-4 中参数，即可计算得出模型结果（见图 2-26），从中可发现，临界水流表观速度 $J_{L,LS,cri}$ 随颗粒直

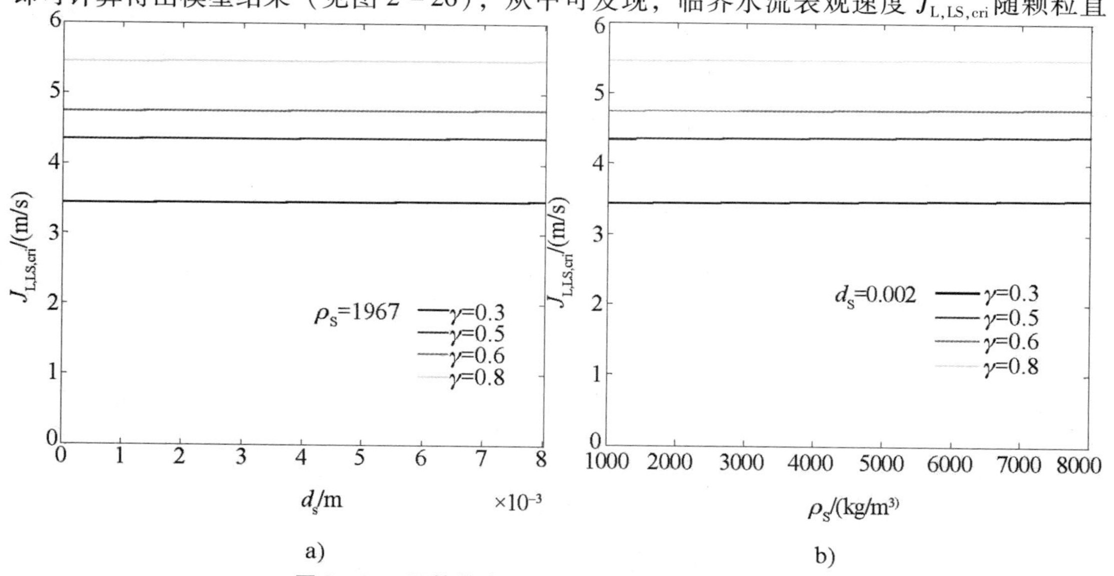

a)　　b)

图 2-26　压持效应作用下临界理论模型计算结果

a）临界水流速度与颗粒直径的关系；b）临界水流速度与颗粒密度的关系

径及其密度增加略微上升，但随浸入率加大却显著上升。显然，由于颗粒的粒径及密度较小，此时颗粒“启动”条件主要取决于浸入率。结合图 2 – 24 分析可知，水底存在压持力作用时，其对应的 $J_{L,LS,cri}$ 迅速升高。

分析上述结果还可得，若固体颗粒直径或密度较小，则临界水流速度主要取决于静水压力；如其值很高，则由颗粒自身物理性质决定。可以推断，在数百米及数千米的深湖、深井或深海中，水底部的压持效应极为强烈，会严重阻碍气力提升系统的正常运行。为此，需预先对板结的颗粒床冲击、搅拌，以顺利消除压持效应。

第 3 章

水下气力泵外特性

3.1 外特性试验介绍

本章旨在考察气力提升性能的实际影响因素及其作用规律。主要基于实验探讨系统基本性能变化规律，分析管内压降特征及临界气力提升条件，并利用所获实验结果对第二章理论模型计算值进行验证。此外，研究了进气方式与水射流喷嘴对气力提升性能的作用规律，以寻求到气力提升性能增强的有效手段。

图 3 – 1 所示为气力提升实验系统，其主体段由气力泵、提升管、可调水箱与测试装置（包括量筒、天平和压力测试仪）构成。压缩气体由空压机经流量计，进入气力泵内，

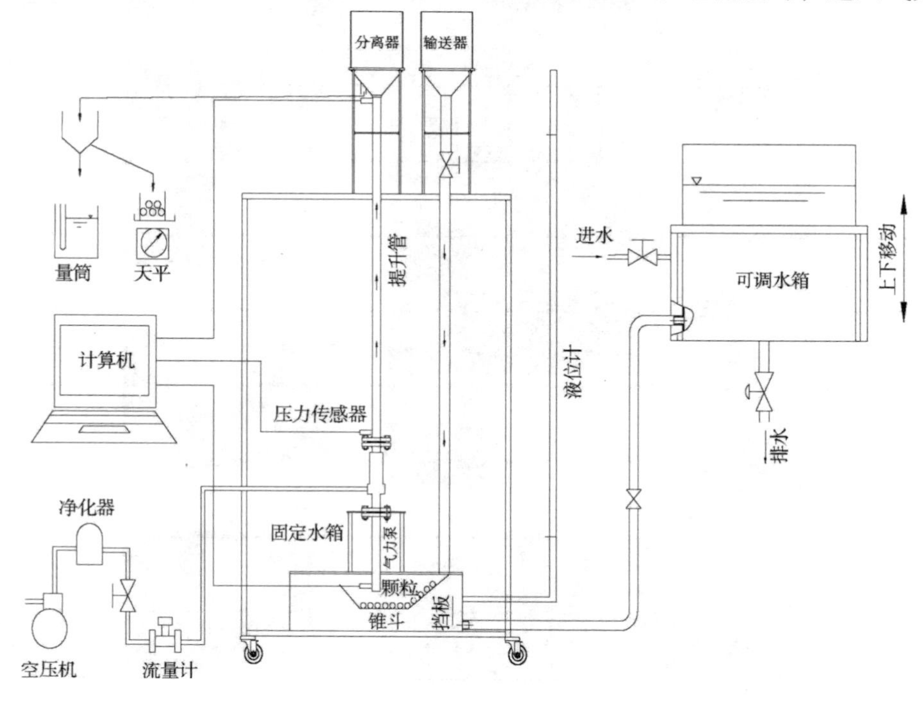

图 3 – 1　实验系统

并与其中液体作用从而驱使其上升。若气量值满足一定要求，气—液—固三相混合流体即可被输送至提升管末端分离器内，其中气体从分离器顶端孔排放至大气中，液体与颗粒收集后分别由量筒和天平进行测量。此外，控制可调水箱左端进水口及底部排水阀门，可调节提升管内液面高度（其值由液位计读出），进而实现浸入率可调。实验提升总高度为 3m（提升管出口至气力泵底部距离），且进气口位置在气力泵底部之上 90mm 处。固体颗粒由输送器投放至固体水箱中的锥斗，实现喂料，其供给量由输送器下端阀门调控。为吸收压缩气体中的油污及水分，在气体流量计入口前端设置储能器，同时还可起到减弱进气口来流波动之功用。为便于收集输送器投放的颗粒，在固定水箱中安置一锥斗。此外，为减弱供水时水与颗粒因固定水箱右端水流冲击作用而出现的波动现象，在固定水箱右端放置一蜂窝状结构挡板。实验系统中各仪器设备及其之间的连接方式如图 3 -2 所示。

考虑提升介质的低吸水性、耐磨损与腐蚀特征，选择球形麦饭石陶瓷为测试颗粒（密度：1967kg/m^3，直径有 2mm 与 4mm 两种）。为便于察明混合流体运动特性，提升管（内径为 40mm）与

图 3 -2　实验设备及其连接

气力泵吸入段均为有机玻璃管材，且固定水箱四面也嵌入有机玻璃板材，其他输送管及固定水箱框架结构为 PVC 材质。气力泵则由不锈钢材料加工制成，以减弱内部冲击磨损及锈蚀。

实验时气体流量由控制阀调节，并由智能涡街流量计（型号：EL1 - 50，范围：0 ~ 50m^3/h）测定，再由此计算得出气体表观流速（$J_G = Q_G/A$）。水与颗粒被导出后分别由计量缸和天平称量而得，再由设定的取样时间（t = 8s）与管内径即可求得液体表观流速（$J_L = Q_L/A$）与固体表观流速（$J_S = Q_S/A$）。值得指出的是，由于颗粒具有一定的含水性，因此每次采样完毕后需将其吹干，之后再进行测量。经检验，含水颗粒在电风扇直吹约 4h 后其质量与未浸水颗粒相差不超过 0.5%，满足实验要求。实验中对水与颗粒分别测量 5 次，并取平均值。效率的实验值可由第二章效率模型分析得出，即将 J_L 和 J_S 的实验值与 J_G 的示值代入式（2 - 53）计算即可。以往研究表明，颗粒的投放量对气力提升性能产生显著影响，若投放不足，会导致提升效率过低；若投放过量，则易造成堵管。结合之前的研究，设置两种低投放量与一种较高投放量工况，旨在研究欠颗粒供给与足量颗粒供给时的气力提升性能。

管壁压力测试之前，在气力泵底部 E、进气口 I 与提升管出口 O 处开设 3 个测压孔（孔径 1mm），利用动态压力传感器（型号：XPM10 - 5BG，绝压范围 0 ~ 5bar）获取管壁压力的时域信号，并将其输送至数据采集仪（型号：TMR - 211），继而由此计算得出既定工况下压力的平均值 P，最终分别获得气—液—固三相段（I ~ O）及液—固两相段（E ~ I）的总压降。测试方案如图 3 - 3 所示。

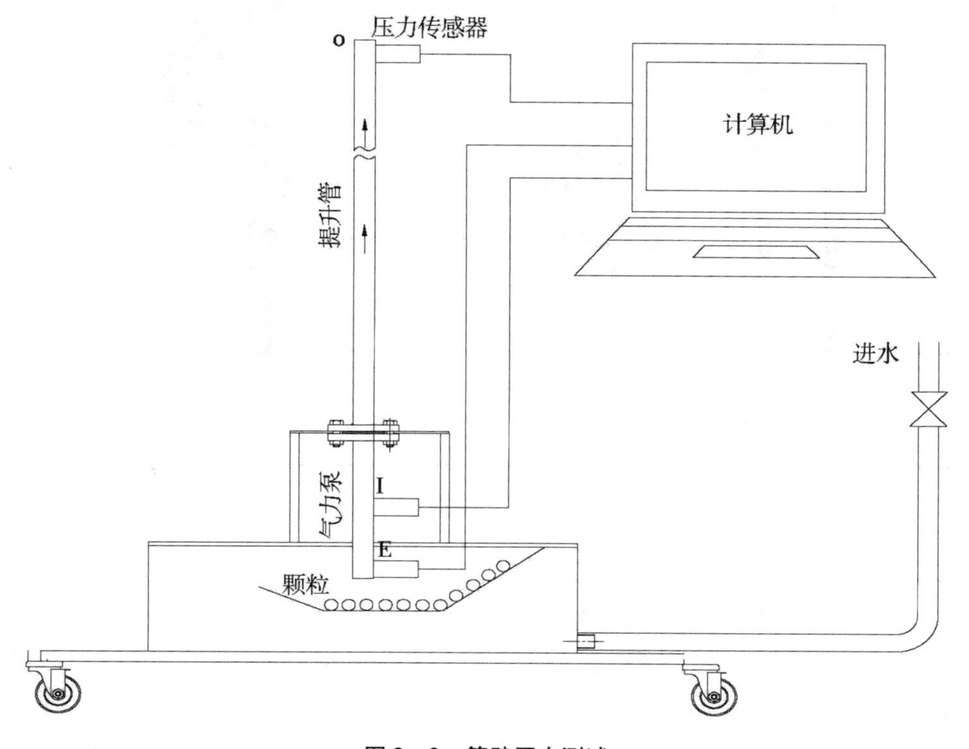

图 3 - 3　管壁压力测试

为探讨进气方式对气力提升性能的影响规律，将气力泵进气方式由径向式变更为环喷式，使其成为兼有传统气举和射流泵双重功效的喷射器式气力泵，并比较两者提升固体颗粒的能力，两种气力泵如图 3－4 所示。为便于同种工况比较，两种气力泵进气口当量直径均等于 13.5mm，且进气口至泵底部距离也应一样，为 90mm。

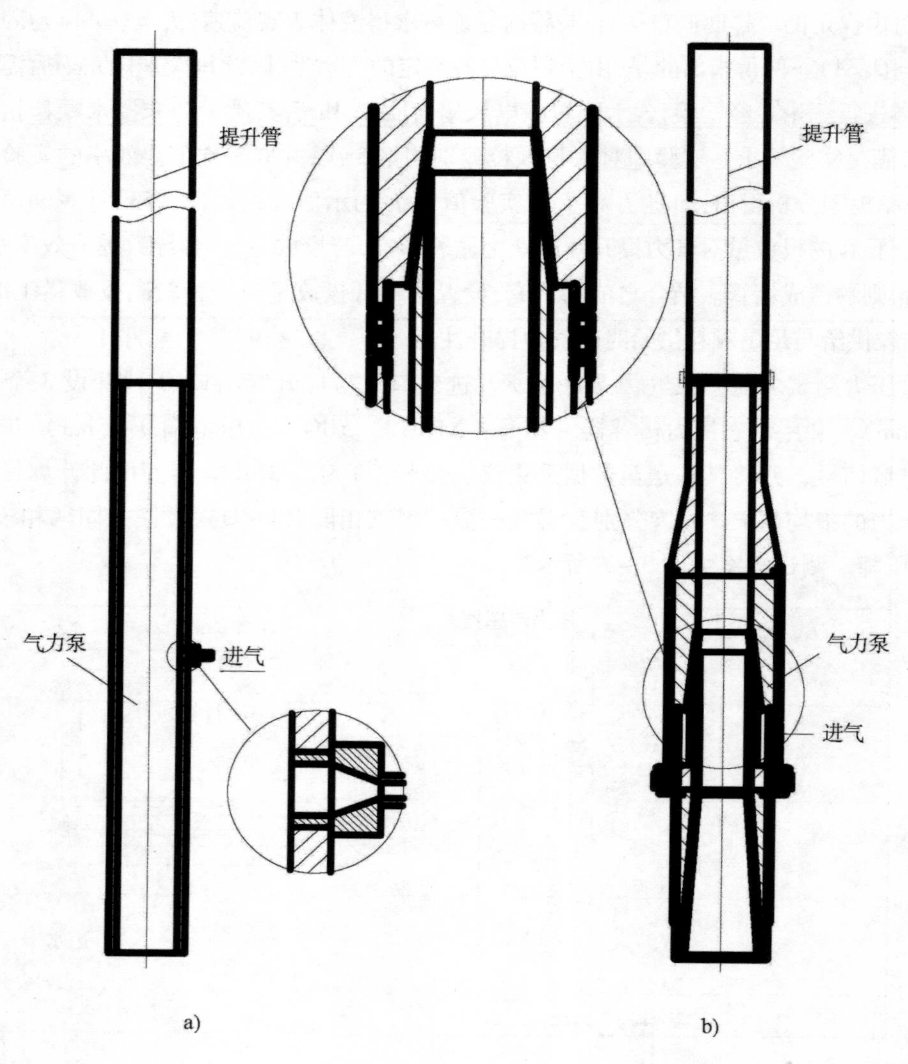

图 3－4 进气方式

a）径向式；b）环喷式

为探寻进气方式对气力提升的影响规律，以底盘气孔布置方式为研究对象，通过变更底盘气孔数量（见图 3－5）以期获得较强提升效果的进气方式组合。为保证实验在同种工况下进行，所设计的八个底盘其气孔当量面积均需相等。

水射流喷嘴内部流道为 13°收敛性锥形结构，且均匀布置在气力泵下端的环形水箱上

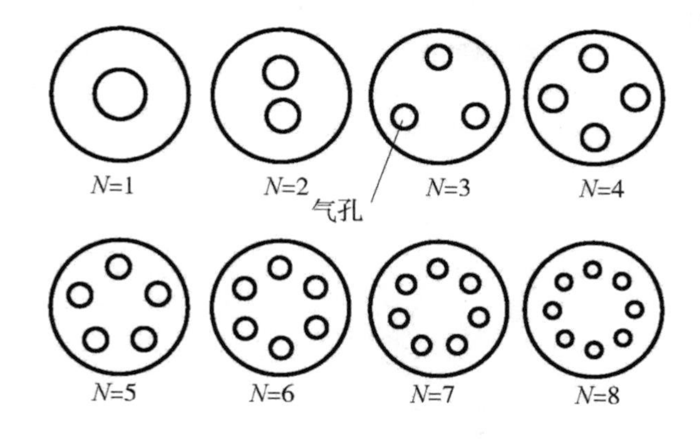

（不同气孔数量）

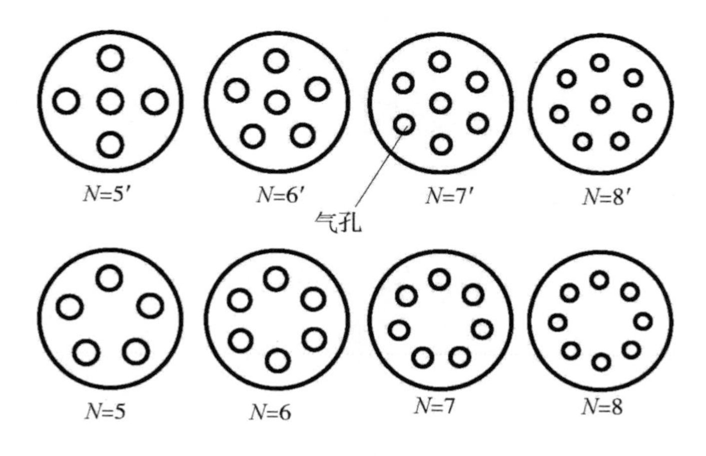

（不同气孔分布）

图 3－5　底盘布置

a）不同气孔数量；b）不同气孔分布

（水箱进水口通过管道与流量为 6.0m^3/h 的离心泵连接），构成水射流装置（见图 3－6），对槽底颗粒层起疏松、搅拌作用，同时还可改善气力泵底部流场结构。为考察水射流喷嘴影响气力提升性能的机理及规律，拟定如图 3－7 所示的布置方案。图 3－7a 考察了喷嘴数量对系统性能的影响，其中水射流喷嘴至中心 C 点距离一致，等于 0.1m，且绕 C 点沿周向均匀布置。而图 3－7b 则是考察喷嘴分布方式对气力提升性能的作用规律，即喷嘴至中心距离虽仍相等，但不再等间距分布。为确保水射流喷嘴出口压力不受其影响，图 3－7a 和图 3－7b 所对应喷嘴的总当量面积应相同，为 $2\times10^{-5}m^2$。由此可推出，不同方案下喷嘴内径存在差异，但同一方案下其内径应一致。为在喷嘴出口处形成稳定的射流输出，其前端须安装一储能器以降紊。

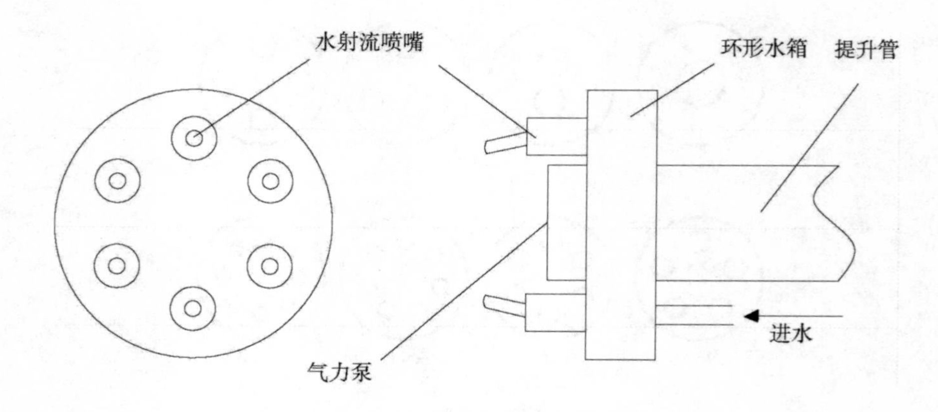

图 3－6　水射流装置示意图

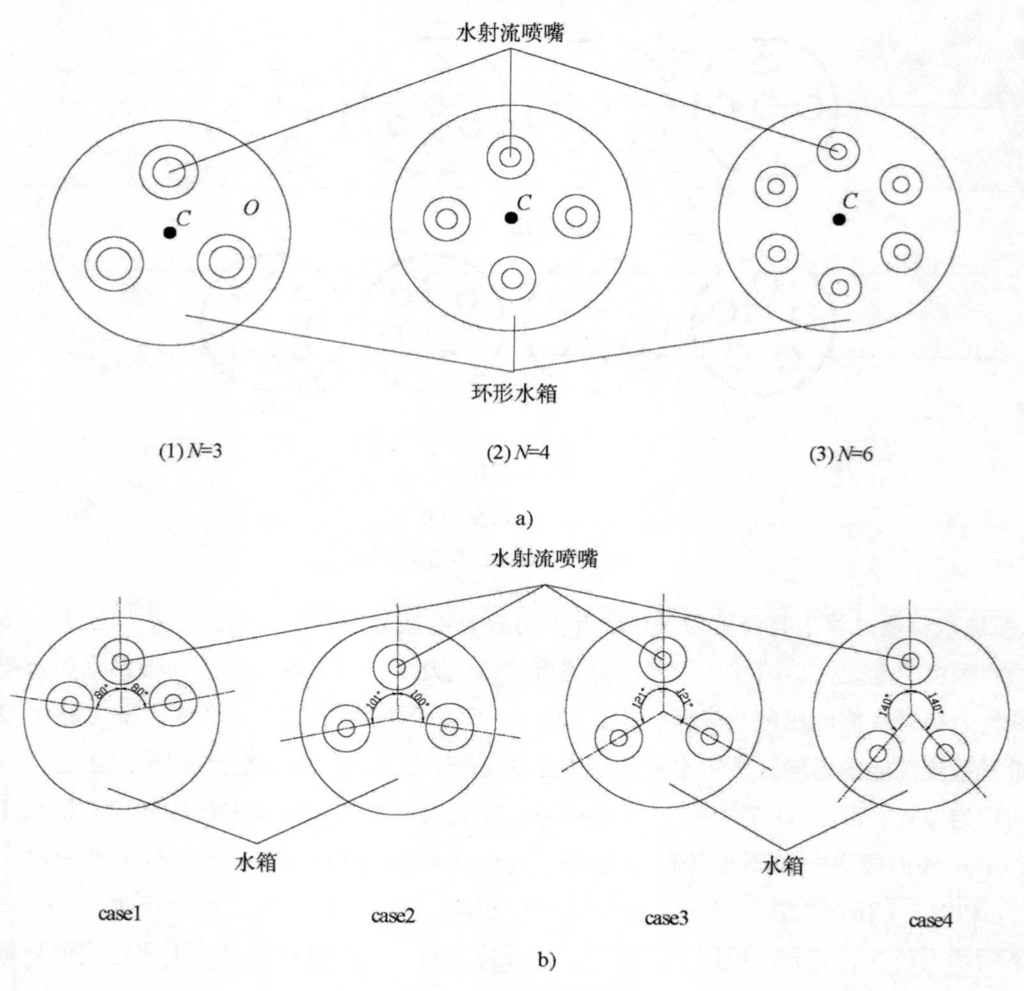

图 3－7　水射流喷嘴的布置方案

a）喷嘴数量；b）喷嘴分布

3.2 特殊用途气力泵基本特性

实际工程应用中，气力提升系统因其持续工作而易导致后续颗粒供给不足。另外，水底颗粒板结或搅拌、破碎能力不足也会导致欠颗粒供给。为此，设定两种颗粒质量流速（M_S = 0.0198kg/s 和 0.0371kg/s），并在此工况下分析欠颗粒供给时气力提升性能的变化特征。

图3－8和图3－9所示为欠颗粒供给时气力提升性能曲线变化规律。从图中可得，随气体表观流速J_G增加，液体表观流速J_L表现出先升后降之趋势，且上升幅度要高于下降幅度，这与之前的计算结果基本一致。此外，J_L随M_S增加表现出递减特征，这是由于在气体能量恒定的情况下，颗粒投放量增加意味着气体消耗量加大，而液体排量则由此减小。比较图3－8a和3－8b还可知，浸入率增加使得不同颗粒供给量下的$J_L - J_G$曲线趋于一致，即曲线有重合趋势。分析图3－9发现，管内固体表观流速随J_G增加在实验段基本为一恒定值，仅在极小与极大气量值下出现较大波动。这说明，即使处于最佳气量处，气力提升性能也因欠颗粒供给未能发挥应有的效应。显然，实际应用时应尽可能避免出现此类工况。拟合图3－9的实验数据可发现，在M_S分别为0.0198kg/s和0.0371kg/s时，对应固体表观流速分别约为0.008m/s和0.015m/s，这意味着欠颗粒供给时所有颗粒均得以提升。

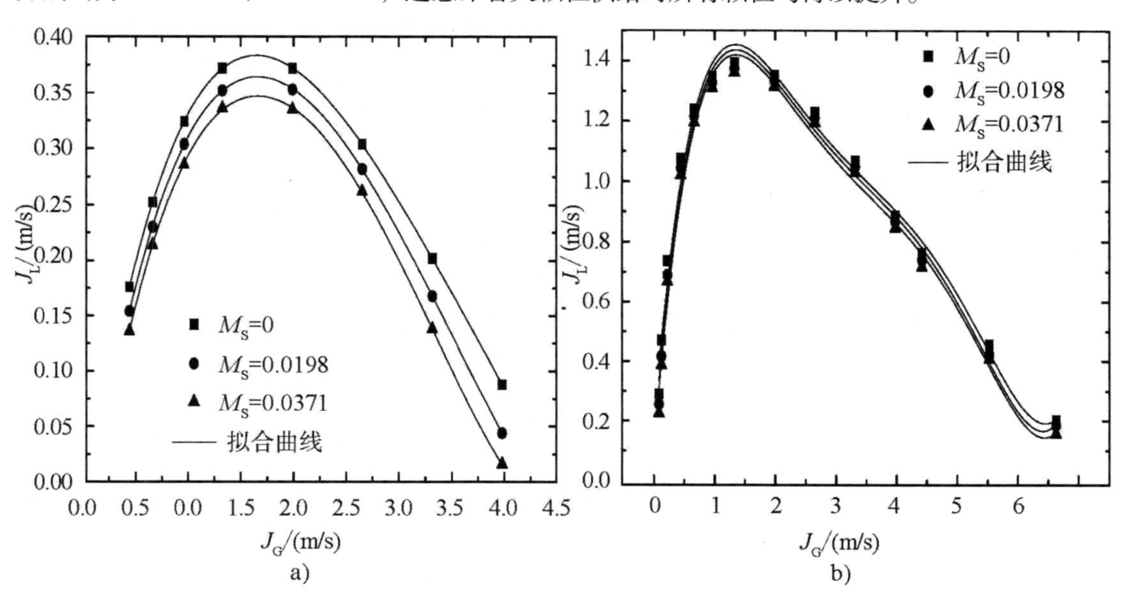

图3－8 液体表观流速随气体表观流速的变化规律（d_S = 0.002m）

a）γ = 0.3；b）γ = 0.8

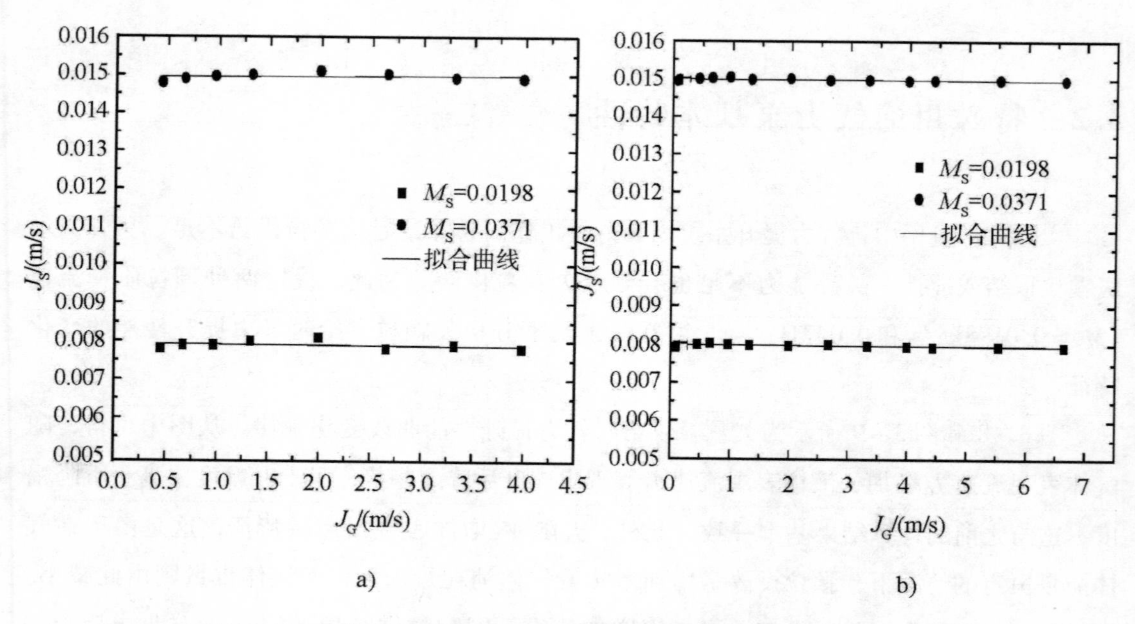

图 3-9　固体表观流速随气体表观流速的变化规律（d_S = 0.002m）

a）γ = 0.3；b）γ = 0.8

图 3-10 给出了欠颗粒输送时实验值与计算值的比较结果，其中计算模型所需各参数见第 2 章表 2-1。以图 3-10b 为例，在中等气量值范围内（0.2 m/s ≤ J_G ≤ 4m/s），理论值与实验结果吻合较好，其相对误差控制 ±8% 以内，较 Hatta 等所对应的误差值（±

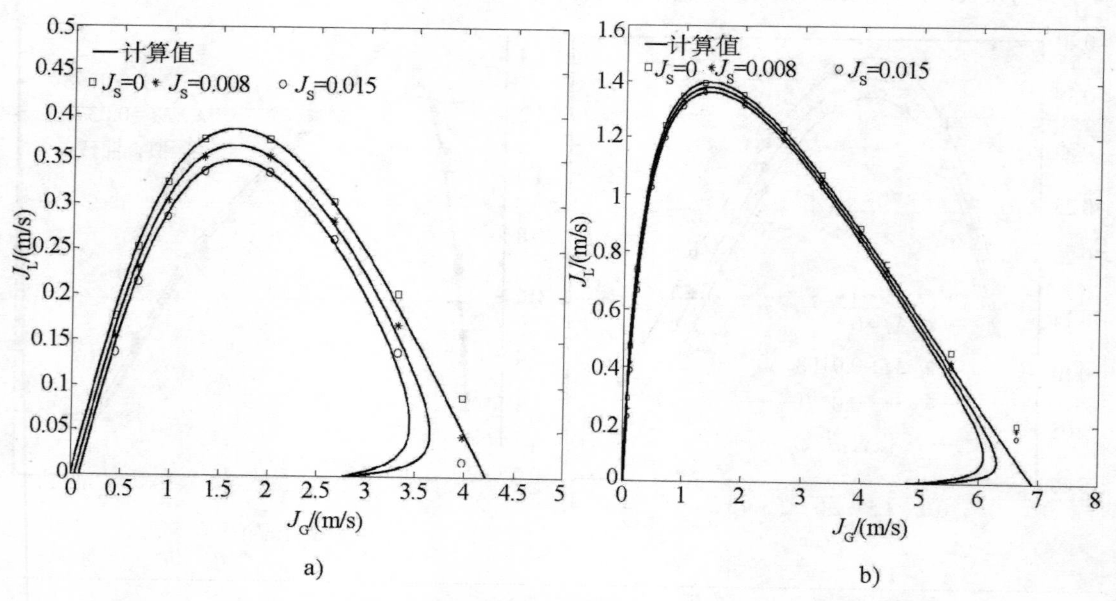

图 3-10　实验结果与理论模型计算值的比较（d_S = 0.002m）

a）γ = 0.3；b）γ = 0.8

10%）小。而在气量值偏低或偏高时模型预测精度较差，其相对误差超过 ±30%。分析其原因，是由于低气量值下 J_S已显著偏低，而模型中仍视其为常数。而在高气量值下，流型发生转变，不适于颗粒提升，这同样导致模型预测失效。此外，气体体积分数及管内压力的非线型变化也是影响理论模型精确性的重要因素。比较图 3－10a 和图 3－10b 还可知，图 3－10 浸入率的增加还会显著提高模型精度及其适用范围。

由上述分析可得，气力提升系统在欠颗粒供给时其性能较差。为避免此工况发生，向固定水箱内投放足量的麦饭石陶瓷颗粒。经检验，固体质量流速选择 0. 25kg/s 为宜，这既能保证充足的投放量，又不会导致固定水箱淤积过快而需频繁清理。为便于比较，后续研究中除临界实验外均采用足量颗粒供给方式，即 $M_S = 0.25$kg/s。

图 3－11 显示了足量颗粒供给时气力提升性能的变化规律。从图中可见，J_L随 J_G增加表现出先增加后减小的趋势。事实上，随气量值上升，由第四章高速摄像仪分析可知管内流型依次为泡状流、弹状流、搅拌流、细泡状流和环状流，且仅在细泡状流条件下其水量值最高。此外，从气流与液体的传质过程出发也可阐释此特征。气量值很小时，液相运动基本由其混合流体与水的密度差决定，而此时密度差异却较小，由此可解释水流量偏小的原因。继续增加气量不仅使其密度差异上升，还因气流的喷射效应使得混合流体的传质效果更佳，进而导致水流量上升。

但当气量值过高则又会因气—液之间滑移比上升引发传质效果减弱，从而致使水流量减小。值得指出的是，由于固相的破坏，管内气—液—固三相流型对气力提升性能的影响已与气—液两相时的工况出现本质变化，气—液两相原有的最佳流型弹状流被大幅削弱，取而代之的为细泡状流。另外，排固量与提升效率随气量值变化的规律也与上述特征类似。究其原因，主要是由于固体颗粒在混合流体中的运动特性主要取决于液相所致。

由图 3－11 还可知，虽然 J_L、J_S和 η 随 J_G变化表现出相似特征，但具体规律存在差异，特别是峰值特征的区别尤为显著。随浸入率升高，$J_L - J_G$曲线的峰值增加，但其峰值位置仅略微左移，无明显变化（$J_G \approx 1.77$m/s）。虽固体表观流速和效率曲线峰值仍随浸入率增加而加大，但峰值位置却明显左移，特别是后者峰值位置差异尤为显著。结合 Hanafizadeh 和 Ghorbani 的的研究结论可推出，在气—液两相流输送中，峰值点对应的气泡变形、翻滚较弱，所受浮力基本恒定，因而流型差异较小，且均应为弹状流。而在气—液—固三相流中，峰值点处因颗粒掺混使得气泡发生较大幅度的翻滚，变形差异较大，导致流型差异较为显著。就整体而言，$J_L - J_G$，$J_S - J_G$和 $\eta - J_G$曲线峰值位置对应的气量值依次减小。

图 3－12 给出了固体表观流速实验值与计算值的比较结果（其中 Dong 模型为第 2 章动量模型）。与欠颗粒供给不同，足量颗粒供给时所对应的固体表观流速 J_S在实验段不再为一恒定值，且 J_L也不能视为常量，因而无法将图 3－11b 直接与第 2 章中图 2－4～

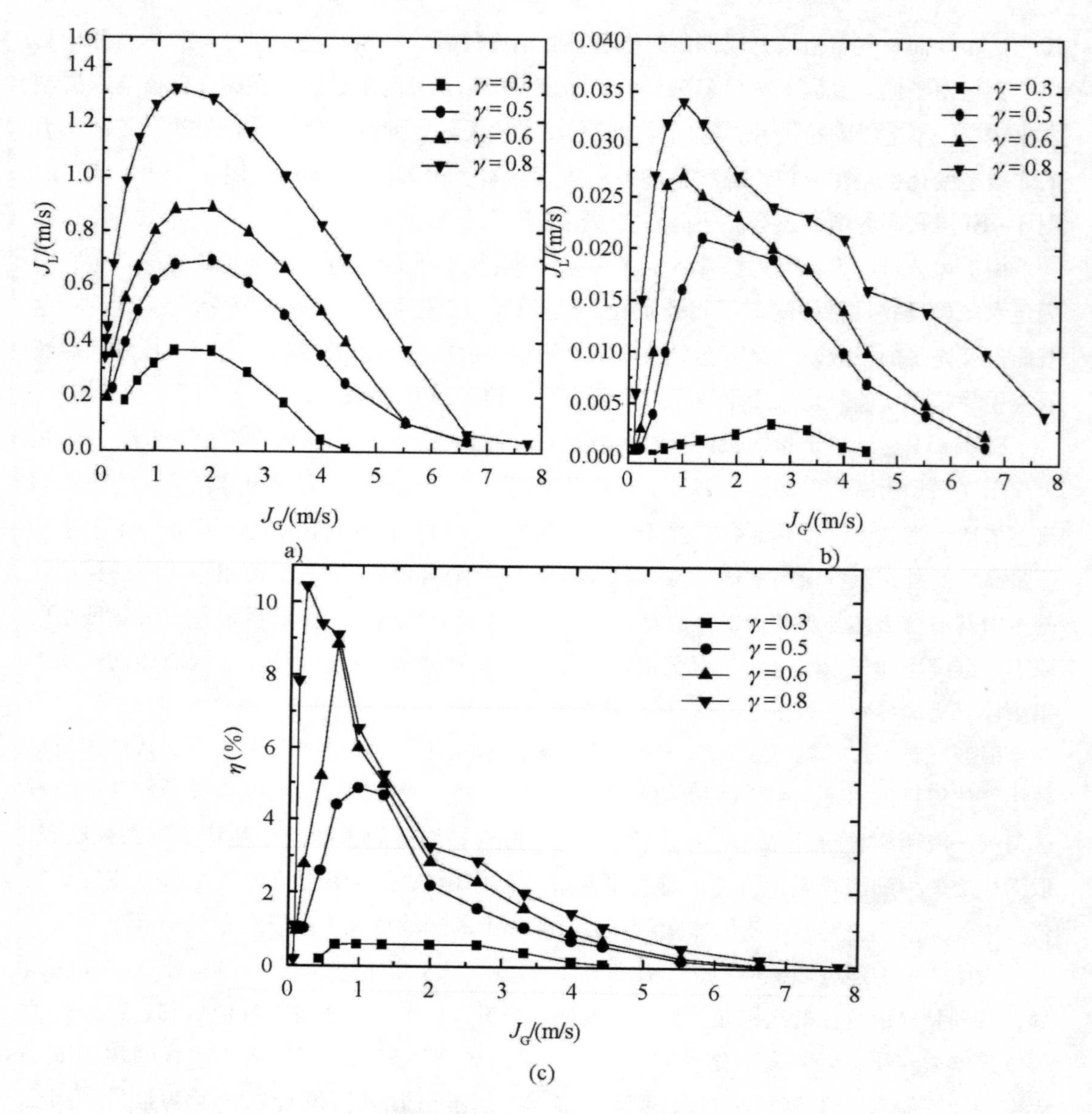

图 3-11 气力提升性能随气体表观流速的变化规律（d_S=0.002m）

a）液体表观流速；b）固体表观流速；c）效率

图 2-7 的计算结果进行比较。鉴于此，可首先确定 J_G，而后在既定工况下实验得出 J_L和 J_S（实验值），并将 J_G和 J_L代入动量模型，即可计算得出 J_S（计算值），最后将其与实验结果进行比较。

由图 3-12 可得，除在低液体表观流速下，计算结果与实验值吻合较好，且浸入率越高，误差越小。由之前分析可知，固体表观流速偏低是由气量值过低与过高造成的。低气量值时，固体体积分数因流型不理想而极低，而在模型计算中因误差累计易导致其过分偏

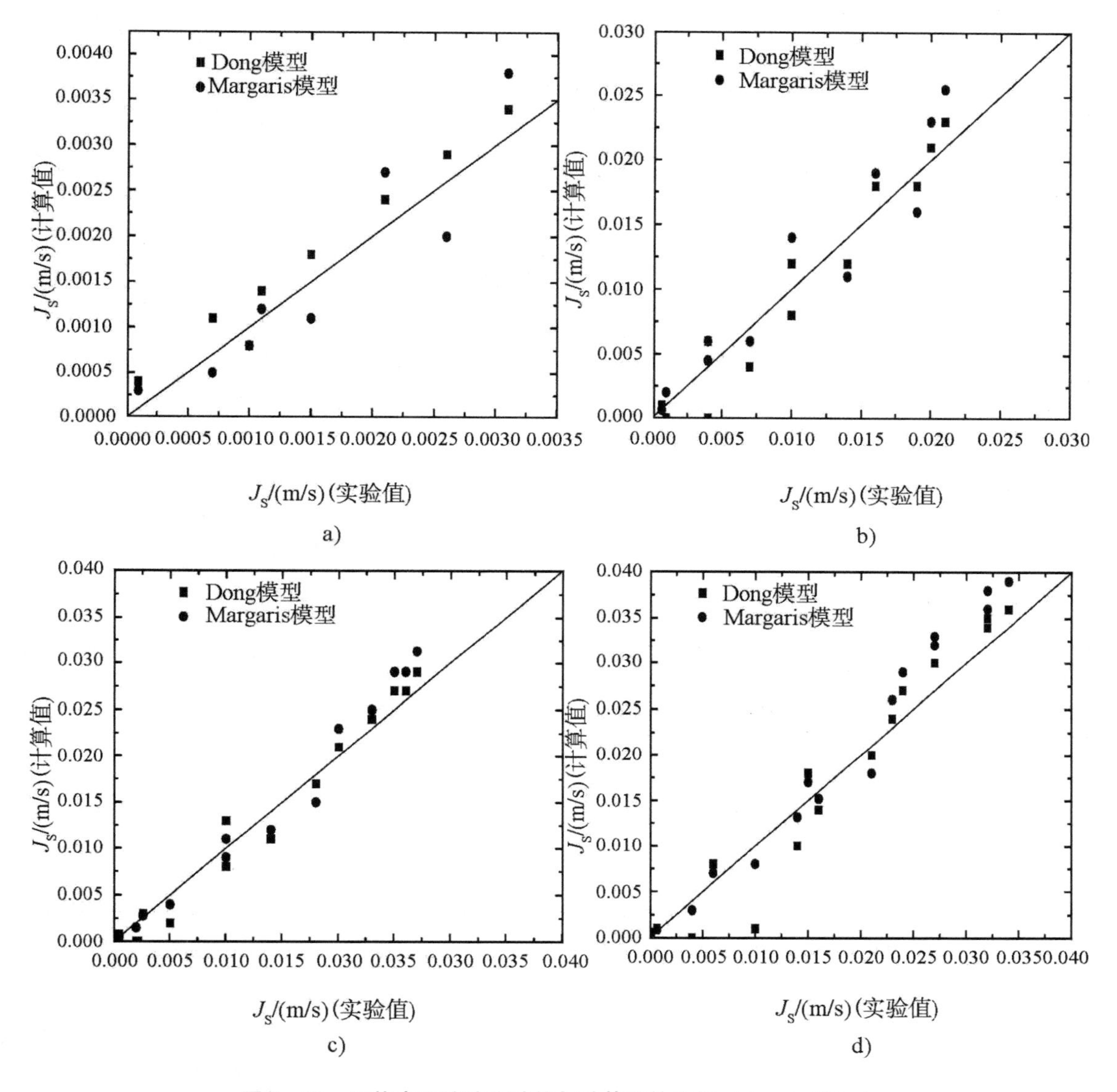

图 3-12　固体表观流速实验值与计算值的比较（d_S = 0.002m）

a）γ = 0.3；b）γ = 0.5；c）γ = 0.6；d）γ = 0.8

离真实值，从而致使 J_S的计算值失准。此外，在靠近临界提升点之上位置，气、液滑移极大，而模型对此考虑较为欠缺，这也是导致模型精确性低的另一重要因素。而在高气量值时，流型已转变至环状流，气芯大范围扩大，颗粒被压缩至边壁处，致使其与管壁频繁碰撞，进而导致阻力损失急剧增加，而此恶劣工况未纳入模型计算中，加之此时气、液滑移仍较大，因而使得 J_S的计算值与实验值偏离较大。比较图 3-12a ~ 中图 3-12d 还可发现，理论值与计算值吻合度在低浸入率时（γ = 0.3）较差。这主要是由管内流场结构在低浸入率时稳定性变差所致。因为管内所受围压随浸入率降低而减小，对混合流体的抑制作用也随之减弱，进而导致气、液、固三相剧烈掺混，而模型中却仍视其为稳定流体，最终导致理论与实验结果偏离较远。

为验证模型的可靠性，还将其与 Hatta 等学者的研究结论进行了比较。从中可知，本模型在较高 J_S 下其预测精度高于 Hatta 的模型，但在低 J_S 下弱于后者。以图 3－12c 为例，当 $J_S \leqslant 0.015$ 时，本模型与实验最大偏差为 30.1%，高于 Hatta 的 12.6%。在 $J_S > 0.015$ 后，本模型计算值与实验值偏差控制在 ±7.5% 以内，明显低于 Hatta 模型的 ±15.6%。分析其原因可发现，Hatta 等学者在模型建立过程中将气体体积分数划分为多段，再针对每段确立相应的经验公式，并由此获得计算值。该方案解决了气量值过低与过高理论模型精确性差的弊端，但由于过分依赖经验公式使其整体可靠性及实用性较为欠缺。而本模型以

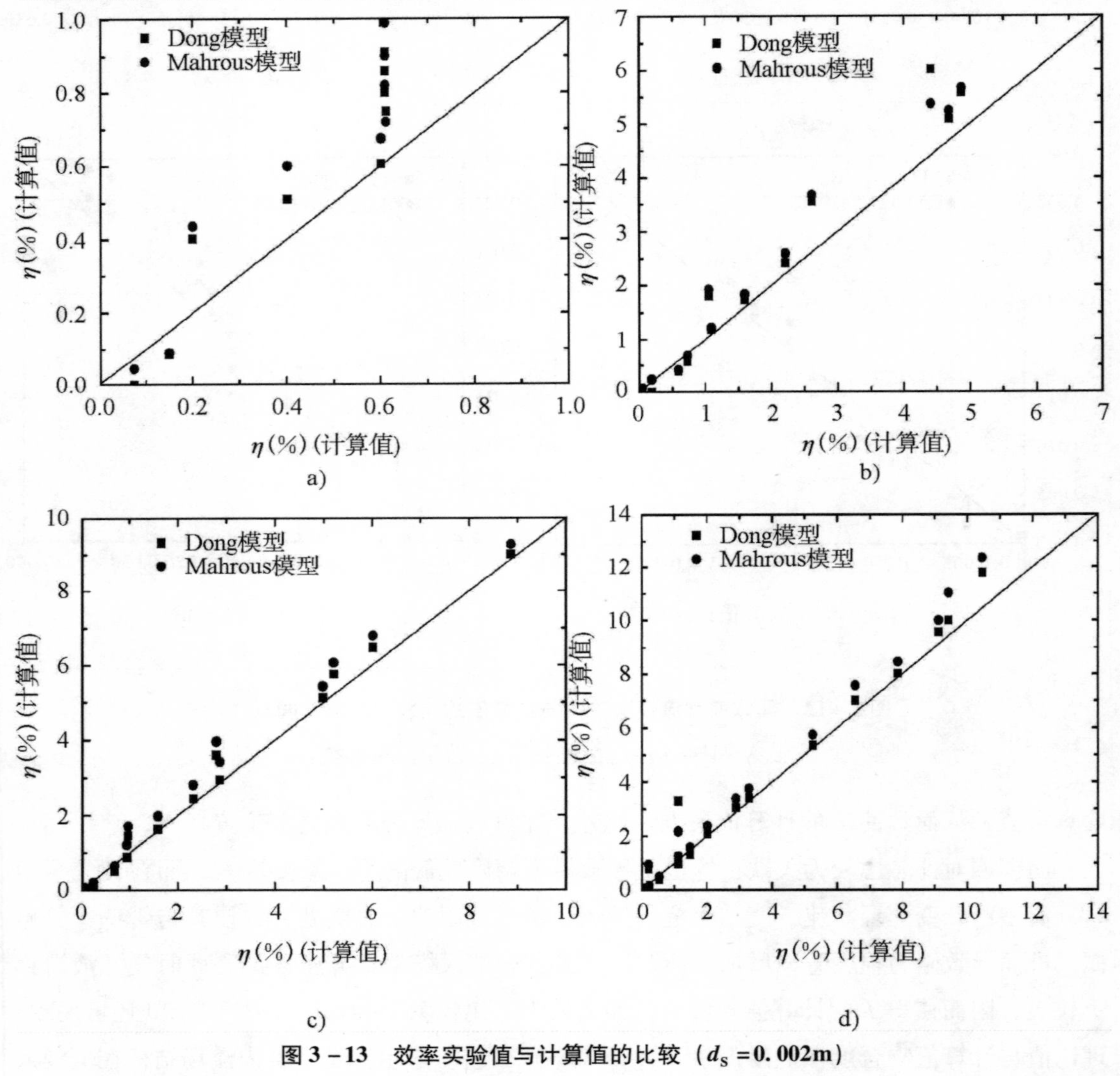

图 3－13　效率实验值与计算值的比较（$d_S = 0.002\text{m}$）

a）$\gamma = 0.3$；b）$\gamma = 0.5$；c）$\gamma = 0.6$；d）$\gamma = 0.8$

理论公式为基础进行推导，其预测精度及实用性必定优于 Hatta 模型。而对于在低 J_S时造成的模型失准问题，则是由于在气量值偏低或偏高工况下未深入分析混合流体力学形式所致。这也说明本模型中控制方程在低 J_S下还有待完善。针对于此，后续研究将重点探讨临界点附近以及环状流时混合流体动量方程的建立形式。

效率的计算值与固体表观流速的计算值类似，即在既定工况下将确定的 J_G和 J_L以及基于此计算得出的 J_S代入第2章效率模型（见图3-13）便可求得。同时将确定的 J_G以及实验所得 J_L和 J_S代入式（2-53）便可获得效率的实验值。两者的比较结果如图3-13所示。

由图2-13可知，效率的计算值与实验值在低浸入率下存在较大偏差，而在较高浸入率时吻合较好。这是由于低浸入率工况对应的管内混合流体掺混极强烈所致。当 $\gamma=0.3$ 时，实验就观测到提升管内存在明显的非规则振荡，且伴有“气吼”声。该现象导致混合流体阻力损失加剧，并使得模型计算中相关参数（如阻力系数、进气口系数等）不再为常值，从而致使模型预测失效。当浸入率升高后，混合流体运动因围压升高而变得较为平稳，且“气吼”声消失，取而代之的是轻微的“啸叫”声。另外，气量值过低或过高均会导致模型精度降低。将本模型与 Mahrous 的效率模型进行比较可知，前者的预测精度整体优于后者。分析其原因可知，Mahrous 在效率模型计算中未考虑颗粒所受浮力的情况，且他们视进气口压力等于围压，也就忽略了此处的压力损失，因此其模型预测精度不高。以图3-13c为例，当 $0.6\text{m/s}\leq J_G\leq 3\text{m/s}$ 时，本模型效率计算值偏离实验值最大仅为7.8%，远高于 Mahrous 模型的16.7%。

3.3 管内浆料压降变化特征

实验分析得出气力泵底部E、进气口I和管出口O处的压力平均值 P_E，P_I和 P_O，则气—液—固三相段与液—固两相段总压降可分别定义为：

$$\frac{\Delta P_{LS}}{\Delta Z}=\frac{P_E-P_I}{L_2} \tag{3-1}$$

$$\frac{\Delta P_3}{\Delta Z}=\frac{P_I-P_O}{L_1} \tag{3-2}$$

图3-14给出了压降随气量值的变化规律。从图中可知，两相段压降（见图3-14a）随气量值增加首先略微上升，之后下降极为缓慢，且随浸入率增加也仅轻微上升，整体介于10~11kPa/m之间。由此可认为两相段压降约为一恒定值，鲜受气量值与浸入率影响。结合第二章压降理论计算结果可推断，在液—固垂直输送中，当管径超过一定值后管内流速及其他运行参数对压降影响甚微，实际应用中可利用此特征对其他输送工况的压降值进

行估算。而在气—液—固三相流中，压降变化特征极为显著。随气量值增加，压降衰减较快，且有趋向于零的趋势。对此可作如下解释：气量值极低时，可将混合流体比拟为液—固两相流，因而压降很大。而随气量值增加，进气口 I 处压力逐渐由受液面围压作用转为气相控制，导致 P_E 降低，迫使 P_O 与 P_E 的压差值缩小，因而 $\Delta P_{LS}/\Delta Z$ 减小。当气量值很高时，管内气芯因流型转化占据主导，致使 I 与 O 处几乎相通，从而造成三相段压降值极小。此外，浸入率升高也导致三相段压降值增加，这与之前的理论分析一致。

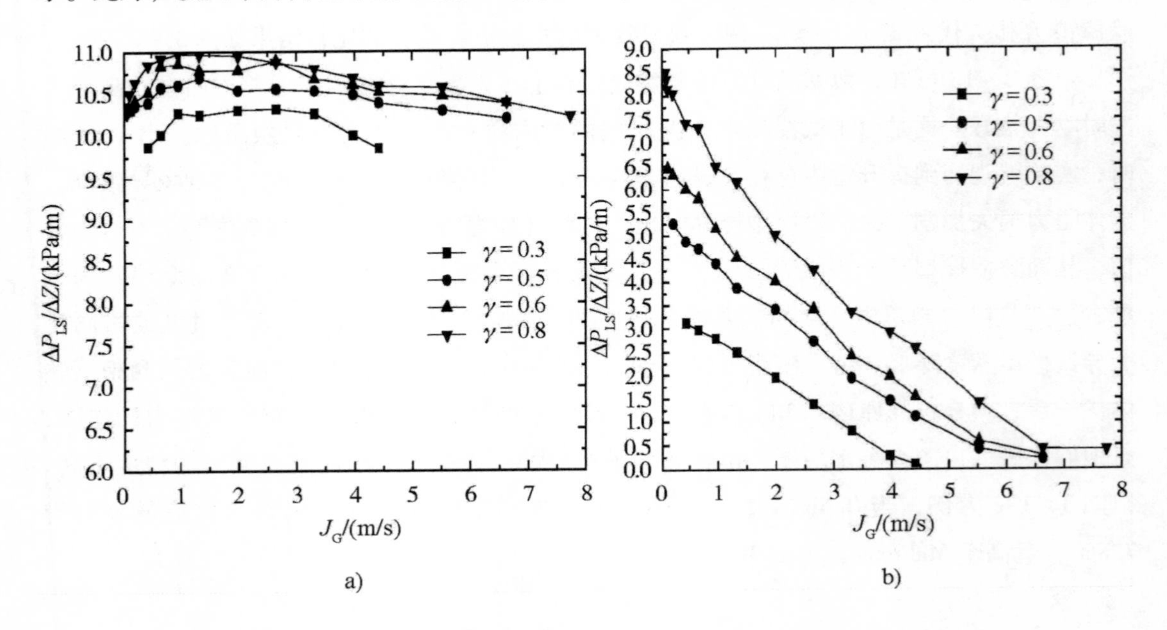

图 3－14　压降随气量值的变化规律（d_S＝0.002m）

a）两相段；b）三相段

比较图 2－21a 和图 3－14a 发现，两相段压降计算值与实验值的吻合度在低浸入率下较差，而在浸入率超过一定值后则较为理想。究其原因，是由于在低浸入率时忽略混合流体的加速压力梯度项所致。因为低浸入率对应的混合流体不稳定性更强，混合流体运动突变特性也由此加大，导致其加速度项引起的压力梯度较大，故不能忽略。

图 3－15 所示为三相段压降计算值与实验值的比较结果。从图中可发现，压降计算值与实验值吻合度较高，两者误差基本在 ±15% 以内，而且在较低气量值下两者（较高压降）最大误差仅为 5%。分析图 3－15 还可得，压降计算值在低浸入率下要小于实验值，这是因气相的强非线性运动所致。由实际情况可知，低浸入率对应的混合流体结构时空演变特征较为强烈，管内压力变化也随之加剧，使得气相的非线性变化增强。此外，管内温度变化也为计算值偏低的另一诱因。浸入率升高后，三相段压降的计算与实验结果吻合度提高，这是由混合流体不稳定性运动成分受抑，模型线性度提高所致。

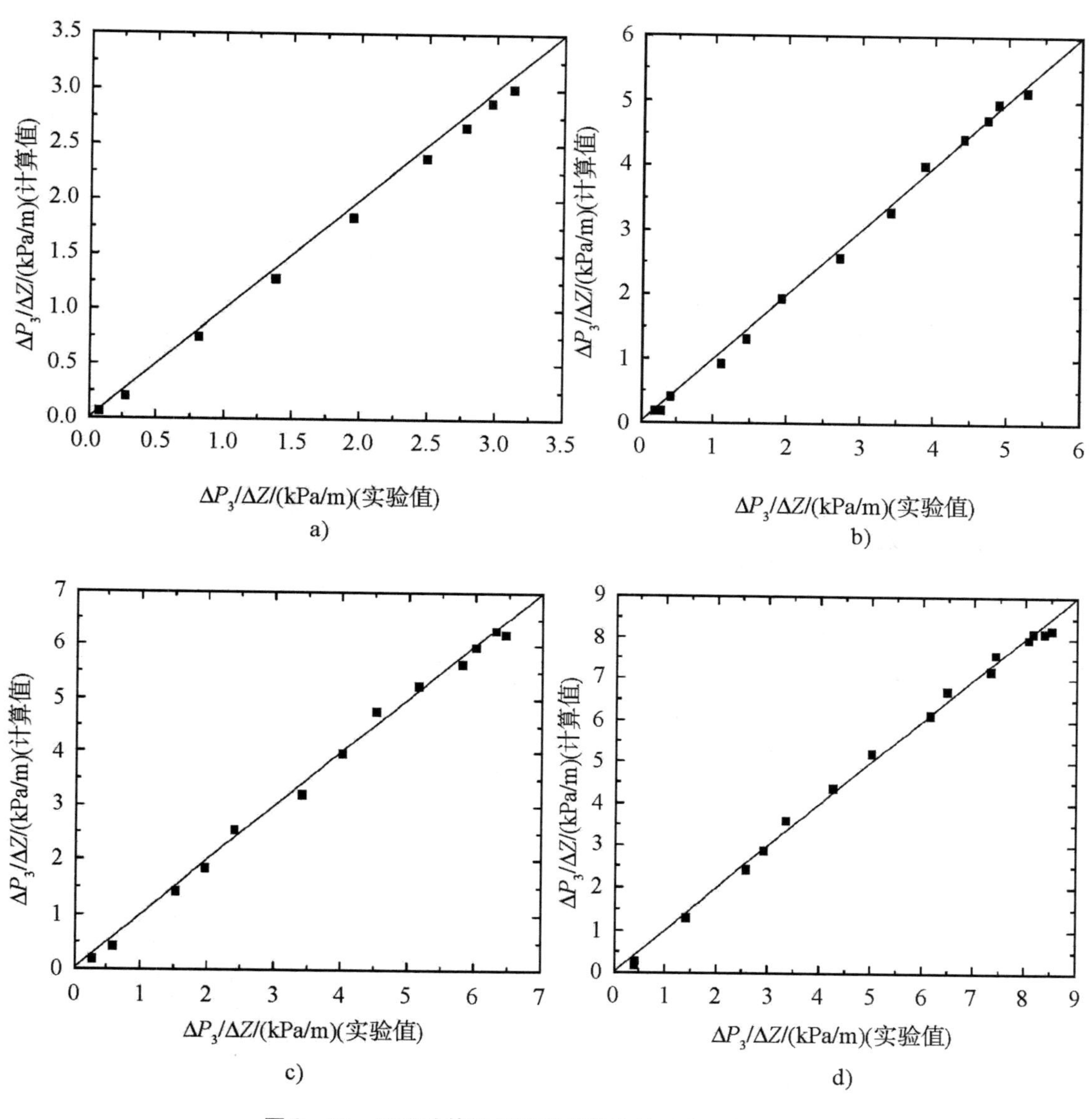

图 3-15　压降计算值与实验值的比较（d_S =0.002m）

a）γ=0.3；b）γ=0.5；c）γ=0.6；d）γ=0.8

3.4　水下浆料气力提升的临界条件

在进行气力提升系统设计时，浆料中颗粒得以提升的临界条件极为重要，若考虑不周，则会造成气体能量过分耗散或颗粒淤塞，甚至还引发重大安全事故。由前述理论分析可知，颗粒在气—液—固三相段和液—固两相段所受作用力存在较大差异，且颗粒在三相段易于提升。为验证临界理论模型的有效性，分别将单颗粒放置于两相段和三相段开展临界实验研究，其具体方案如图 3 – 16 所示。

首先，将单个麦饭石陶瓷颗粒放置于支撑架上且一并置于气力泵出口处（进气口之上），并使其处于管中心位置，再调节可调水箱使其满足预先设计的浸入率。随后开启空压机，调节压缩气体流量从零开始缓慢增加，直至提升管出口端水流溢出，测量并计算得出临界表观气体流速 $J_{G,L,3,Cri}$。继续增大气体流量，直到颗粒脱离支撑架并恰好悬浮于液体中，记录并计算得出对应的气量值 $J_{G,S,3,Cri}$ 以及此时水流表观速度 $J_{L,3,Cri}$。同理，将麦饭石放置于气力泵底部（进气口之下），重复上述步骤，分别获得两相段临界值 $J_{G,L,LS,Cri}$，$J_{G,S,LS,Cri}$ 和 $J_{L,LS,Cri}$，实验结果如表 3 – 1 所示。

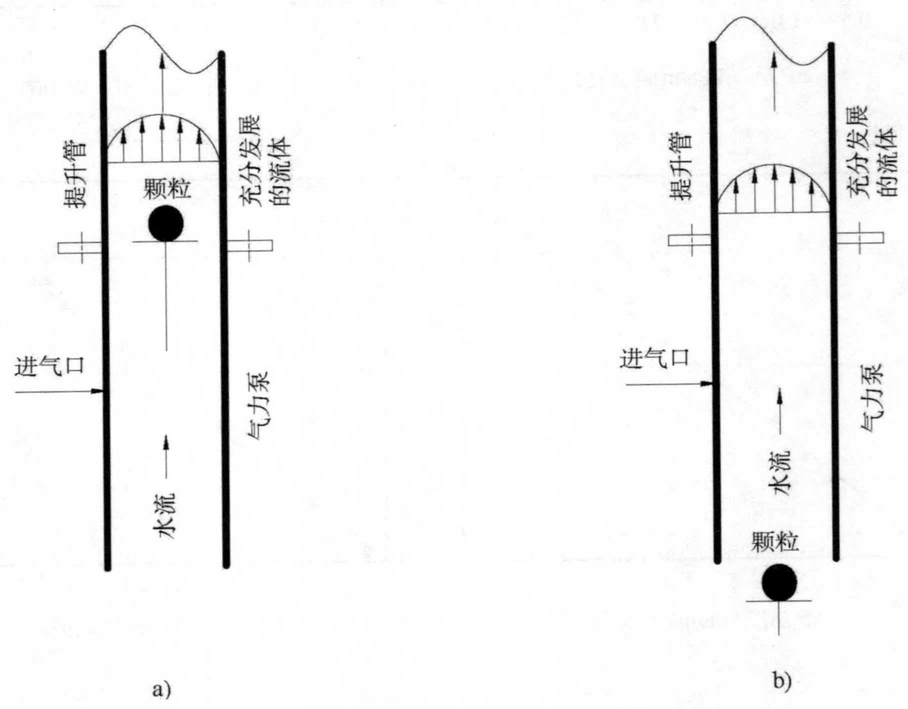

图 3 – 16　颗粒临界提升实验示意图

a）三相段；b）两相段

表 3 – 1　气力提升系统临界实验结果

序号	d	γ	$J_{G,L,3,Cri}$	$J_{G,L,LS,Cri}$	$J_{G,S,3,Cri}$	$J_{G,S,LS,Cri}$	$J_{L,3,Cri}$	$J_{L,LS,Cri}$
1	2×10^{-3}	0.3	0.018	0.018	0.288	0.303	0.189	0.216
2	4×10^{-3}	0.3	0.018	0.019	0.316	0.412	0.287	0.321
3	2×10^{-3}	0.8	0.010	0.010	0.051	0.069	0.201	0.214
4	4×10^{-3}	0.8	0.011	0.010	0.072	0.081	0.302	0.319

注：以上均为标准国际制单位。

由上可知，同浸入率工况下提升液体对应的临界气量值 $J_{G,L,3,Cri}$ 和 $J_{G,L,LS,Cri}$ 基本一致，在 γ 分别为0.3和0.8时，上述临界气量值依次为0.018m/s和0.01m/s。这说明颗粒的性质及其位置不影响气力提升液体的临界特性。而气力输送固体颗粒的临界情况则与之显著不同，颗粒在三相段对应的临界气量值 $J_{G,S,3,Cri}$ 要低于两相段 $J_{G,S,LS,Cri}$，且两者均随颗粒直径和系统浸入率加大而上升。这与第二章临界理论模型的计算结果相同。分析颗粒临界提升时对应的液体表观流速还发现，任一工况下 $J_{L,3,Cri}$ 均小于 $J_{L,LS,Cri}$。由此可判断，只要颗粒在液—固两相段满足提升要求，则其在三相段必符合条件，即颗粒临界点特性主要取决于液—固两相段。

将上述临界实验结果与第2章临界理论模型计算值比较，可得如图3－17所示的结果。由此可发现，颗粒临界提升时对应的液体表观流速实验值均低于计算值。对其原因可作如下解释：因气泡在管中出现聚结、破裂等现象，管内混合流体并非稳定上升，而是包含上升、下降的复合运动，即流体表现出一定的振荡特征。结合已有文献及笔者之前的研究可判定，混合流体振荡为气力提升系统的本质特征，第4章高速摄像仪测试结果同样证实了该规律的存在。这种特有的振荡现象使得管内出现瞬时真空，导致颗粒所受拖曳力为一脉动值，从而有利于颗粒的提前启动。由图3－17还可知，浸入率越低，实验结果与计算值越接近，这也表明该工况下混合流体振荡效应更突出，其形成的瞬时真空更强，之后利用高速摄像仪也确认了这一事实。当颗粒直径与浸入率分别为0.004m和0.3时，比较图3－17还可计算得出，$J_{L,LS,Cri}$ 和 $J_{L,3,Cri}$ 的计算值相对于实验值其误差分别约为12.9%和14.5%，其他工况对应的误差也未超过15.8%，由此验证了理论模型的合理性。

值得注意的是，实际工程应用时，颗粒一般未进入管道内部，而是事先沉积在底部而常受到压持效应作用。为此，本书在水槽底部靠近气力泵底部平铺颗粒（见图2－25），保持其至少双层叠加，同时要求两相邻颗粒无间隙，并静置一周以上，以尽可能满足压持效应条件。之后再调节浸入率，以颗粒层上表面中心点颗粒为研究对象，重复上述临界实验测试步骤，即可分获 $J_{G,L,LS,Cri}$，$J_{G,S,LS,Cri}$ 和 $J_{L,LS,Cri}$。实验结果表明，任一气量值也无法提升颗粒，这说明水槽底部存在显著的压持效应，而该气力泵产生的最大水量值太小，对颗粒形成的拖曳力不足以克服压持效应，导致提升失效。但为探寻 $J_{L,LS,Cri}$ 的实验值，将气力泵出口端转而接在一离心水泵的入口，继续开展实验，其测试结果及其与计算值的对比如表3－2所示。结果表明 $J_{L,LS,Cri}$ 的实验值要显著低于其计算值，由此可见实验所设计的颗粒层（见图2－25）间隙没有完全密封，这主要由颗粒表面缺陷所致，加之提升时液体出现波动，导致压持效应未达到理论工况。由上述分可知，水底压持效应的存在极大阻碍了气力提升性能的发挥，必须将其解除。

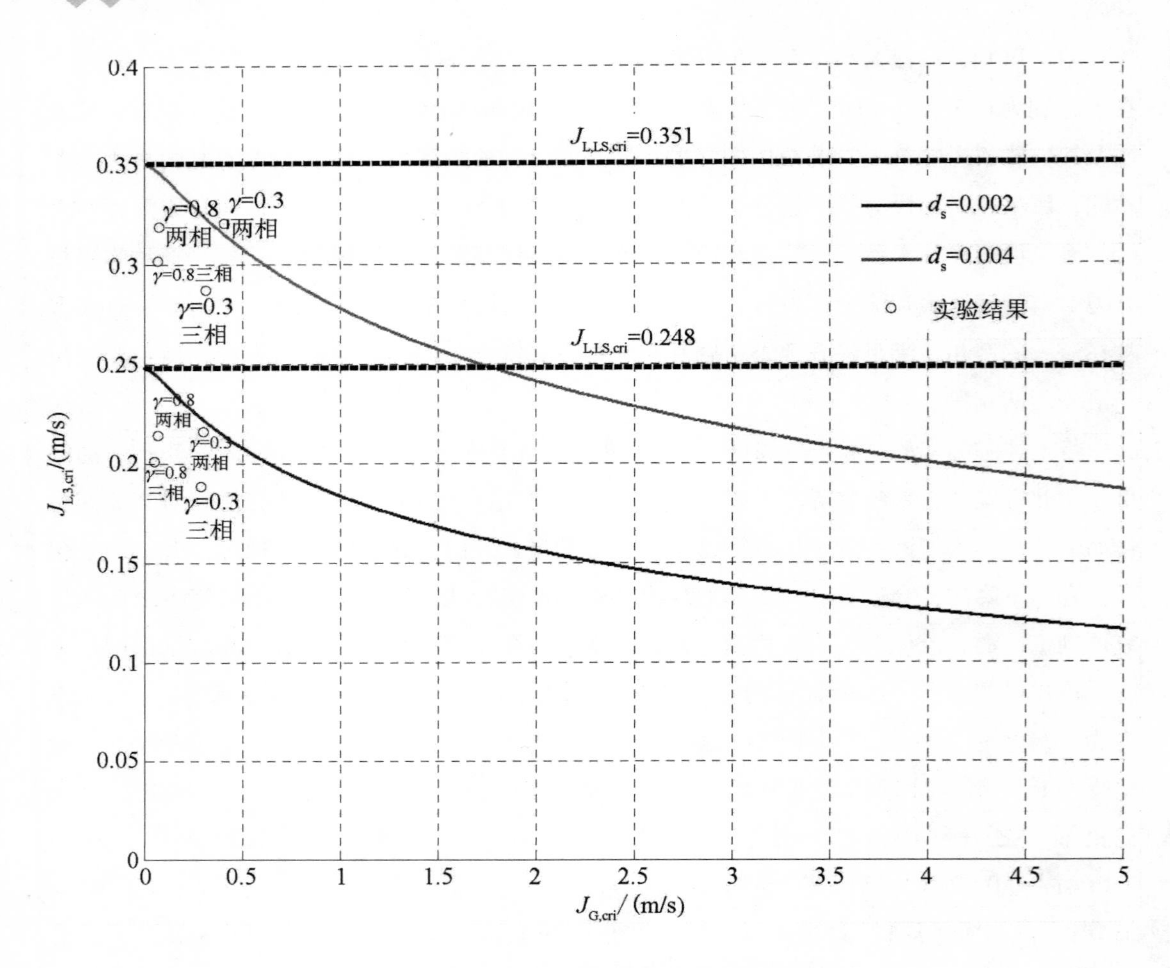

图 3-17 临界实验结果与模型计算值的比较

表 3-2 考虑压持效应的气力提升临界情况

序号	d	γ	$J_{G,L,LS,Cri}$	$J_{G,S,LS,Cri}$	$J_{L,LS,Cri}$ 计算值	$J_{L,LS,Cri}$ 实验值
1	2×10^{-3}	0.3	0.018	无	3.440	2.631
2	4×10^{-3}	0.3	0.018	无	3.451	2.706
3	2×10^{-3}	0.8	0.010	无	5.450	4.413
4	4×10^{-3}	0.8	0.010	无	5.455	4.507

注：以上均为标准国际制单位。

3.5　进气方式增强气力提升浆体的规律

由于扬固为气力提升装置主要目的，因而定义举升后固体所具有的能量与输入气体能量的比值为其提升效率：

$$\eta = \frac{Q_S g(L_1 + L_2) + \dfrac{Q_S^3}{2A^2\rho_S^2} - \rho_L g(L_2 + L_3)\dfrac{Q_S}{\rho_S}}{P_o Q_G \ln\left(\dfrac{P_E}{P_o}\right)} \tag{3-3}$$

其中

$$P_E = P_0 + \rho_L g(L_2 + L_3) - (1 + \xi + \lambda L_2/D)\frac{v_{LS}^2 \rho_{LS}}{2} \tag{3-4}$$

由于

$$v_{LS} = Q_{LS}/\rho_{LS} \tag{3-5}$$

$$Q_{LS} = Q_L + Q_S/\rho_S \tag{3-6}$$

$$\rho_{LS} = \frac{\rho_S(\rho_L Q_L + Q_S)}{Q_S + \rho_S Q_L} \tag{3-7}$$

因而最终可得：

$$P_E = P_0 + \rho_L g(L_2 + L_3) - (1 + \xi + \lambda L_2/D)\frac{(\rho_S Q_L + Q_S)(\rho_L Q_L + Q_S)}{2\rho_S A^2} \tag{3-8}$$

由此可得提升效率为

$$\eta_S = \frac{Q_S g(L_1 + L_2) + \dfrac{Q_S^3}{2A^2\rho_S^2} - \rho_L g(L_2 + L_3)\dfrac{Q_S}{\rho_S}}{P_o Q_G \ln(1 + \rho_L g(L_2 + L_3)/P_0 - (1 + \xi + \lambda L_2/D)\dfrac{(\rho_S Q_L + Q_S)(\rho_L Q_L + Q_S)}{2\rho_S A^2 P_0}} \tag{3-9}$$

利用气力提升装置，对水温为 10℃ ±0.2℃时的输沙测试结果如图 3 – 18、图 3 – 19 和图 3 – 20 所示。

图 3 – 18 所示为八种气孔布置方式下排液量变化结果比较。显然，除 $N=1$ 和 2 外，其余布置方式所对排液量随气量变化并无显著差异，只是 $N=3$ 在后六种布置方式中其特性曲线略显上扬。就整体结果而言，虽然排液量随 $N=1$，2 和 3 单调递增，且增幅较大，但整体并不随气孔个数增加而显现单调特性。结果说明，气孔数量的选择应适宜，太少会导致适合于液体输送的弹状流流型延迟出现，因而排液量较低；而太多则使得气孔出口初

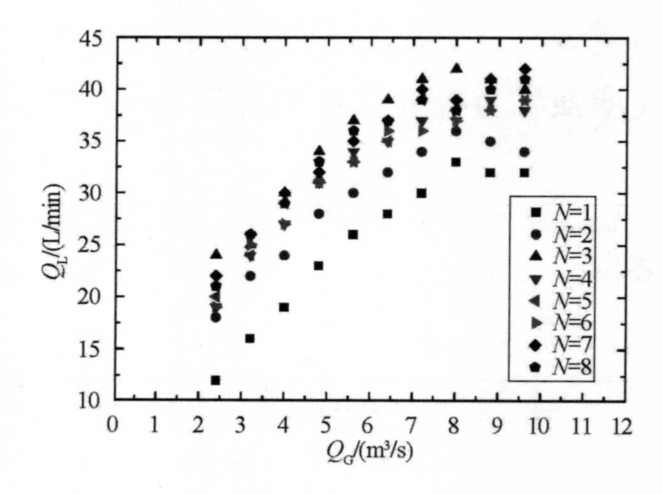

图 3－18　不同气孔数量下排液量随进气量的变化关系

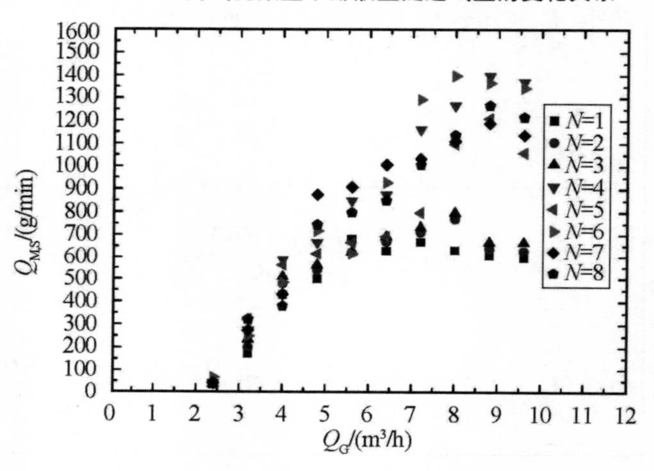

图 3－19　不同气孔数量下排沙量随进气量的变化

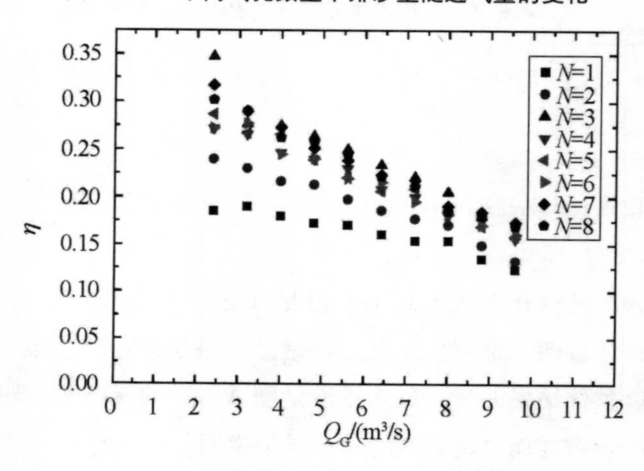

图 3－20　不同气孔数量下提升效率随进气量的变化关系

始气泡数量显著增加，因而在上升过程中易形成大气泡而占据管内空间，使得固—液浆体含量降低，排液量减小。

从图3－19中可以看出，排沙量随气量增加也并非一直单调递增，而是在峰值后开始缓降，且各峰值所对气量值略有不同。结论还表明，$N=1$，2和3所对排沙量在中等气量段较其余气孔布置方式显著降低。对应后五种气孔布置方式，$N=4$和6时排沙量稍大，但整体并无显著差异。对比图3－18和图3－19还可知，除在$N=1$和2外，排液量稍高的气孔布置方式则其排沙量会略微下降（仅$N=3$时显著降低），因此可认为当底盘气孔数量超过一定值后（本书为$N=3$），不同进气方式下排出液—固总量几近相等。

图3－20所示为不同气孔数量提升效率随气量变化规律。由图3－20可得，效率随气量值降低而近乎递减，这说明当气量值较低时，虽然排液与排沙量相当低，但此时效率却很高；而在较高气量段，虽然排沙效果较佳，但由于管内阻力损失严重而导致低效率输送。按此曲线规律，当气量为零时，效率应最大，这显然有悖于实际情况。这归咎于忽略了在低气量段时液体和固体还未得以提升的情况。由于实际数据从排沙临界点以后采集，因而未完全反映曲线变化规律，同时也说明实际工况下效率随气量从零开始急剧增加至峰值而后开始下降。比较不同气孔数量所对效率图还可得，在$N=1$和2时其效率明显低于其他气孔布置方式。且后六种所对效率差异相当微弱，仅$N=3$时效率稍稍上扬。结合前述结论（$N=3$时排沙量显著降低）可说明$N=3$时管内阻力损失最小，适合于液体输送。

利用气力提升装置，对水温为10℃ ±0.2℃时的排沙量测试结果如图3－21所示。

由图3－21可见，分别以气孔排列方式为条件，所得排沙量有基本相同的变化趋势，即排沙量随气量增加先递增而后缓慢降低。最大排沙量所处位置均大致相同，位于气量值$Q_G=8.8\text{m}^3/\text{h}$处。这说明任一进气方式下，提升管内流型发展过程极为相似，随气量值增加，管内先后呈现泡状流、弹状流、搅拌流和环状流状态。又由于仅在弹状流或搅拌流下适合于输送固、液混合流体。因此，确定某一工况下最佳气量值尤为关键。

比对不同气孔分布方式所对排沙量的实验结果可知，在相同浸入率下，当$N=5'$，$6'$，$7'$和$8'$时，所获得的排沙量较$N=5$，6，7和8分别均呈上扬趋势，其最大相对偏高值依次为40.8%，19.5%，39.4%和39.5%，且并不完全与排沙量峰值所处位置相同。这说明合理的气孔分布方式会显著改善排沙量，探究其原因，主要是由于采用$N=5$，6，7和8时，气流沿靠近底盘周向处排至提升管内，使得初始气泡群大量聚集在喇叭口与提升管底部交界处并沿管内壁附近上升，导致部分小气泡还来不及聚集就与内壁碰撞而破裂，因而弹状流流型较$N=5'$，$6'$，$7'$和$8'$时分布较差。

综合比较图3－21a～图3－21d还可知，气孔分布方式在较低气量下（$Q_G<4.0\text{m}^3/\text{h}$）对排沙量影响甚微。G. J. Parker在相关研究中曾得出进气方式对气举排液量几乎无影响的结论。受启于此，笔者认为，在气量值较低时，由于底盘上气流初始速度较低，因而可将

该装置视为气举；而在较高气量段，气流初始速度已有大幅增加，使得该装置具有显著的射流泵功效。此时对于 $N=5'$，$6'$，$7'$和 $8'$时其排沙量因较 $N=5$，6，7 和 8 具有中心孔而使得前者管内动量交换更为充分而显著提高。

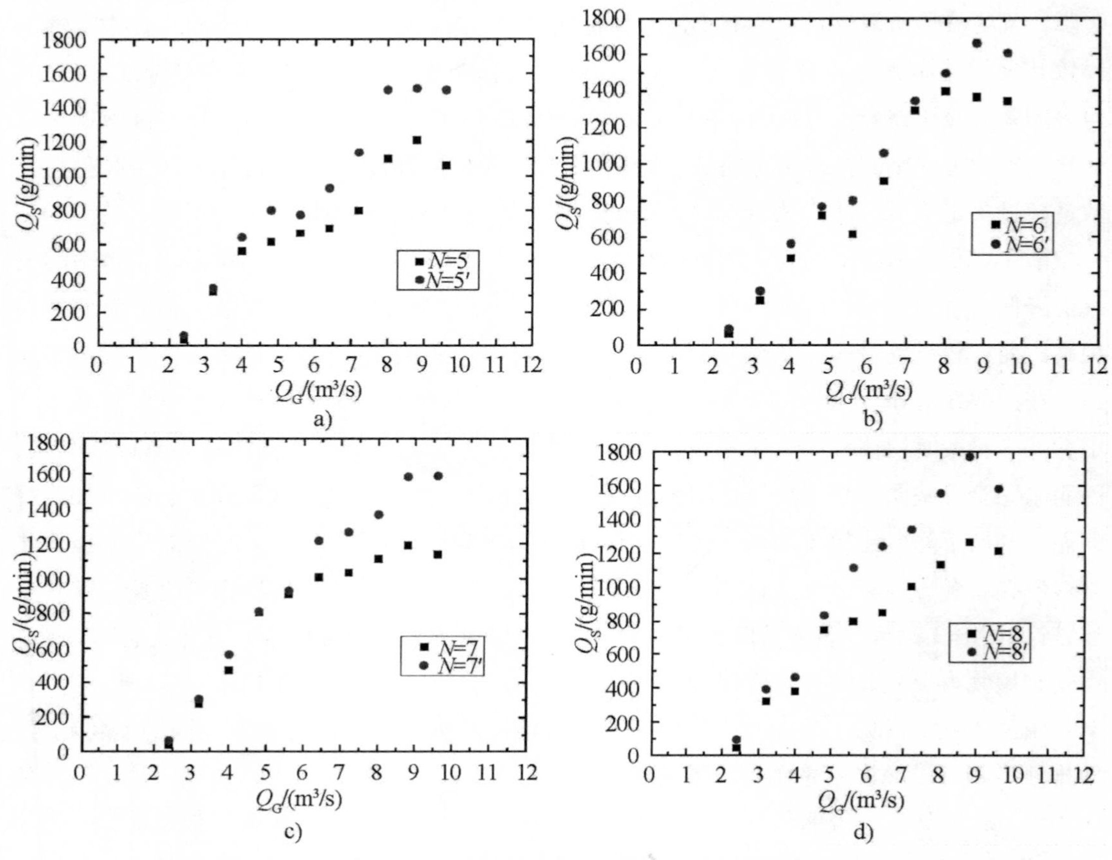

图 3－21　不同气孔分布方式下排沙量随进气量的变化规律

a) $N=5$，$5'$；b) $N=6$，$6'$；c) $N=7$，$7'$；d) $N=8$，$8'$

图 3－22 所示为不同气孔分布方式所对提升效率随气量变化规律。由图可得，效率随气量值升高其变化关系大致呈 M 形，即出现两峰值与之对应，且最高峰值所处位置与排沙量峰值对应点几近吻合，这与 M. F. Khalil 对气—液输送研究所得出的效率峰值与最大排液量对应位置严重背离的结论颇有差异。这说明气力提升装置更适合于提升固体物料。对应次峰位置，是由于固体颗粒的作用使得管内流型由泡状流过早进入到伪弹状流段。随气量值的增加，管内流型变化甚微，排沙量增加幅度不明显，因而效率反而降低。但当气量值增加到一定程度后，则进入完全弹状流型段，此时装置对固体的输送能力达到最佳，因而出现最高峰值（主峰）。

比较同气孔数量下不同气孔分布方式所对效率图还可得，与 $N=5$，6，7 和 8 相比，对应 $N=5'$，$6'$，$7'$和 $8'$时其提升效率均上扬，且同组内两分布方式所对差值均随气量值增加

显著上升。这说明采用周向均布气孔这一进气方式具有较差的提升效果，究其原因，一方面是由于该方式下使得大量气泡群与管内壁碰撞而造成能量耗散；另一方面则是由于其产生的气泡过于贴近喇叭口易从其底部溢出而导致能量损失。

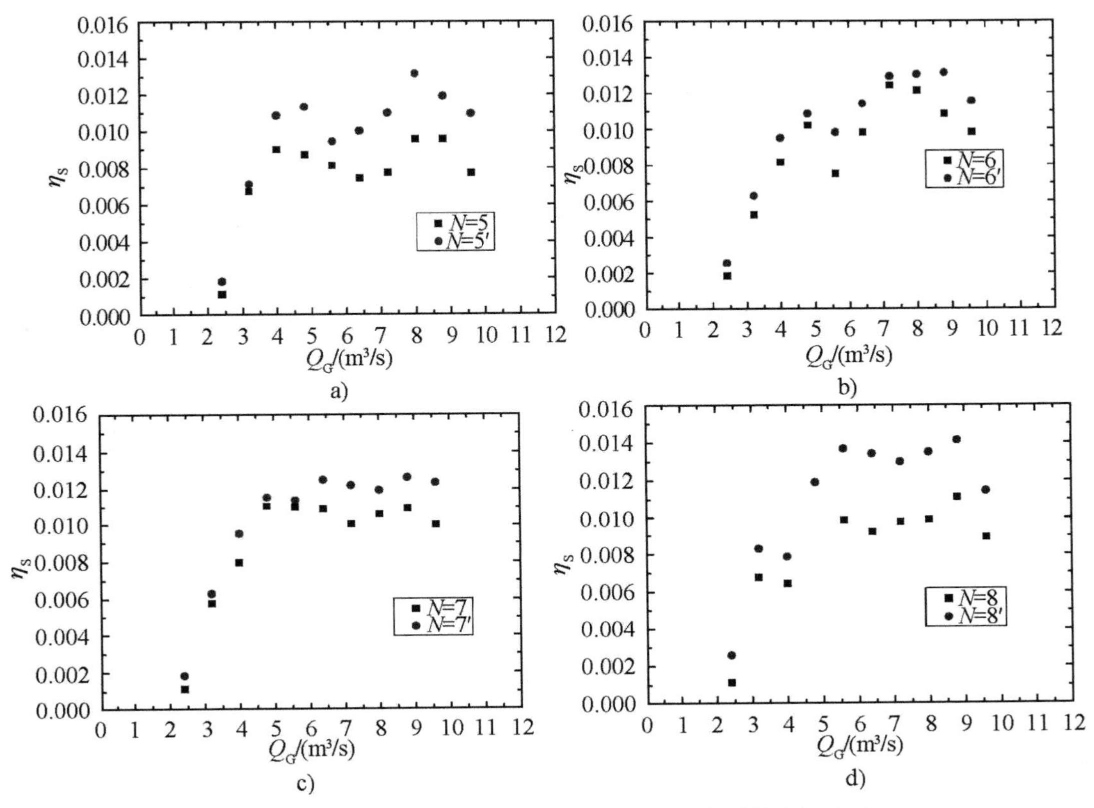

图 3－22　不同气孔分布方式所对效率随进气量的变化关系

a) $N=5$, $5'$; b) $N=6$, $6'$; c) $N=7$, $7'$; d) $N=8$, $8'$

为增强气力提升固体颗粒的能力，将进气方式由径向式转变至环喷式，使其成为兼有传统气举和射流泵双重功效的环喷式气力泵，并将其与径向式气力泵（传统气举）进行比较，以检验其提升性能。

图 3－23 所示为两种进气方式下气力提升系统排液能力比较结论。由结果可知，两种进气方式对应的液体表观流速随气体表观流速变化的规律均相同，即 J_L 随 J_G 增加表现为先升后降的规律，且两者峰值位置极接近。此外，还发现任一浸入率下环喷式对应的排液量均略低于传统气举，且两者差值随浸入率升高逐渐缩小，这与 Khalil 和 Elshorbagy 的研究结论大致相同，即气力提升系统的携液能力鲜受进气方式的影响。此外，对输送介质仅为液体时（$J_S=0$）气力提升系统的性能还进行了分析，结果表明采用环喷式进气方式所对应的系统排液能力略优于径向式工况，这貌似有悖于前述结论，实则是前述研究考虑固体排量导致液相比例削弱所致。

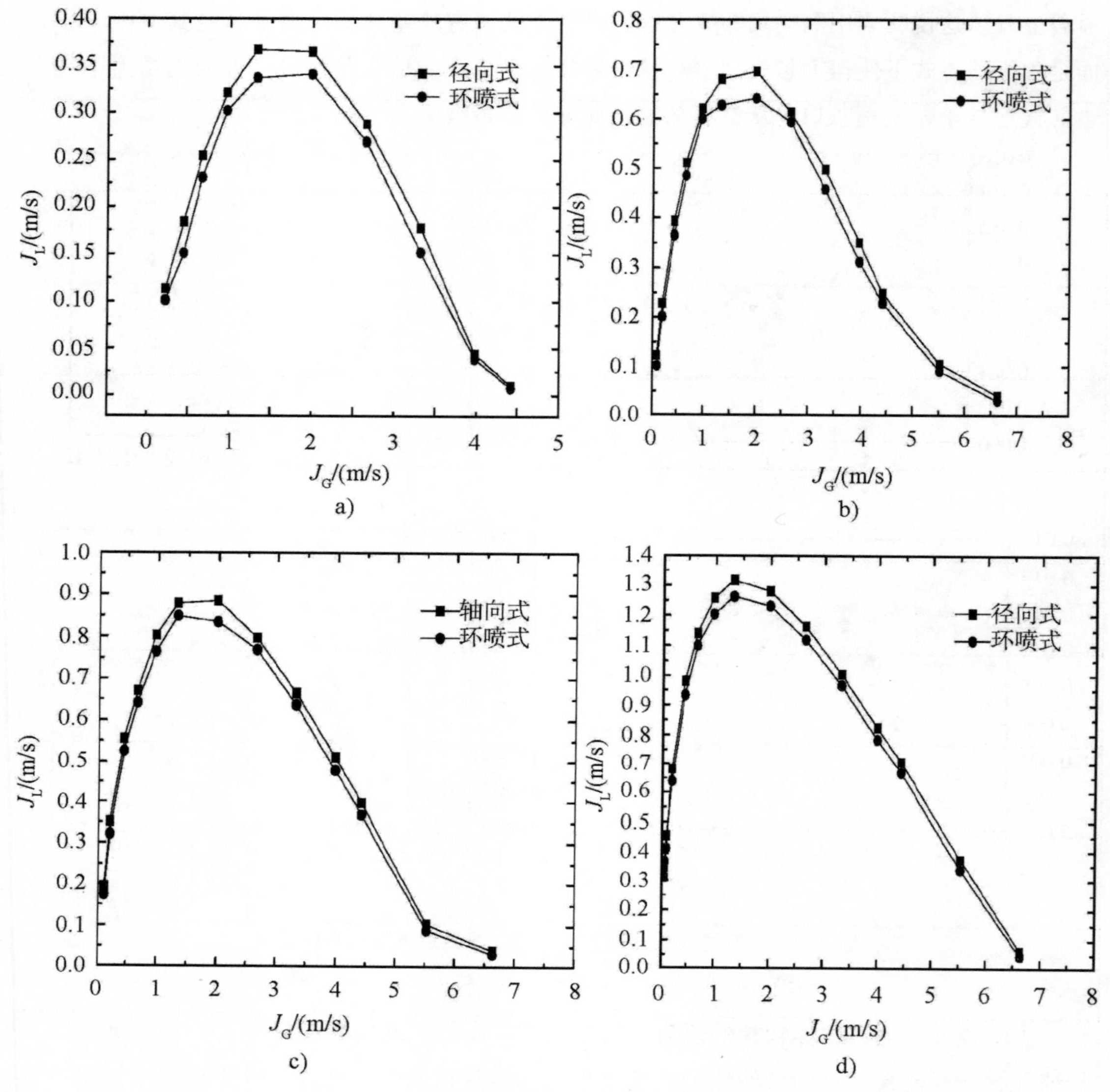

图 3－23　进气方式对液体表观流速的作用规律

a）$\gamma=0.3$；b）$\gamma=0.5$；c）$\gamma=0.6$；d）$\gamma=0.8$

图 3－24 给出了环喷式与径向式进气方式携固能力的比较结果。从图中可知，对应低气量段，环喷式进气方式对应的排固量略高于径向式。随着气量值增加，前者扬固能力大幅提高，在峰值点附近两者差值达最大。而当气量值过高时又会导致两者差值缩小。以图 3－24a 为例，环喷式进气方式对应的最大固体表观流速约为径向式的 2.61 倍，且两者峰值位置均大致位于 $J_G=2.65\text{m/s}$ 处。由此可见，环喷式进气方式对增强气力提升固体颗粒的能力极为显著。分析其原因可知，由于环喷式气力泵不仅兼有传统气举的浮力功效，还因其所形成的强烈动量交换而促进液、固之间的传质效果。另外，环喷式进气方式对管内

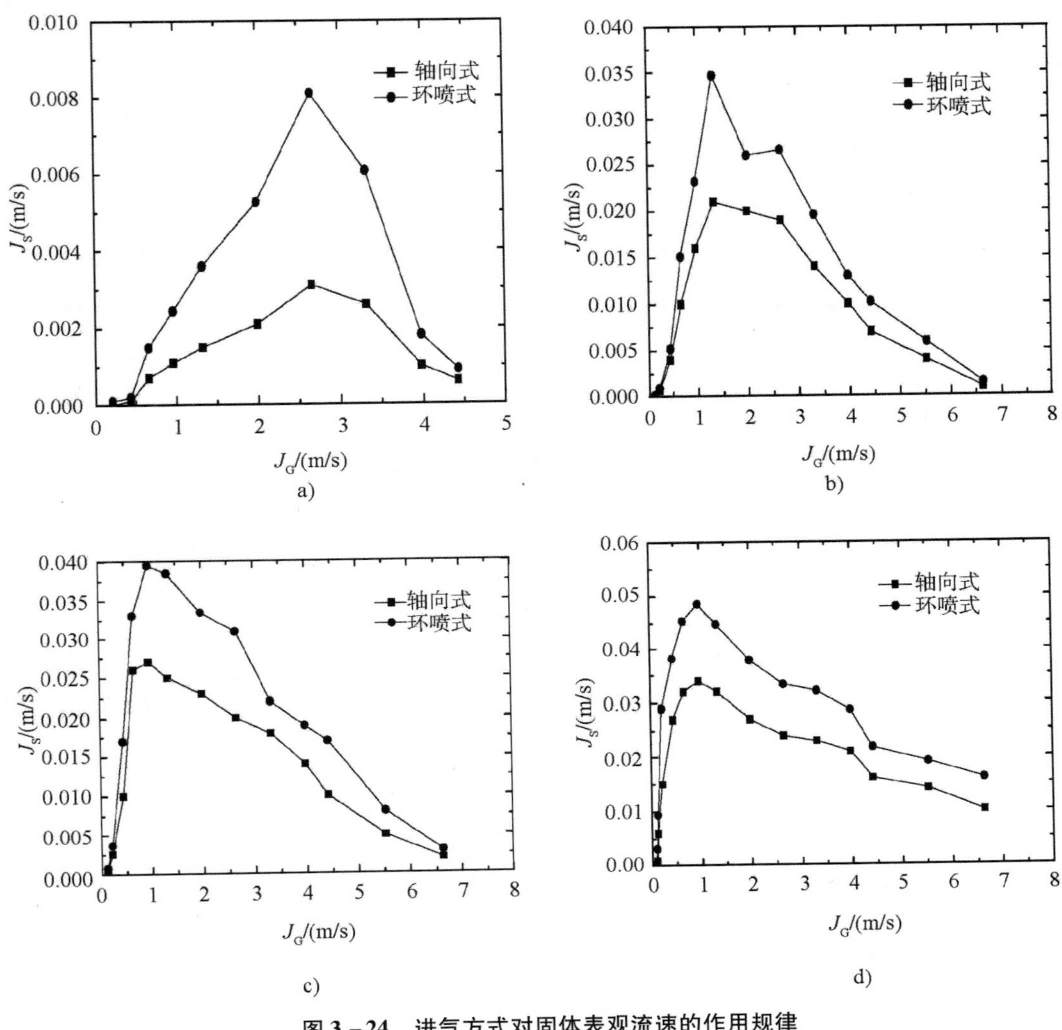

图 3－24　进气方式对固体表观流速的作用规律

a）$\gamma=0.3$；b）$\gamma=0.5$；c）$\gamma=0.6$；d）$\gamma=0.8$

初始气泡形状、大小以及分布特征产生较大影响，进而起到改善管内流型的作用，这也是此种进气方式优于径向式进气方式的又一重要因素。而对于液体排量为何没有出现大幅上升的现象可以认为是气、液、固三相阻力损失锐减所致，即进气方式并不能提供额外的能量，仅是让管道阻力损失所消耗的能量部分转移至固体颗粒而已。结合此推论，再由排液量鲜受进气方式影响可判断：高效进气方式所产生的节能效应并未对液体造成影响，而是促进固体颗粒输送。比较不同浸入率下系统扬固能力可知，浸入率越高，环喷式气力泵对应的固体表观流速虽仍高于传统气举，但前者优势正逐渐被削弱，这说明环喷式气力泵在低浸入率工况使用时其优势更为突出。此外，两种进气方式对应的最佳气量值基本一致，且随浸入率升高均减小。

图 3-25 所示为两种进气方式下气力提升系统的效率比较结果。由图可知，效率随气量值的变化规律与图 3-23 和图 3-24 类似，即也存在一峰值与之对应，且环喷式进气方式对应的效率要显著高于径向式，特别是在低浸入率下这种优势更为突出，如在 $\gamma=0.3$ 时，前者的最大效率约为后者的 2 倍，这一结论再次证实了环喷式气力泵在低浸入率工况下的独特优势。由图 2-25 还可发现，低浸入率工况下两种进气方式对应的 $\eta-J_G$ 变化较为平坦，而随浸入率升高，$\eta-J_G$ 逐渐收缩，尖峰状越来越明显。结果说明高浸入率下气

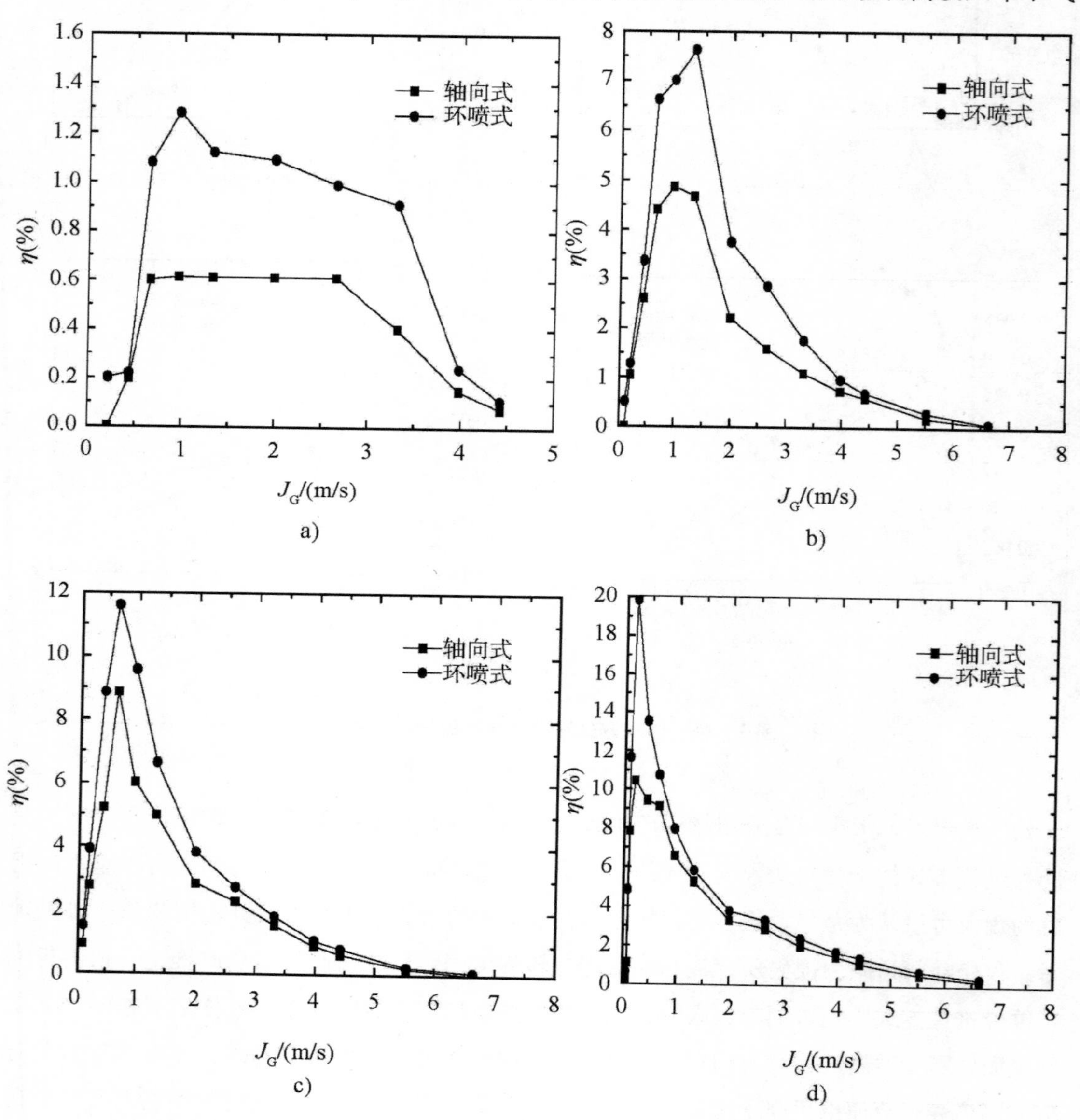

图 3-25　进气方式对液体表观流速的作用规律

a) $\gamma=0.3$；b) $\gamma=0.5$；c) $\gamma=0.6$；d) $\gamma=0.8$

力提升的最大效率值虽较高，但对应的有效气量值范围却较窄，而低浸入率工况正好相反。此外，与径向式进气比较，环喷式进气方式下 η 随 J_G 的变化更强烈，即尖峰状更明显。这些结论为实际应用中合理选择气量值提供了重要指导。

在研究进气方式对气力提升性能的影响时，Khalil 等还曾提出一种针对于实验数据的无量纲化处理方法及其对应的无量纲理论模型，获得了进气方式对液体排量影响极其微小的结论。不过他的研究仅针对于气力提升液体的情况，并未涉及气—液—固三相流。鉴于此，以固相介质用气力提升系统为研究对象，提出一种新的无量纲理论模型，并给予实验佐证，旨在进一步阐明进气方式对气力提升性能的作用规律。

气力提升模型如图 3-26 所示，其中相关参量已在第2章中予以介绍，故不再赘述。值得指出的是，为便于研究，提出了喷射段概念，即进气口至三相混合流体稳定处（2）的长度。由 Hananzaden 和 Kozlov 等人的研究结论可知，气体入进气口之初与液相滑移较大，混合流体极不稳定，且无规律可循，待其沿轴向上移一定距离后（2 处）方能形成较为稳定的运动结构，之后流场结构则沿轴向表现出一定的周期运动特征。经他们分析，I ~ 2 段内流场结构极为复杂，且未表现出周期特征，不过其长度很短，远小于三相段长度。显然，他们的实验结论为本书模型分析中假设条件的设定提供了必要参考。

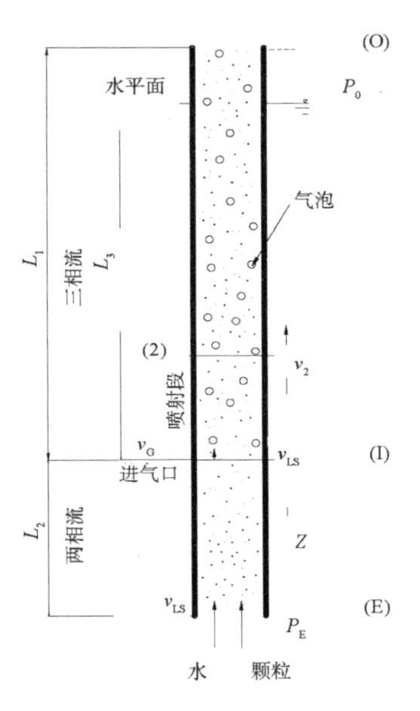

图 3-26 物理模型

以管外流体中水平面至提升管底部段为控制体，利用伯努利方程可获得气力泵底部 E 处压力：

$$P_E = \rho_L g(L_2 + L_3) + P_O - \frac{1}{2}\rho_L v_{L,E}^2 \qquad (3-10)$$

式中 v——平均流速，m/s。

对于两相段（E 至 O），视液—固混合流体为单相浆体，则进气口压力可表示如下

$$P_I = P_E - \rho_{LS} g L_2 \qquad (3-11)$$

因实验中喷射段所引起的压力变化远低于大气压，因此可忽略此段内气相密度变化差异，则（2）处混合流体速度为：

$$v_2 = \frac{Q_{LS} + Q_G}{A} \qquad (3-12)$$

式中 Q——体积流量，m^3/s，且浆体的体积流量可表示为 $Q_{LS} = Av_{LS}$，由此得：

$$v_2 - v_{LS} = Q_G / A \qquad (3-13)$$

对喷射段，由动量定理可获得：

$$AP_{\mathrm{I}} - AP_2 = (\rho_{\mathrm{LS}} Q_{\mathrm{LS}} + \rho_{\mathrm{G}} Q_{\mathrm{G}}) v_2 - \rho_{\mathrm{LS}} Q_{\mathrm{LS}} v_{\mathrm{LS}} - \rho_{\mathrm{G}} Q_{\mathrm{G}} v_{\mathrm{G}} \tag{3-14}$$

假设$\rho_{\mathrm{G}} Q_{\mathrm{G}} \ll \rho_{\mathrm{LS}} Q_{\mathrm{LS}}$，式（3－13）可变为：

$$P_{\mathrm{I}} - P_2 = \rho_{\mathrm{LS}} Q_{\mathrm{LS}} v_2 / A - \rho_{\mathrm{LS}} Q_{\mathrm{LS}} v_{\mathrm{LS}} / A - \rho_{\mathrm{G}} Q_{\mathrm{G}} v_{\mathrm{G}} / A \tag{3-15}$$

联立方程式（3－13）和（3－15），可得：

$$P_2 = P_{\mathrm{I}} - \rho_{\mathrm{LS}} v_{\mathrm{LS}} Q_{\mathrm{G}} / A + \rho_{\mathrm{G}} Q_{\mathrm{G}} v_{\mathrm{G}} / A \tag{3-16}$$

将方程式（3－10）和式（3－11）代入式（3－16），则有：

$$P_2 = P_0 + \rho_{\mathrm{L}} g (L_2 + L_3) - \frac{1}{2} \rho_{\mathrm{L}} v_{\mathrm{E,L}}^2 - \rho_{\mathrm{LS}} g L_2 - \rho_{\mathrm{LS}} v_{\mathrm{LS}} Q_{\mathrm{G}} / A + \rho_{\mathrm{G}} Q_{\mathrm{G}} v_{\mathrm{G}} / A \tag{3-17}$$

因 $Q_{\mathrm{L}} = A v_{\mathrm{E,L}}$，$Q_{\mathrm{LS}} = A v_{\mathrm{LS}}$和 $Q_{\mathrm{G}} = A_{\mathrm{G}} v_{\mathrm{G}}$，式（3－17）改写为：

$$P_2 = P_0 + \rho_{\mathrm{L}} g (L_2 + L_3) - \frac{1}{2} \frac{\rho_{\mathrm{L}}}{A^2} Q_{\mathrm{L}}^2 - \rho_{\mathrm{LS}} g L_2 - \frac{\rho_{\mathrm{LS}}}{A^2} Q_{\mathrm{LS}} Q_{\mathrm{G}} + \frac{\rho_{\mathrm{G}}}{A A_{\mathrm{G}}} Q_{\mathrm{G}}^2 \tag{3-18}$$

式中　A_G——气相所占截面积，其计算公式如下：

$$A_G = A Q_G / (Q_G + Q_{LS}) \tag{3-19}$$

以（2）至（O）段气—液—固三相流体为研究对象，并设喷射段长度远小于三相段，由控制体摩擦力与重力平衡，可得：

$$P_2 - P_0 = \tau_3 \frac{\pi D L_1}{A} + \frac{G_3}{A} \tag{3-20}$$

式中　G_3——气—液—固三相流体重力，N。

因提升管长较段，结合之前压力梯度测试，可认为三相段压力梯度基本恒定，则式（3－20）中壁面剪应力由下式确定：

$$\pi D \int_{\mathrm{I}}^{\mathrm{O}} \tau_3 \mathrm{d}Z = A \left(\frac{\Delta P_{\mathrm{f},3}}{\Delta Z} L_1 + \Delta P_{\mathrm{I}} \right) \tag{3-21}$$

其中

$$\frac{\Delta P_{\mathrm{f},3}}{\Delta Z} = \lambda \frac{\rho_3 \ (v_{\mathrm{LS}} + v_{\mathrm{G}})^2}{2D} \tag{3-22}$$

$$\Delta P_{\mathrm{I}} = \xi_{\mathrm{I}} \left[\frac{\rho_{\mathrm{LS},3}}{2} \left(\frac{v_{\mathrm{LS}}}{1 - \beta_{\mathrm{G},3}} \right)^2 - \frac{\rho_{\mathrm{LS}}}{2} v_{\mathrm{LS}}^2 \right] \tag{3-23}$$

三相段中，因

$$\rho_{\mathrm{LS},3} = \rho_{\mathrm{LS}} \beta_{\mathrm{LS},3} + \rho_{\mathrm{G}} \beta_{\mathrm{G},3} \tag{3-24}$$

$$\beta_{\mathrm{LS},3} = Q_{\mathrm{LS}} / (Q_{\mathrm{LS}} + Q_{\mathrm{G}}) \tag{3-25}$$

$$\beta_{\mathrm{LS},3} + \beta_{\mathrm{G},3} = 1 \tag{3-26}$$

所以

$$\Delta P_{\mathrm{I}} = \xi_{\mathrm{I}} \frac{v_{\mathrm{LS}}^2}{2} \left[(\rho_{\mathrm{LS}} + \rho_{\mathrm{G}}) \frac{Q_{\mathrm{G}}}{Q_{\mathrm{LS}}} + \rho_G \left(\frac{Q_{\mathrm{G}}}{Q_{\mathrm{LS}}} \right)^2 \right] \tag{3-27}$$

将方程式（3－21）和式（3－23）代入式（3－20），则有

$$\tau_3 = \frac{\lambda\rho_3}{8}\left(\frac{Q_{LS}}{A}+\frac{Q_G}{A_G}\right)^2 + \frac{2\xi_I}{\pi D^3 L_1}[(\rho_{LS}+\rho_G)Q_{LS}Q_G+\rho_G Q_G^2] \tag{3-28}$$

基于 Stenning 和 Martin 的研究结论，且忽略三相流中气相质量，即认为 $\rho_3 = \rho_{LS}$，则其模型修改为：

$$\frac{G_3}{A} = \frac{\rho_{LS}gL_1}{[1+(1/K)(Q_G/Q_{LS})]} \tag{3-29}$$

式中　K——气相与浆体相的滑移比 $K = u_G/u_{LS}$。

将式（3－24）和（3－25）代入（3－19）可得：

$$P_2 = P_0 + \frac{L_1\lambda\rho_{LS}}{2D}\left(\frac{Q_G+2Q_{LS}}{A}\right)^2 + \frac{8\xi_I}{\pi D^4}[(\rho_{LS}+\rho_G)Q_{LS}Q_G+\rho_G Q_G^2] + \frac{\rho_{LS}gL_1}{[1+(1/K)(Q_G/Q_{LS})]} \tag{3-30}$$

结合式（3－18）和式（3－26），并设$\rho_{G}/\rho_{LS}\to 0$，又因 $Q_{LS} = AJ_{LS}$ 和 $Q_G = AJ_G$，可获得如下无量纲模型：

$$\frac{J_{LS}}{\sqrt{2g(L_1+L_2)}} = \sqrt{\frac{\left[\frac{\rho_L}{\rho_L-\rho_l\beta_{S,LS}+\rho_S\beta_{S,LS}}(L_2+L_3)-L_2-L_1/\left(1+\frac{1}{K}\frac{J_G}{J_{LS}}\right)\right]}{\frac{\rho_L(L_1+L_2)}{\rho_L-\rho_l\beta_{S,LS}+\rho_S\beta_{S,LS}}(1-\beta_{S,LS})^2+\frac{2\lambda L_1(L_1+L_2)}{D}\left(\frac{1}{1+J_G/J_{LS}}\right)+(L_1+L_2)\left(\xi_I\pi+2+\frac{L_1\lambda}{D}\right)\left(\frac{J_G}{J_{LS}}\right)+\frac{L_1(L_1+L_2)}{D}}} \tag{3-31}$$

结合第2章体积分数的计算结果可知，三相流中固相体积分数极小，与液、固相比较基本可忽略不计，由此可认为$\beta_{S,LS}\approx 0$，则式（3－31）修改为：

$$\frac{J_{LS}}{\sqrt{2g(L_1+L_2)}} = \sqrt{\frac{\left[L_3-L_1/\left(1+\frac{1}{K}\frac{J_G}{J_{LS}}\right)\right]}{\frac{2\lambda L_1(L_1+L_2)}{D}\left(\frac{1}{1+J_G/J_{LS}}\right)+(L_1+L_2)\left(\xi_I\pi+2+\frac{L_1\lambda}{D}\right)\left(\frac{J_G}{J_{LS}}\right)+(L_1+L_2)\left(1+\frac{L_1}{D}\right)}} \tag{3-32}$$

针对以上无量纲方程式（3－32），并结合后续实验条件，模型中主要参数的赋值如表3－3所示。

为验证理论模型的可靠性，将固体颗粒与液体比拟为浆体相，再以实验测得的 $J_{LS}/\sqrt{2g(L_1+L_2)}$ 为纵轴，J_G/J_{LS}为横轴，即可获得气力提升系统的浆体表观流速无量纲实验结果分布图，再将其与理论值进行比较，结果如图 3－27 所示。

表 3－3　气力提升无量纲理论模型的参量

符号	参数值	符号	参数值
L_1	2.91	ρ_L	1000
L_2	0.09	ρ_S	1967
D	0.04	ξ_1	1
λ	0.036	K	3.0

注：以上均为标准国际制单位。

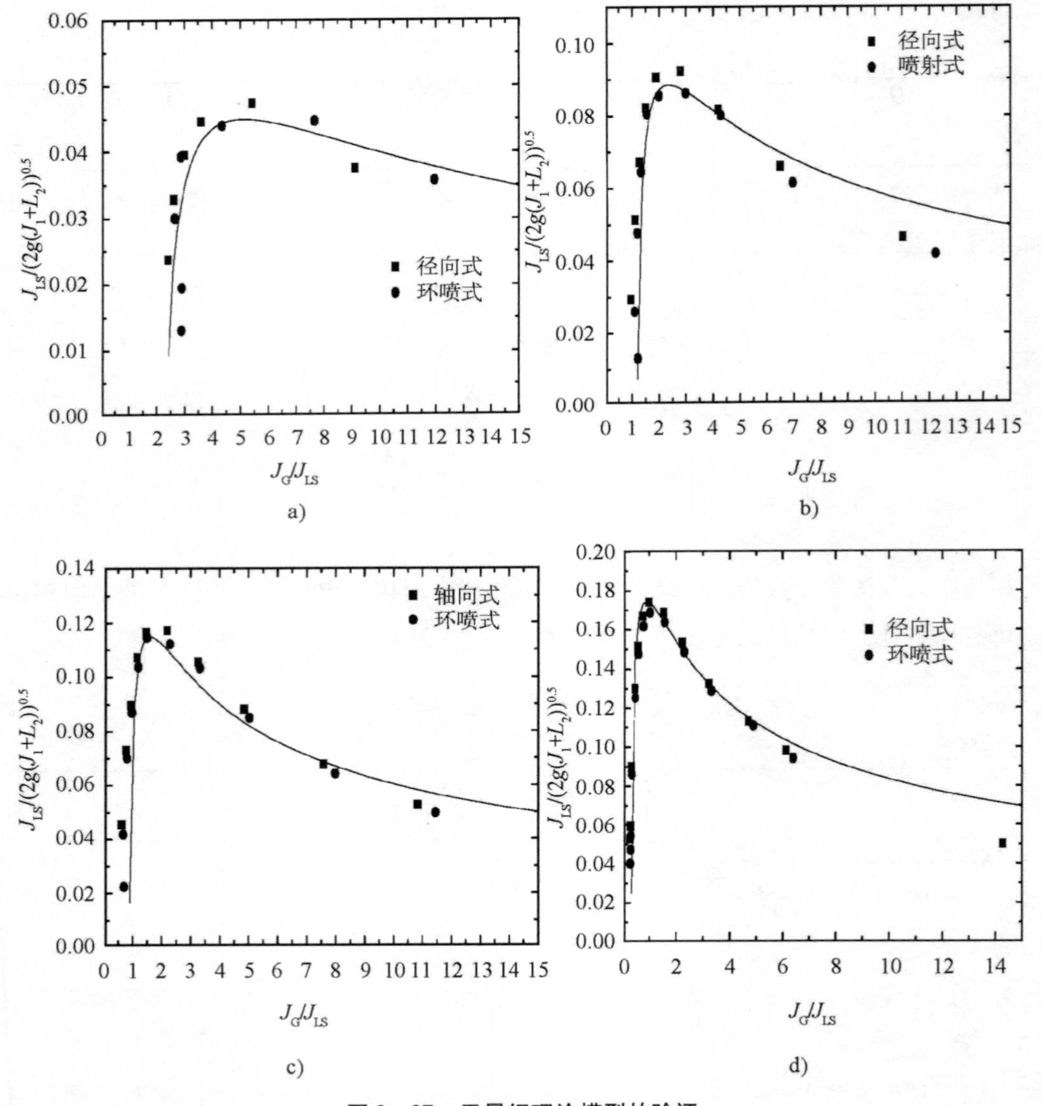

图 3－27　无量纲理论模型的验证

a）$\gamma=0.3$；b）$\gamma=0.5$；c）$\gamma=0.6$；d）$\gamma=0.8$

由图3－27可知，任一浸入率下环喷式与径向式进气方式所对应的无量纲实验散点数据均大致服从于同一分布函数，这表明进气方式的变化虽对固体排量及效率的影响较为显著，但基本未改变无量纲实验散点的分布特征。显然，该结论对解读和深化进气方式在气力提升系统中的作用尤为重要，如可在既定排液（或浆体）量下利用此分布特征对系统所需气量值进行预估，以便在实际工程应用中因工况转变而适时调节气量值。同时结果也说明，无论采用何种进气方式，其最大浆体表观流速均一致，且对应的最佳气体表观流速也相同。

比较理论模型与实测结果可知，计算值与实验值整体吻合较好，仅在气量值极低与极高时偏差较大。当气量值很小时，特别是若气量值降至临界点（提升液体对应的临界工况）以下，此时 $u_G \neq 0$，而与之对应浆体速度 u_{LS} 趋于0，则 $K = u_G/u_{LS}$ 趋于∞，显然本模型不适合预测临界点及以下工况。即便气量值稍高于临界值，所对应的滑移比也较高，模型精度仍不理想。待气量值增加至一定程度，气相与浆体相的滑移比基本恒定，此时理论模型计算结果与实验结论差异较小，这与图示结果相吻合。当 $\gamma = 0.8$，对应 $J_G/J_{LS} \in (0.25, 6)$，理论值与实测值相比较其相对误差基本位于7.2%以内。因实际作业中面临的工况远比室内模拟复杂，进而会导致理论模型的可靠性减弱。笔者及其研究团队在湖南省道县后江桥贴锰矿区所进行的孔水力开采试验结果表明试验值与上述模型计算结果吻合程度降低，两者相对误差约为15.6%，但仍在许可范围内。而当气量值过高后，管内流型发生显著变化，基本呈环状流状态，气芯占据大范围管内截面，浆体被压迫至管壁附近，这使得气相与浆体相滑移比增加，因而导致实验值偏离理论值。研究还表明，与环喷式进气方式相比较，采用径向式的实测结果更接近其理论值，这是由于在模型计算中两种进气方式选择同一滑移比所致。实际工况下，环喷式气力泵所对应的气相初始速度较高，导致管内平均滑移比上升，促使实验结果进一步偏离理论值。因此，有必要在后续研究中进一步探讨管内气、液、固之间的滑移特征，进而获得较为精确的滑移模型。另外，其他如气相非线性特征，颗粒浓度加大以及阻力损失系数改变均会导致模型精确性降低。

3.6　水射流喷嘴强化水下浆料高效气力提升

水射流喷嘴作为一种有效的搅拌、破碎、清洗及切割工具，已被证实在化工、石油喷射钻井、井巷掘进、矿山开采、机械加工以及材料成型等领域发挥越来越重要的作用，然而其与气力提升技术的结合却鲜有文献报道。鉴于此，采用如图3－6和3－7所示的实验方案，研究水射流喷嘴数量及其分布方式对气力提升性能的影响规律。

图3－28和图3－29给出了喷嘴数量对气力提升性能的作用规律。对比 $N=0$，3，4

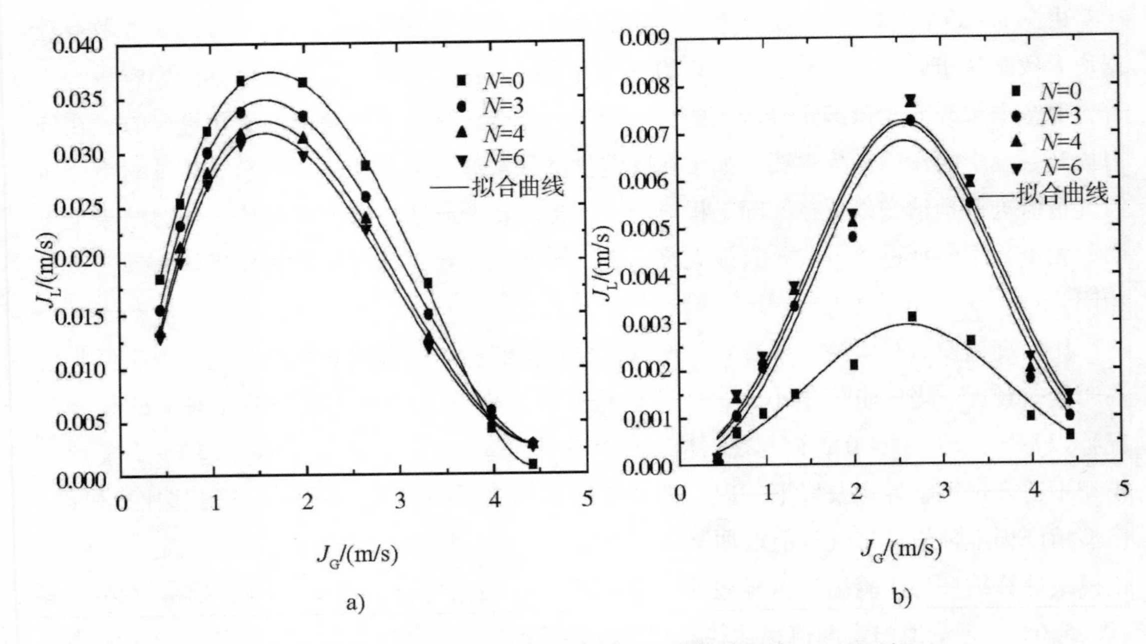

图 3-28　水射流喷嘴数量对气力提升性能的影响（$\gamma=0.3$）

a）扬水量；b）扬固量

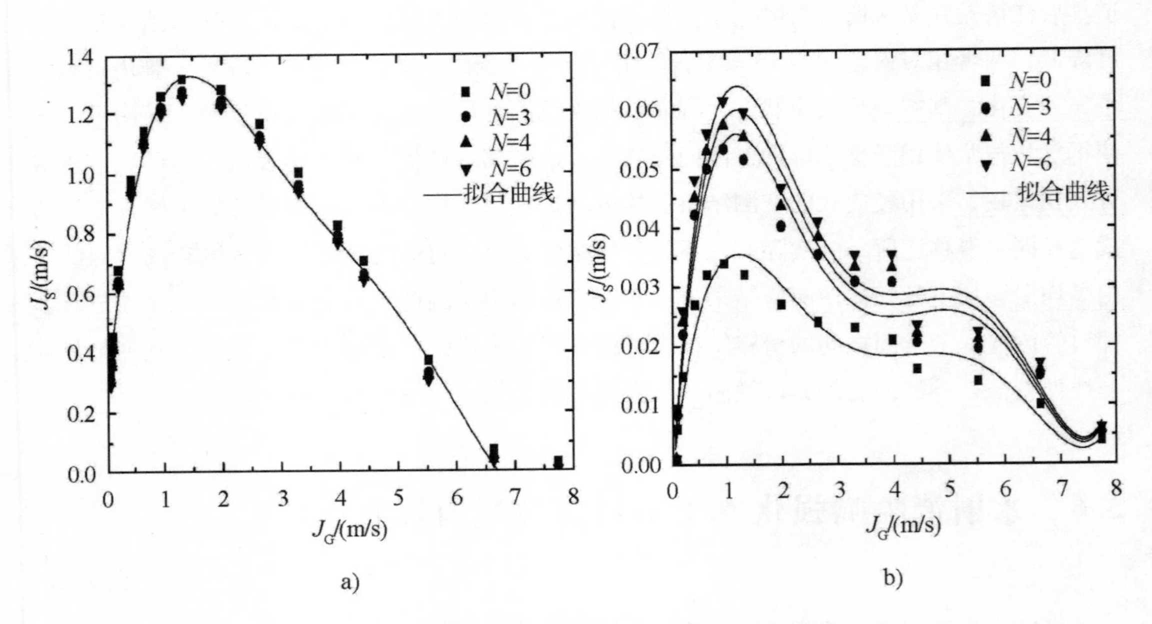

图 3-29　水射流喷嘴数量对气力提升性能的影响（$\gamma=0.8$）

a）扬水量；b）扬固量

和 6 可发现，水射流喷嘴的引入会导致系统排液能力小幅减弱，但却引起扬固量大幅上升，特别是对应峰值位置，引入水射流喷嘴后系统的扬固量增强尤为突出。与 $N=0$ 比较，$N=3$ 时系统最大扬固量增加了 2.58 倍。但之后继续增加喷嘴数量（$N>3$）则仅导致扬固

量小幅上升，与之对应的水量值变化也极其微小。对其原因可作如下解释：由于水射流一方面扩大了气力泵底部附近径向流场范围，使得大量颗粒运移至底部管口，同时也增强了流体对固体颗粒的拖曳力使其易于跃过进气口以避免在液—固段出现拥塞，即可认为喷嘴有助于颗粒快速进入气—液—固三相段。另一方面因其搅拌、疏松作用可消除静水压力对水底固体颗粒的压持作用。结合喷嘴数量（$N>0$）变化对气力提升性能影响甚微的结论可判定其主要功效为消除槽底静压持效应，而对流场改善不明显。一旦此效应被解除，固体颗粒便易于滚动、上升，之后再增加喷嘴数量则并无太大益处。实验中还发现，即使水泵流量很小，喷嘴射出的流体就能很好消除压持效应，之后流量增大则对系统提升性能无显著影响。

图 3－30 体现了水射流喷嘴分布方式影响气力提升性能的规律。从图中可知，四种分布方式对水流量也几乎无影响，而对排固量及提升效率的作用较为明显。就整体而言，气力提升性能按照方案 2、3、4 和 1 依次减弱，其中方案 2 与方案 3 差异不大，但较余下方案（3 和 4）明显增强，且这种差异在峰值附近趋于最大，而在气量较小与较高时则不明显。对此规律可作如下解释，水射流喷嘴的非均匀分布特性可促使水箱底部靠近气力泵底部吸口附近流体紊动加剧，形成不稳定流场，导致大量固体颗粒上表面拖曳力波动而使其因压持效应瞬间消失从而易于脱离砂床，因而方案 2 所对应的提升性能高于方案 3。但若水射流喷嘴分布过于非均匀化，如方案 1，此时槽底压持效应虽也得以解除，但由于喷嘴间距过短仅作用于一侧而使其有效作用范围偏低，导致系统提升能力减弱。此外，固体颗

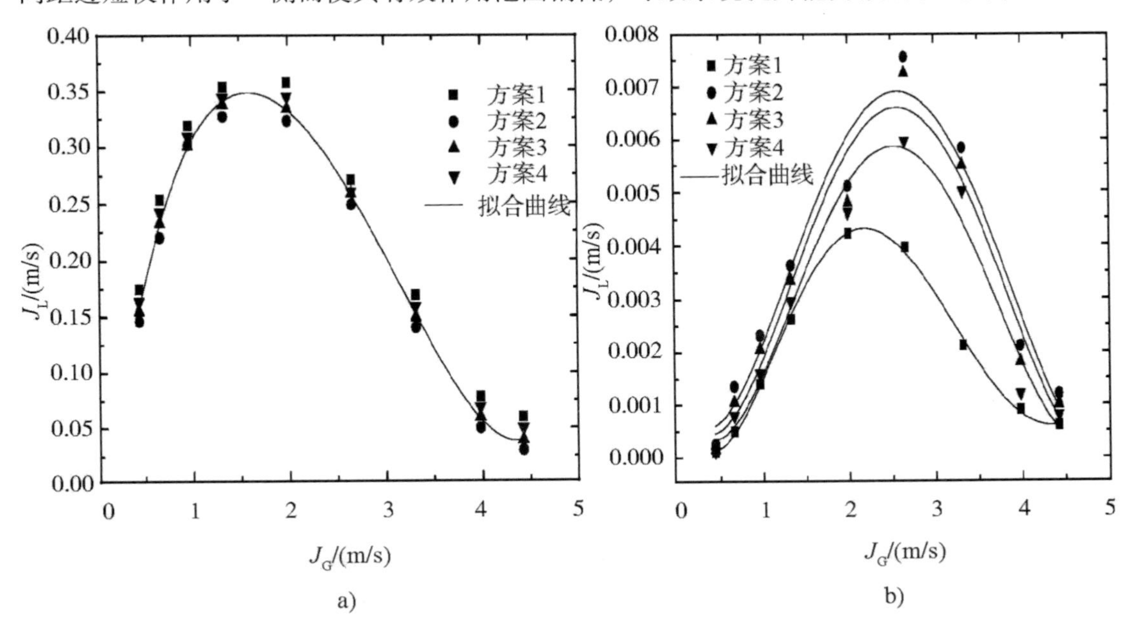

图 3－30　水射流喷嘴分布方式对气力提升性能的影响（$\gamma=0.3$）

a）扬水量；b）扬固量

粒还会因喷嘴的“偏心”所形成的动压持效应而偏离吸口，甚至进入死角区域，导致颗粒重复输送。综上所述，可认为水射流喷嘴的非均匀分布确能起到改善气力提升性能的作用，但不能过分“偏心”。

由图3－30还可得，除 J_L-J_G 性能曲线外，水射流喷嘴的非均匀性布置可引起 J_S-J_G 所对应的峰值位置发生偏移。这暗示合理的喷嘴布置方案主要是通过改善液—固或气－固相传质来强化系统提升性能，而并非增强气—液相传质。另外，喷嘴非均匀化程度越高，对应的峰值位置气量值则越小，这应也是由于其引起的非均匀流场特性所致。

之前研究已表明，一旦水底存在压持效应，气力提升性能将受到极大削弱，且和3－30也已证实水射流喷嘴在增强气力提升性能方面优势显著。为此，在前述临界实验基础上引入水射流喷嘴分析其对压持效应的改善情况，结果如表3－4所示。

由表3－4可知，引入水射流喷嘴与否对气力提升液体的临界情况几乎无影响，四种情况下对应的 $J_{G,L,LS,Cri}$ 均靠近0.015m/s。该结论也证实了 Hanafizadeh 和 Saidi 等学者认为气量值、气力泵结构、浸入率和管道尺寸为影响排液量之关键诱因，而其他参数对此影响极其微小的结论。而对应气力提升固体颗粒的临界工况点，水射流喷嘴的使用极大增强了气力提升性能。未考虑喷嘴时，$J_{L,LS,Cri}$ 为2.631m/s，而此时实验段所有气量值均无法满足要求，即现有气量范围形成的液体表观流速均低于2.631m/s，从而导致气力提升固体颗粒失效。当引入水射流喷嘴后（$N=3$），$J_{L,LS,Cri}$ 迅速降低至0.212m/s，而 $J_{G,S,LS,Cri}$ 也急速降至0.218m/s。之后继续增加喷嘴数量并未有显著影响。由此可见，水射流喷嘴的作用实质是解除水底压持效应，从而有效保证颗粒的顺利输送，一旦压持效应得以去除，无需额外增加喷嘴数量。比较表3－4和表3－1还可发现，水射流喷嘴作用下气力提升固体颗粒对应的 $J_{L,LS,Cri}$ 出现大幅下降，这表明合理布置水射流喷嘴不仅具有解除水底压持效应的功效，还使得气力泵底部液体流速增高，致使颗粒启动提前。

表3－4　水射流喷嘴对临界情况的影响

序号	工作情况	d	γ	$J_{G,L,LS,Cri}$ 实验值	$J_{G,S,LS,Cri}$ 实验值	$J_{L,LS,Cri}$ 实验值
1	$N=0$	2×10^{-3}	0.3	0.014	无	2.631
2	$N=3$	2×10^{-3}	0.3	0.015	0.218	0.126
3	$N=4$	2×10^{-3}	0.3	0.015	0.214	0.123
4	$N=6$	2×10^{-3}	0.3	0.016	0.211	0.122

注：以上均为标准国际制单位

3.7　管道局部弯曲对气力提升性能的影响

为了揭示管道结构对气力提升的作用机理及过程，以气力提升装置为研究对象，研究了提升管道中局部弯曲，即 S 型管部分对于气力提升性能的影响程度，同时探究了 S 型管位置对气力提升性能的影响机理。实验中所涉三种提升管如图 3－31 所示，其中前两种含有 S 型管道，且 S 型管分别位于气举头上端和下端，另一种为等直径直管，为方便起见，书中分别称其为 A、B、C 管。

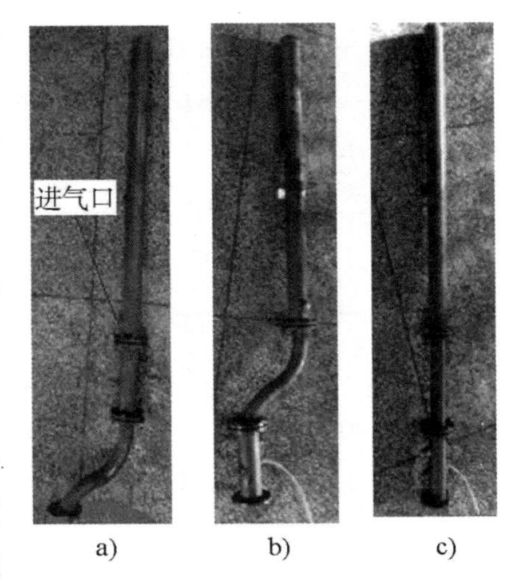

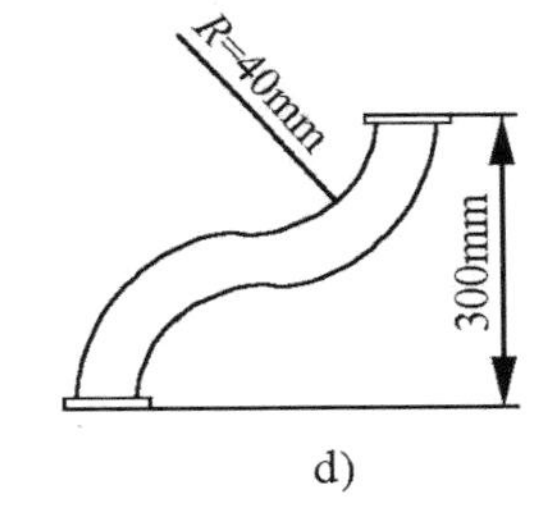

图 3－31　提升管结构示意图

实验主要分析不同管道结构和气体体积流量 Q_G 对扬水量 Q_L 和提升效率 η 的影响规律。气力提升效率 η 可以解读为系统提升液体的能力，基于提升液体所具有的能量与输入气体能量之间的比值，便可得到气力提升效率：

$$\eta = \frac{P_L}{P_g} \tag{3-33}$$

式中　P_L ——提升管出口端液体所具有的能量；

P_g ——输入气体的能量。

P_L 由两部分组成，$P_L = E_{LV} + E_L$，E_{LV} 为提升管出口端液体的动能，E_L 为液体从液面被提升到提升管出口端克服重力所做的功，则：

$$P_L = E_{LV} + E_L = \frac{\rho_L Q_L^3}{2A^2} + \rho_L Q_L g(L_1 - L_3) \tag{3-34}$$

$$P_g = \int_{P_O}^{P_E} Q_g \mathrm{d}p = P_o Q_g \ln\left(\frac{P_E}{P_o}\right) \tag{3-35}$$

式中：

$$P_E = \rho_L g(L_2 + L_3) + P_O - \frac{1}{2}\rho_L \frac{Q_L^2}{A^2} \tag{3-36}$$

则可得扬水效率为：

$$\eta = \frac{P_L}{P_g} = \frac{\frac{\rho_L Q_L^3}{2A^2} + \rho_L Q_L g(L_1 - L_3)}{P_o Q_g \ln\left(\frac{P_E}{P_o}\right)} \tag{3-37}$$

式中 ρ_L ——液体密度，kg/m³；

A ——提升管横截面积，m²；

Q_L ——提升管出口端液体体积流量，m³/s；

P_o ——大气压强，Pa；

Q_g ——气体体积流量，m³/s；

P_E ——进气口处气体压力，Pa；

L_1 ——提升管的总长度，m；

L_3 ——提升管吸口端到液面的距离，m。

利用气力提升装置，对15℃ ±0.3℃的水进行了提升实验，通过改变气量值，来比较不同结构管道的工作特性。为使测量更加精确，采样时间应加以控制，因此取采样时间为10s，得到相应的扬水量。

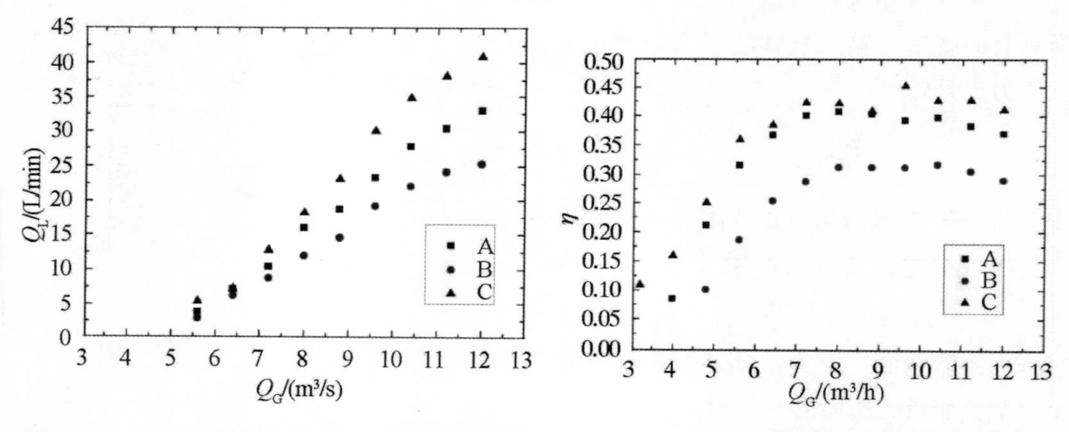

图3-32 γ=0.4时扬水量随气量值的变化关系 图3-33 γ=0.4时提升效率随气量值的变化关系

图3-32、3-34所示为提升管出口端扬水量随气量值的变化规律。由图可知，当水中气泡足以提升液体时，气力提升性能随着气量值的变化而发生改变。在任一管道结构下，各管扬水量曲线具有相同的发展趋势。说明在任一管型下，管内流型的发展过程基本一致，随着进气量的增大，管内流型依次呈现为泡状流、弹状流、搅混流和环状流。由于输送液体的最佳流型仅限于弹状流和搅混流，因此扬水量随着气量值的增加先增大，然后达到峰值，而后稍稍下降。气量值较小时会导致适合于液体输送的弹状流流型延迟出现，因而扬水量较低；而进气量太大则会使初始气泡数量显著增加，在上升过程中形成的大气泡而占据管内部分空间，使得空隙率增大，扬水量减小。

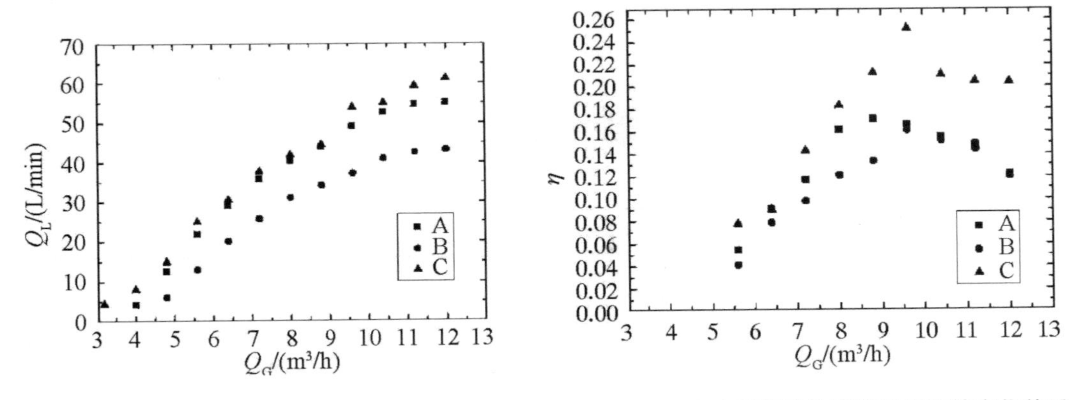

图 3－34　$\gamma=0.6$ 时扬水量随气量值的变化关系　**图 3－35　$\gamma=0.6$ 时提升效率随气量值的变化关系**

峰值的出现与管中流型的改变以及气液混合物的动量损失有必然的联系。由于 C 管的总长要小于其余两管，因此 C 管中的能量损失最小，扬水量必然大于 A 管和 B 管，提升效果也就最佳。而其余两管所对应扬水量随气量变化并无显著差异，说明由 S 型管部分所带来的局部损失和由摩擦造成的能量耗散并不是影响提升效果的决定性因素。另外，在相同气量值下，B 管的提升效果明显差于其余两者，因为在 B 管中，气体和液体在 S 型管部分混合，并在弯管内上下分层流动，导致适合于液体输送的弹状流流型发生改变，因而扬水量较低，提升性能大大下降，可知将 S 型管放置在气举头上端并不合适。

由图 3－32、图 3－34 可知，在气量值相同的情况下，浸入率的增大使得提升管出口端水流量相比之下有提高的趋势。基于能量守恒原理，在进气功率保持不变的情况下，浸入率的增加会导致提升管终端到液面的距离变短，因此实验中水提升至出口端克服重力所消耗的能量会有所降低，于是出口处水流量必然增加。由图 3－32、图 3－34 可以看出，当气量值较小时，扬水量增幅随浸入率的增加上升明显，而在气量值较大时增幅则较小。由于浸入率的增大会伴随着空压机额外能耗的增加，因此使得图 3－33、图 3－35 与图 3－32、图 3－34 变化趋势相近。

图 3－33、图 3－35 所示为不同管道所对应的提升效率随气量值的变化规律，由图 3－33、图 3－35 可知，提升效率随气量值的增加先急剧增加，达到峰值后开始下降。这说明刚开始时，低气量还未能提升液体，随着气量的增加，扬水量开始增大，效率出现最大值，而在高气量段，虽然排水效果较好，管内阻力损失严重导致提升效率低下。还可得知，效率峰值所处位置与扬水量峰值对应并不吻合，这是因为经过效率峰值点后，管内流型发生了改变，适合提升的弹状流消失，导致流体能量损失严重，效率不再随着气量值的增加而提高。这与 Khalil 对气—液两相流输送研究所得出的提升效率峰值与最大扬水量对应位置不重合的结论是一致的。比较不同管道的效率值可知，B 管效率明显低于 A 管和 C 管，且 A、C 两管差异不大，C 管内阻力损失最小，适合液体输送。这说明气液的混合段位置对管内流动情况影响很大，S 型管合理的布置位置有助于系统获得最佳提升效果。

第 4 章

气力泵内部流场特征

气力提升系统内部涉及复杂的气—液—固三相流运动，各相间作用也极为强烈，前述研究（第 2、第 3 章）仅从宏观上对气力提升性能的变化特征进行了阐述，即获得了系统的外特性，因此无法从中察明系统内部混合流体结构及其分布、运动特性。值得指出的是，目前国内外针对多相流微观运动的数值模拟研究暂未取得实质性突破。鉴于此，以高速摄像及其相关图像处理技术为主要手段，探讨管内流型演变特征，分析气、液、固各相结构变化及其运动规律，旨在阐明混合流体的动态特性，揭示出水下浆料气力提升的机理，为最大限度发挥气力提升固体颗粒的能力提供指导。

4.1 内部流场测试方法

4.1.1 高速摄像法

实验系统如图 4－1 所示，其主体结构与之前性能测试（见图 3－1）大致相同，主要区别是由高速摄像仪取代原来的压力测试系统。为拍摄到管内混合流体稳定的流型状态及流场结构，高速摄像仪位置以靠近提升管出口端为宜，但由于在本实验中考虑到分离器微量喷水以及操作便捷性，将高速摄像仪放置于实验台架顶部为佳既有效避免了上述弊端，又基本满足测点要求。此外，在整个实验段，提升总高度（L_1+L_2）为 3000mm，其管内径 D 恒为 40mm，进气口位置至气力泵底部距离 L_2 设定为 90mm，气力泵采用径向式进气方式。

实验选用美国 York 公司生产的 PhantomM110－3G 高速动态摄像仪（12 位 SR－CMOS 传感器），其拍摄最大帧率为 400000fps，影像全幅最大分辨率为 1280×1024，单位像素面积大小为 20μm^2。从获得清晰的混合流体流场结构出发，应采用较高的图像分辨率，而过高的分辨率会导致拍摄帧率下降，极可能造成流体部分瞬态运动段的丢失。但若拍摄帧率

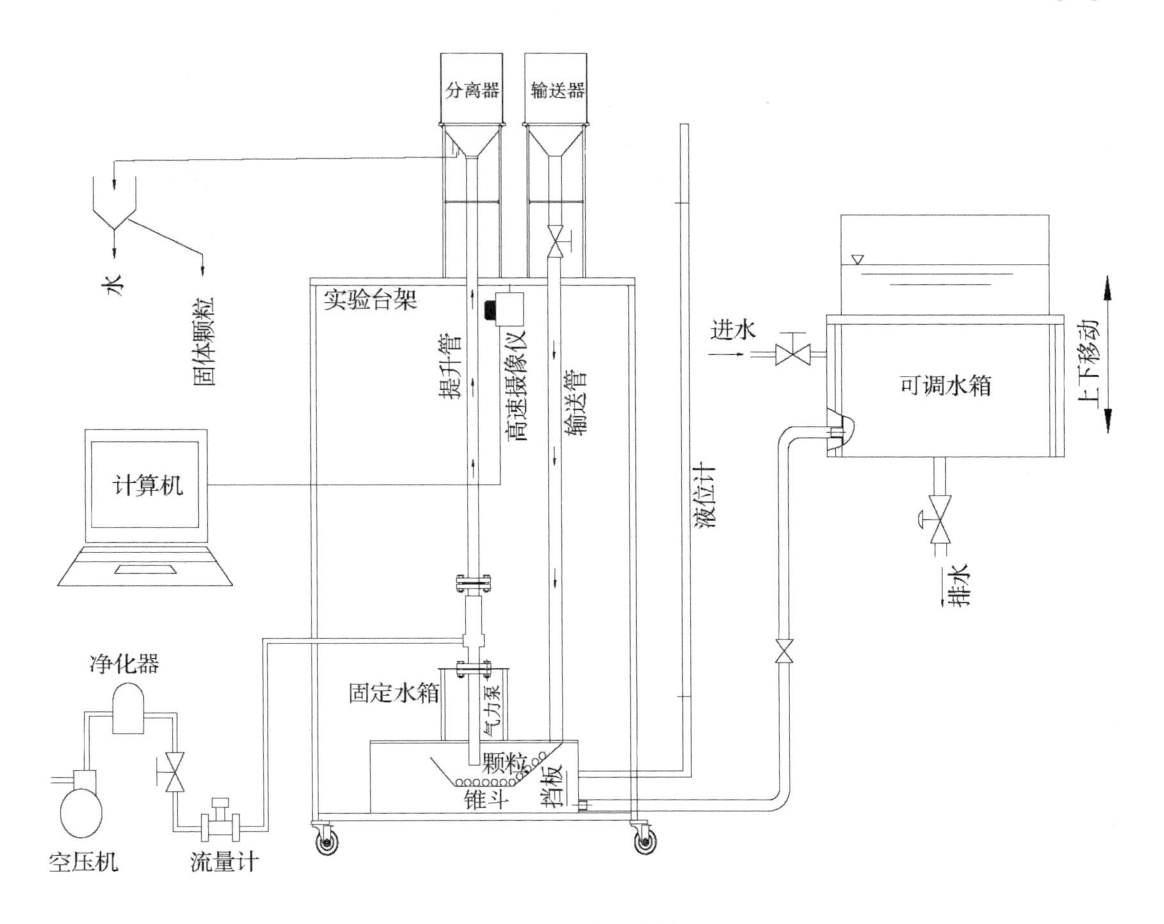

图 4－1　实验系统

过高，则又将导致分辨率较低从而造成拍摄图像模糊不清。经反复验证，选取拍摄帧率及分辨率分别为 5000fps 和 320×800，这既保证了图像拍摄过程的连续性，又不会导致图像拖尾问题。实验选用镜头型号为：佳能（Canon）EF－S 15－85mm f/3.5－5.6 IS USM 镜头，其焦距范围在 15～85mm 之间可调，为减小图像变形，实验时焦距以 50mm 为宜。为增强高速摄像仪拍摄效果，选择 LED－1500 数码灯，该灯输出功率及色温分别为 100W 和 5600K，显色性强，曝光准确，属连续冷光源，不会出现拍摄触发失控。同时也避免了其他光源如白炽灯、激光器对人、提升管和镜头等的灼伤现象。拍摄现场如图 4－2 所示。

实验时，将高速摄像仪放置于提升管正前方（见图 4－3b）500mm 处，且镜头中心至气力泵底部距离为 2000mm。之前研究表明，采用逆光照射可使单相液体流场结构更为清晰，但当管中含有大量颗粒或气泡时，光要么被遮挡要么形成强烈的光晕，导致拍摄图像质量较差。而当采用顺光照射时，虽提升管前段混合流体较为清楚，但会在提升管两侧出现光斑，且其后端流体结构也会因前端颗粒聚集、遮挡而难以识别，同样导致拍摄质量不

图 4－2　高速摄像仪拍摄现场

佳。因此，实验中将灯布置于提升管左右两侧，且沿管轴向有一定错位，这不仅能有效增大拍摄区域，还可避免两强光对射引发干扰，具体方案如图 4－3 所示。

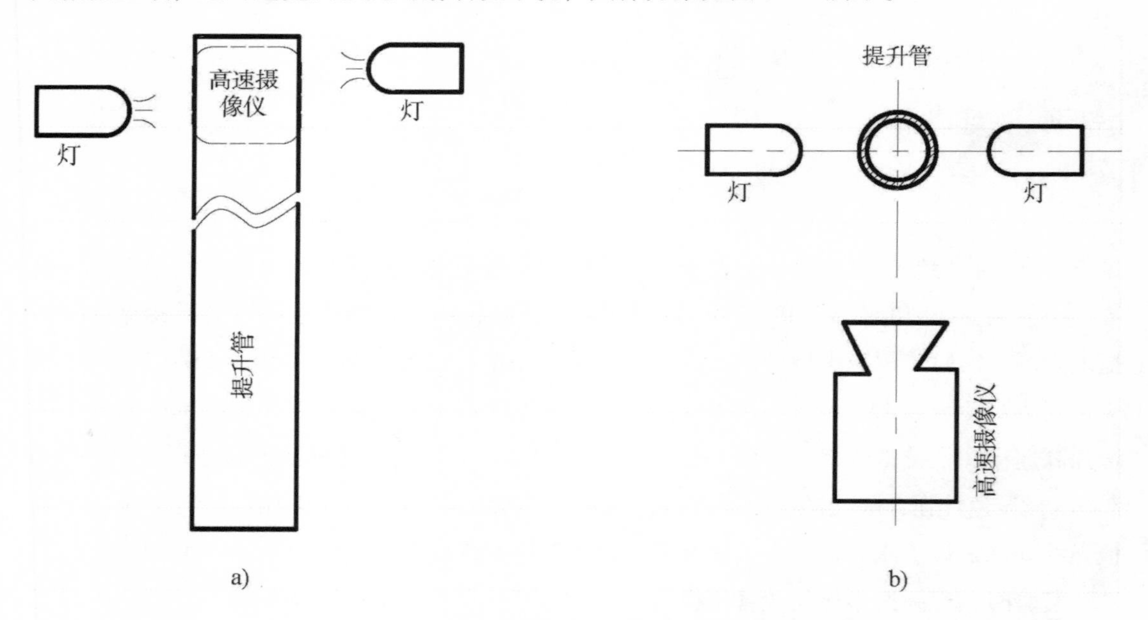

图 4－3　高速摄像仪及灯光布置示意

a）主视；b）俯视

由于高速摄像仪在拍摄过程中其拍摄视角（θ）会导致图像出现误差，因此必须对此加以校核，且 θ 及其引起的误差 e_θ 分别通过对图 4－4 进行分析从而可由下式确定：

$$e = 1 - \cos^4\theta \tag{4-1}$$

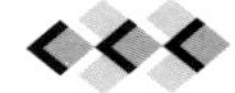

$$\theta = \arctan\left(\frac{W}{2H}\right) \tag{4-2}$$

式中　W——视宽，mm；

H——拍摄距离，mm。

实际拍摄时，H 固定 750mm 不变，对应 W 则为 130mm。由此可计算得出拍摄视角及其引起的误差分别为 4.95°和 1.48%。显然，误差没有超过 2%，精度满足要求。此外，由于实验中采用圆形界面提升管易导致图像出现一定程度的失真，因此需对此校核，判断其是否满足直接测距要求。首先选取一矩形薄壁钢板，对其精加工，以满足钢板对边平行度及临边垂直度要求，且要求其长度略小于 130mm，宽度略低于 40mm。再将其插入提升管内，并保持钢板长度方向与管轴向平行，且在视宽范围内。之后控制可调水箱使提升管内液面超过钢板顶端，继而可通过高速摄像仪对其拍摄。为保证其校准精度，利用高精度游标卡尺测量钢板的长、宽各 10 次，并取其平均值。同时利用课题组自行设计的介质轨迹追踪软件（见图 4-4）对所获钢板图像的长、宽进行分析，并获取相应计算值，最后将其与之前的实验值进行比较。结果表明，两种方法所获钢板长与宽的误差分别为 1.89%和 1.73%。显然，误差仍未超过 2%，可以对拍摄后的图像测距。

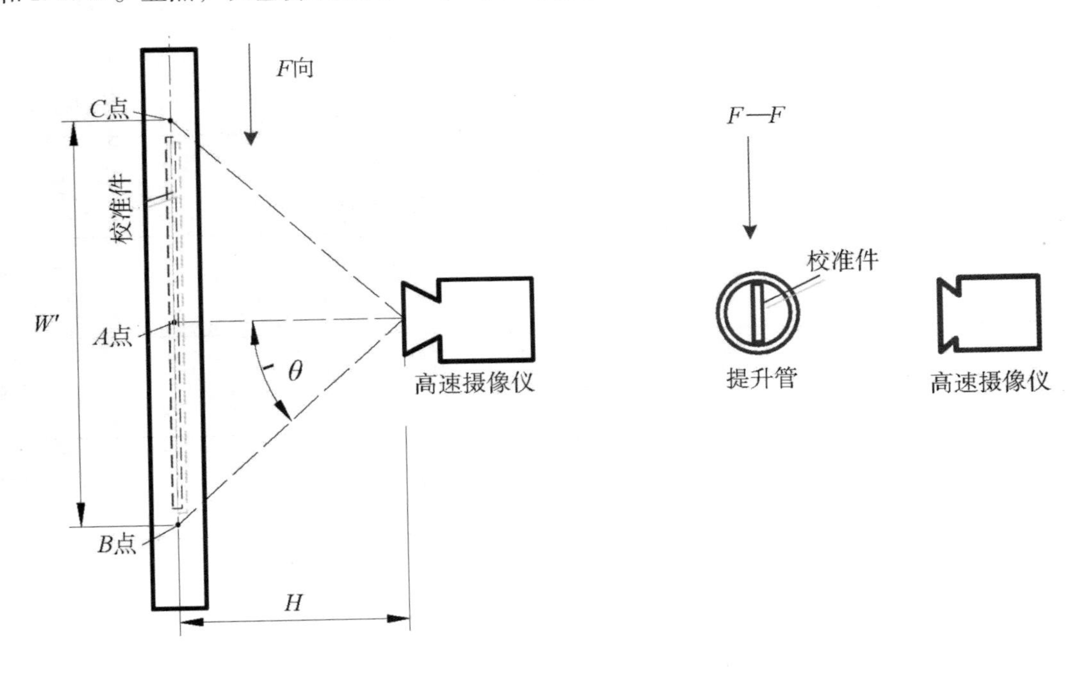

图 4-4　拍摄视角

4.2 混合流体流场结构特征

4.2.1 气—液—固三相流型结构特征

在气力提升过程中，混合流体流动中各相介质的几何分布状况简称为流型。流型不同，混合流体的力学特性、传热特征及介质分布也大不相同，所以流型的研究对深入认识流体结构极为重要，一直以来始终为国内外学者高度重视的研究课题。目前，针对于此的研究基本集中在气—液两相流，而气—液—固三相流型的分析极为少见，且对于其中流型的划分更是鲜有报道。为此，基于高速摄像技术，全面分析管内流场结构特征，实现气—液—固三相流型的划分，并追踪其时空演变规律，深入揭示气力提升机理。

（1）流型划分

利用高速摄像仪对不同浸入率及气量值下的混合流体结构及运动状态进行捕捉，并结合已有的气—液两相流型图可将气—液—固三相流大致划分为如图 4－5 所示的几种流型。

图 4－5　流型划分

泡状流：当气体表观流速较低时，气体以离散的气泡形式分布在连续的液相中。由于此时气量值较低，液体表观流速同样较小，其紊流强度不足以离散气相，因而导致进气口之上的微小气泡出现一定程度的聚合，直至运行到观测段已形成稳定的泡状流，而固体颗粒因气量值过低而未得以提升。值得指出的是，此处微小气泡因气量不足难以聚合成大气泡。

小弹状流：当气体表观流速持续上升，初始段微小气泡数量增加，从而导致其易于聚合成尺度较大的气泡，且因围压作用形成一定尺度的泰勒弹状泡，视为小弹状流型。应该指出的是，小弹状流一般在较低浸入率下形成，且其中仍未含固体颗粒。

不规则弹状流：继续增加气体表观流速，混合流体出现不稳定性特征，即小弹状流向大弹状流转化的过渡阶段，此时虽小弹状流发生小幅膨胀，但其受不稳定流场影响使得泰勒泡前段被挤压、扭曲，形成不规则弹状流。对应此阶段，近乎出现单一颗粒被提升的现象，由此可认为提升固体颗粒的临界情况出现在不规则弹状流型工况下。同样，该流型也易出现在较低浸入率工况。

大弹状流（弹状流）：当气体表观流速增加至一定值，混合流体不稳定现象急剧减弱，大块弹状气泡与含有弥散小气泡和颗粒的液块间隔出现，而在弹状气泡外围，含有颗粒的液相又常以陷落膜状态向下运动。但就整体而言，气—液—固三相流仍沿轴向上升。显然，含有颗粒的液塞和大块弹状气泡（泰勒气泡）交替出现为弹状流的典型特征。较之前流型，弹状流中的固体含量小幅增加。

搅拌流：弹状流动之后，若气体表观流速进一步增大，泰勒气泡因较高的流速被迫离散，发生破裂，混合流体出现不定型的向上或向下的振荡运动，呈搅拌状态，整个流场转入另一不稳定性阶段，因此可将其视为弹状流至细泡状流的过渡段。对应此段，固体含量有较大幅度上升。

细泡状流：随着气体表观流速的持续上升，气相因混合流体强烈的掺混在管内被最大限度离散，与液相及固相的接触面积大幅增加，固体颗粒似被气泡托举而随气—液相整体快速上移，未出现局部脱落或下沉运动。由于此时气泡尺寸最小，且充满整个流场，因此可将其视为细泡状流。由比较研究还可知，固体含量在此流型作用下达到最高，且渗入到管中心处。

环状流：气量值过高后，含有少量液体的气相在流道芯部流动，液体则被压缩至管壁呈膜状向上缓慢流动，且其中夹杂一定量的小气泡。显然，此时管内液体上下端压力差因气芯拓展至出口端而基本相近，其运动仅靠相间摩擦力驱使，从而导致气力提升性能急剧衰减。

众所周知，弹状流为气力提升液体对应的最佳流型已成为不争的事实，并且很多学者在研究气—液—固三相流时因测试手段的局限性也都沿袭了这一观点。而本疏的研究结论却认为介质为固体颗粒时气力提升性能仅在细泡状流型下最优，而在弹状流时却极其低下。显然，本书对于气—液—固三相流型的划分具有开创性，可为后续针对于此的研究提供重要参考。

（2）典型流型发展规律

由于之前针对气—液两相流的研究均视弹状流为最优流型，而本书的研究结论却又否决了这一学说在气—液—固三相流中的适用性。因此，有必要探讨三相流中弹状流型的发展规律，结果如图 4 –6 所示。

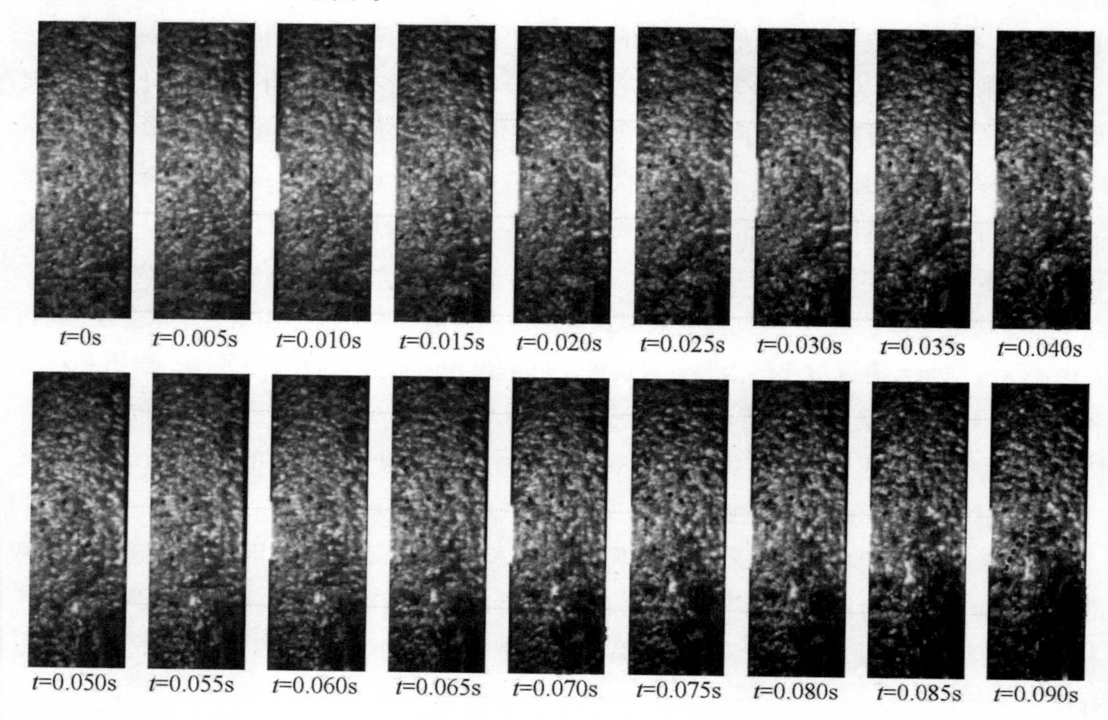

图 4 –6 弹状流发展规律（$J_G=0.21$m/s，$\gamma=0.8$）

由图 4 –6 可知，在起始段，气泡近乎为球形，在其前端，大部气—液—固三相流体整体下降，仅在靠近气泡尖端局部处的混合流体略显上升。随着时间的推移，气泡前部逐渐发展为弹头状，其前端上升混合流体的区域因气泡膨胀引起的推力加大而逐渐向上扩展，但仍有部分流体呈下降趋势。而当气泡横截面积膨胀至接近管径，弹状流型基本稳定，气泡前端混合流体均向上运动，仅管壁处液膜缓慢下沉。分析上述运动规律并结合气—液两相流动规律可知，弹状流型在气—液—固三相流与气—液两相流中的发展规律基本相同。由此可认为，因固相的引入导致气—液—固三相流体对应的最优流型发生延迟，并存在一种新的流型使得气力提升性能达到最佳。

与气—液两相流不同的是，气—液—固三相最佳流型为新提出的细泡状流，图 4 –7 体现了其发展规律。从图中可知，混合流体在发展之初整体在管内呈下降趋势，其中成分以液相为主，固体颗粒以离散群的形式悬浮于水流中并随之下移。而随时间发展，视口底部因气相与液相的强对流运动（两者运动方向相反）而使得气相受到强烈的扭曲、撕裂，表现出雾状特征。此外，视口上部混合流体的下降运动与其低部流体的上升运动还促使管内呈现内循环特征，导致阻力损失加剧。不过该过程极为短暂，约为 0.01s。之后，管内

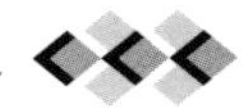

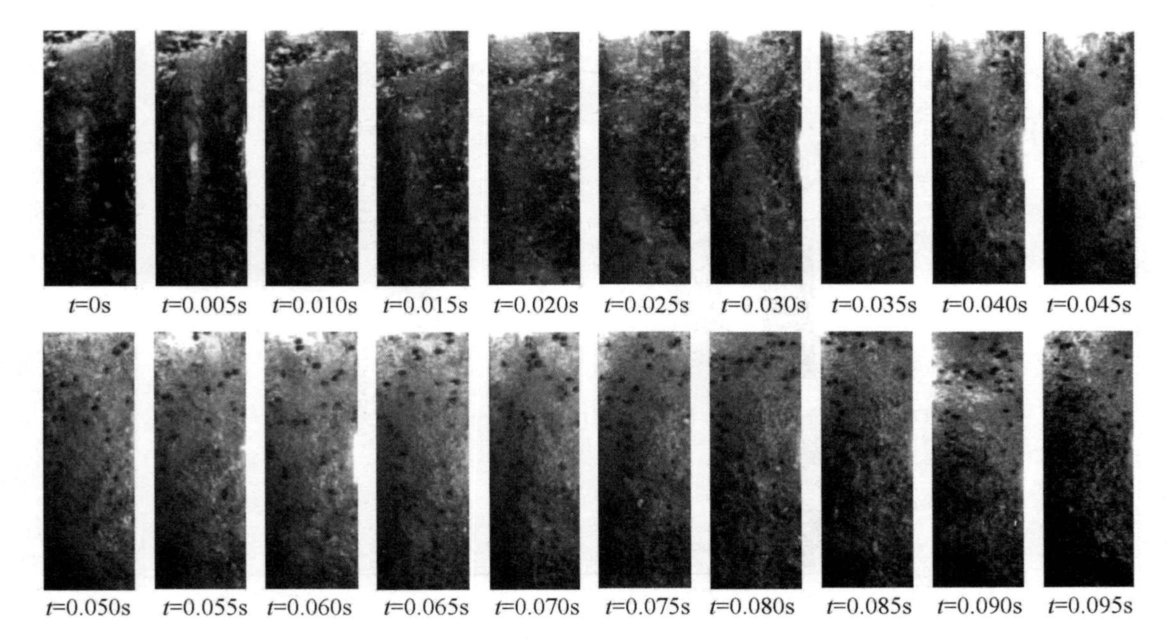

图 4－7　细泡状流发展规律（J_G =1.12m/s，γ =0.8）

雾状现象基本消失，快速过渡至细泡状流，至此混合流体均向上运动，未出现局部下降现象，且气泡与颗粒数量随时间上升而显著增加，在 $t\approx0.08$s 时达到极限值。此后，混合流体上移速度便逐渐减缓。由上述分析可知，细泡状流历经混合流体下降、对流及上升运动而形成，而其中前两种运动极大制约了气力提升性能的发挥。然而经后续实验证实，混合流体的这一往复运动特征为气力提升系统的固有特性，无法消除。但在之后的研究中可以考虑延长上升段，缩减下降及对流段时间，从而可优化气力提升系统。

在气—液两相流中，未见细泡状流型。对于这一新型流型在气—液—固三相流中的出现，可作如下解释：弹状流之后继续增加气体表观流速导致系统进入不稳定性流场阶段，此段内因固体颗粒的旋转、碰撞效应使得弹状泡分裂为大量的小气泡，气相与液相和固相的接触面积由此增加，颗粒含量也随之加大。增加的颗粒又因其浓度升高使其旋转、碰撞频率进一步提高，致使小气泡继续分裂为更细的气泡，最终在管内形成细泡状流。之所以在气—液两相流未形成该流型是由于液体对气泡的离散能力不足所致，即液体因自身的柔性无法将气泡进一步细化，而固体的强刚性则使其易于挤压、撕裂及刺穿小气泡。

分析图 4－8 可知，随气体表观流速上升，管内流型首先由泡状流（$J_S=0$）快速转变至弹状流，期间未出现小弹状流及不规则弹状流型，这是由于浸入率较高对流体非稳定性因素加以抑制，使得小气泡直接聚合、长大，并逐渐发展为弹状气泡所致。之后，当气量

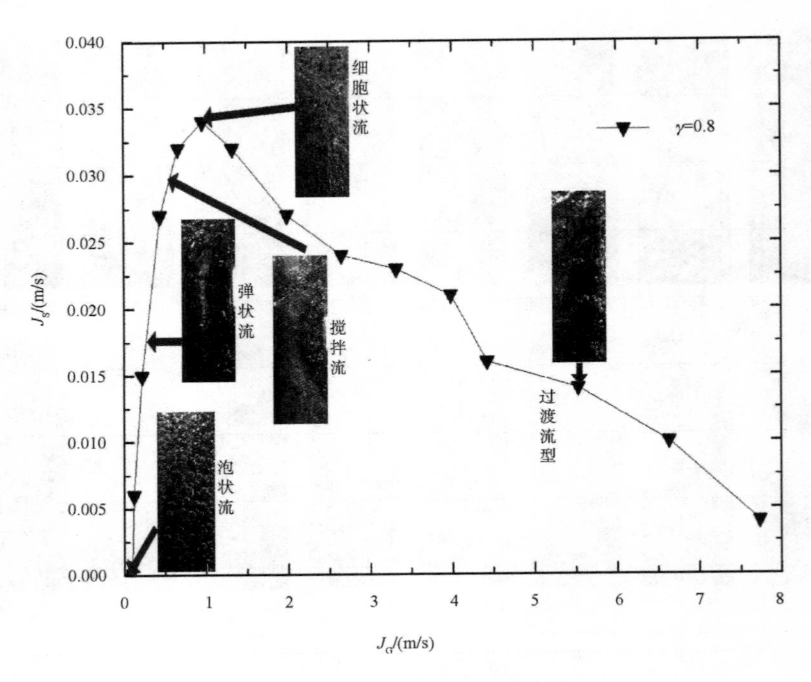

图 4－8　流型随气量值变化规律

值增加至一定值，管内为搅拌流型，其中固体含量已出现一定程度的增加。继续增加气量值，直至管内出现最佳的细泡状流型，此时 J_S 较之前流型大幅上升。若气量值进一步增加，细泡状流恶化至过渡流型（细泡状流与环状流之间的流型），但在实验段（$0 < J_G < 8$m/s）未出现环状流，结果说明该过渡流型对应的气量值范围极宽。而泡状流、弹状流、搅拌流与细泡状流之间的转化仅需少量气量值即可实现。由此可见，气力提升性能可以在较低的气量值下达最佳，而之后其衰减较为缓慢。这一特征有利于气力提升性能的增强。

图 4－9 给出了不同浸入率下最优气量值处对应的流型比较结果。从图中可发现，在高浸入率（$\gamma = 0.8$）下，峰值处对应的流型为细泡状流。随浸入率降低，管内流型虽仍为细泡状流，但气泡尺寸却加大，固体含量则随之减小，导致峰值降低。而当浸入率降至 $\gamma = 0.3$，峰值处流型已发生显著变化，近似为搅拌流。分析其原因可知，低浸入率下混合流体速度因其重力势能增加而减小，从而致使其离散气相的强度不足，管内仍为较大块的气泡与液团，使之接近于搅拌流工况，因而细泡状流无法形成。由此可认为，气力提升性能在低浸入率下所表现出来的性能恶化问题是因流型不佳所引起。显然，对管内流型的判定即可知晓气力提升性能的优劣。

图 4－10 展示了因气量值变化而出现的过渡流型。由此可知，在泡状流向弹状流转化中，气泡数量较泡状流明显增加，并伴随少量颗粒出现，且部分气泡已聚合为较大气泡，使得此过渡流型中气泡尺寸、形状存在较大差异。而当弹状流向搅拌流转化时，弹状气泡

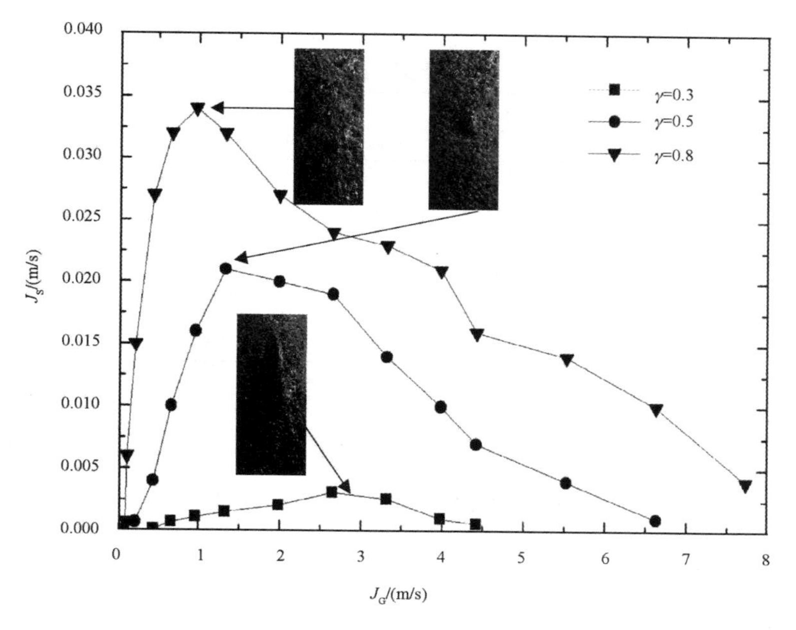

图 4-9　不同浸入率下最佳流型比较

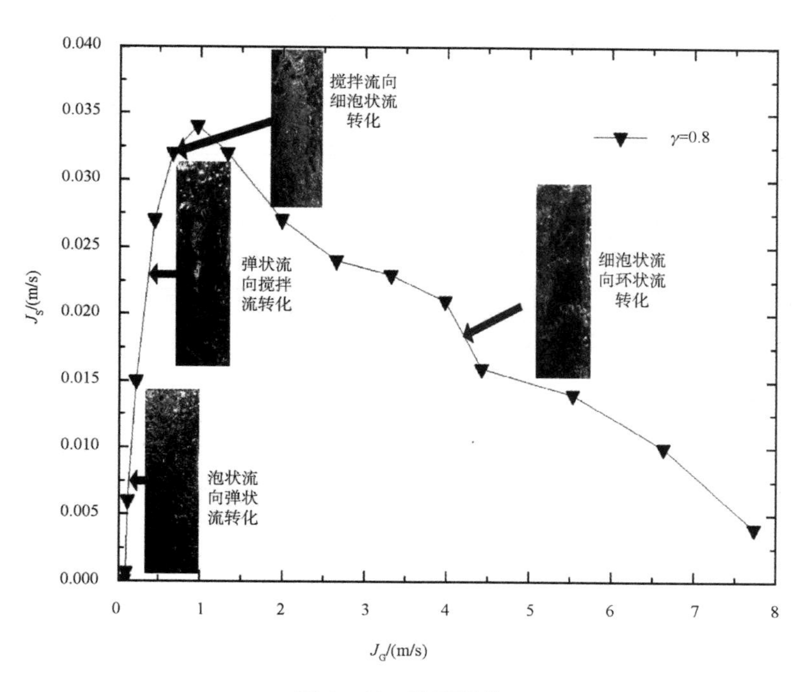

图 4-10　流型转化

前、中与后部均出现不同程度的变形，气泡前部弹头状结构被扭曲、破坏，中部出现缩颈，有分裂之趋势，而其后部因来流冲击导致气泡被撕裂发生雾状现象，形成拖尾。在搅拌流向细泡状流转化过程的中间段，大块团状的气泡与液团锐减，在流道芯部形成较为均匀的气—液—固三相混合流体，且其外围被液膜包裹。当流型介于细泡状流和环状流之间，此时气相占据流道芯部，液体与固体被迫在管壁附近上升，其中夹杂少量气泡，且颗粒与气泡以多个群落形式分布在管壁附近。

（3）基于图像处理技术的流型识别

已有研究表明，流型识别方法主要有如下两类：一类是依据混合流体的流动状况与结构特征来直接确定，如目测、射线衰减、过程层析成像、接触探头与高速相机拍摄等方法；另一类是针对混合流体的流动参数如速度、动压以及静压等波动信号进行分析处理，并提取其中的特征参数如时均值、频率等，进而可间接识别流型。

图像处理技术因其具有非接触、可视化的优点可应用于流型识别研究。为此，利用Matlab软件将图像转变为灰度图像，由此可获得其灰度直方图。由相关理论可知，灰度直方图表示图像中具有每种灰度级像素的个数，反映了每种灰度出现的概率。由于视觉系统中不同灰度图像对应的灰度直方图也存在差异，因此可以通过比较流场结构图像的灰度直方图来区分流型。图4－11中左侧为各种流型作用下的灰度直方图，若设每一灰度级数下图像像素的个数与总图像像素的个数之比为纵坐标（为概率p），则可得右侧所示的概率图。显然，利用概率图来分析流型更为方便。

由图4－11可知，每种流型对应的概率图均存在多个峰值，右侧主峰经分析实际上是由拍摄过程中管壁附近因灯光作用始终存在一小亮斑所致，可将其忽略，而左侧的峰值则反映了管中亮度范围及层次。结果表明，搅拌流与细泡状流对应的灰度级数较高，因而其亮度层次也较好。

值得指出的是，直接利用上述方法识别流型需全面判别图像灰度图的吻合度，虽然较为精确，但计算较难。因此，有必要提取其中统计特征，以简易手段实现流型的区分。下面以表4－1列出的统计特征量来度量灰度图的相似性，所获结果如表4－2所示。为提高流型识别精度，分别在三种工况下选择三幅图像，且这三幅图均代表同一流型。

分析表4－2可知，不同流型作用下其平滑度大致相同，均接近1，但其统计特征参量相差较大。而对应同一流型，除标准偏差值较为接近外，其他特征参量却大不相同。这与周云龙和陈飞等针对于水平气—液两相流的研究结论存在显著差别。他们认为同一流型下对应的大部分特征参量应一致（仅三阶矩不同），而本书中仅存在唯一的特征参量（标准偏差）。因此可认为，因管道位置及流体介质的差异，使得可以区分流型的典型特征参量也完全不同。在本书中，在管内流型分别为泡状流、小弹状流、不规则弹状流、弹状流、搅拌流、细泡状流以及环状流时，对应的标准偏差依次约为75.52，63.80，81.94，62.24，68.68，45.68和59.21，由此即可实现对流型的量化预估。

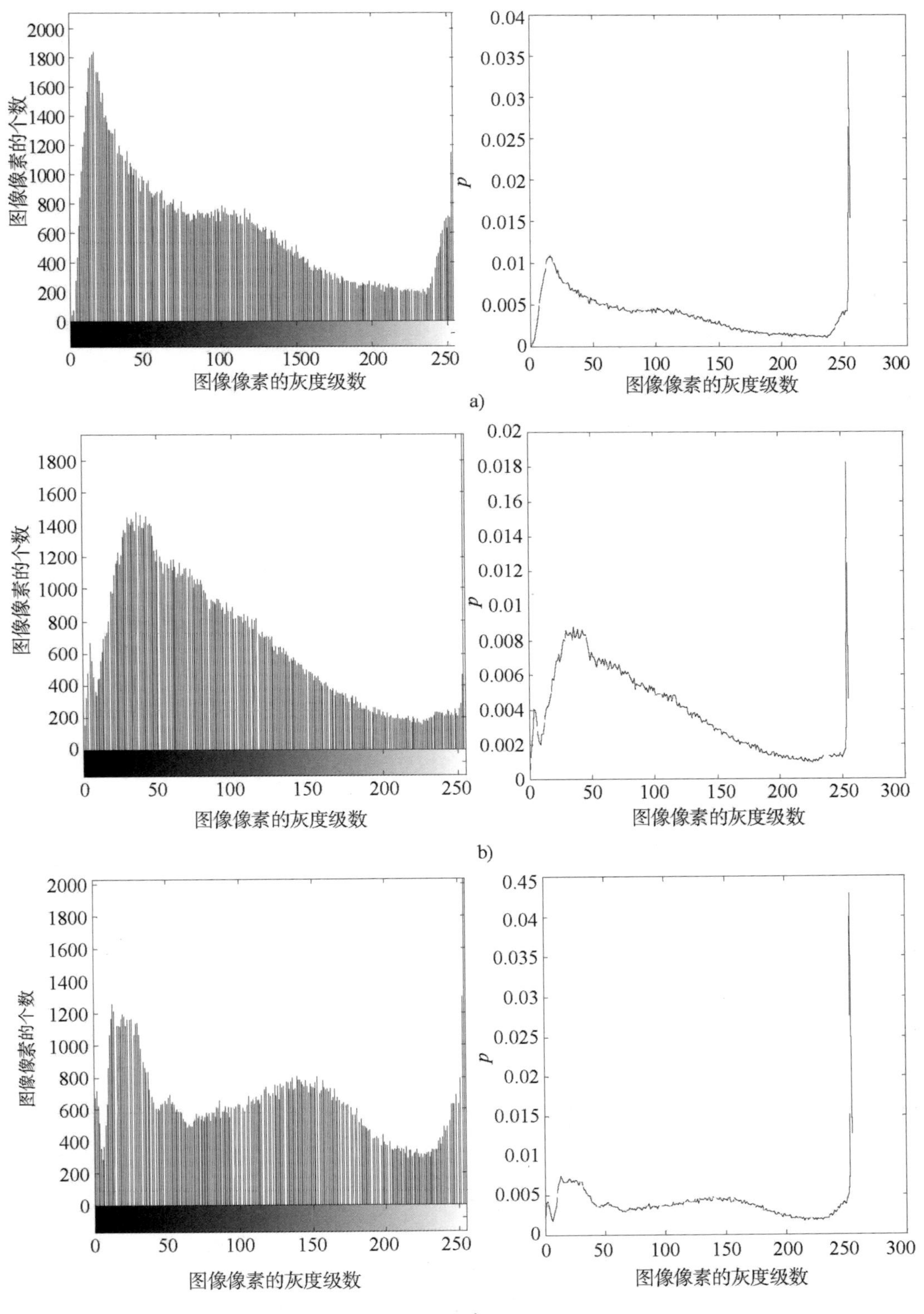
2000
1800
1600
1400
1200
1000
800
600
400
200
0
图像像素的个数
0
50
100
1500
200
250
图像像素的灰度级数
0.04
0.035
0.03
0.025
0.02
0.015
0.01
0.005
0
p
0
50
100
150
200
250
300
图像像素的灰度级数
a)
1800
1600
1400
1200
1000
800
600
400
200
0
图像像素的个数
0
50
100
150
200
250
图像像素的灰度级数
0.02
0.018
0.16
0.014
0.012
0.01
0.008
0.006
0.004
0.002
0
p
0
50
100
150
200
250
300
图像像素的灰度级数
b)
2000
1800
1600
1400
1200
1000
800
600
400
200
0
图像像素的个数
0
50
100
150
200
250
图像像素的灰度级数
0.45
0.04
0.035
0.03
0.025
0.02
0.015
0.01
0.005
0
p
0
50
100
150
200
250
300
图像像素的灰度级数
c)

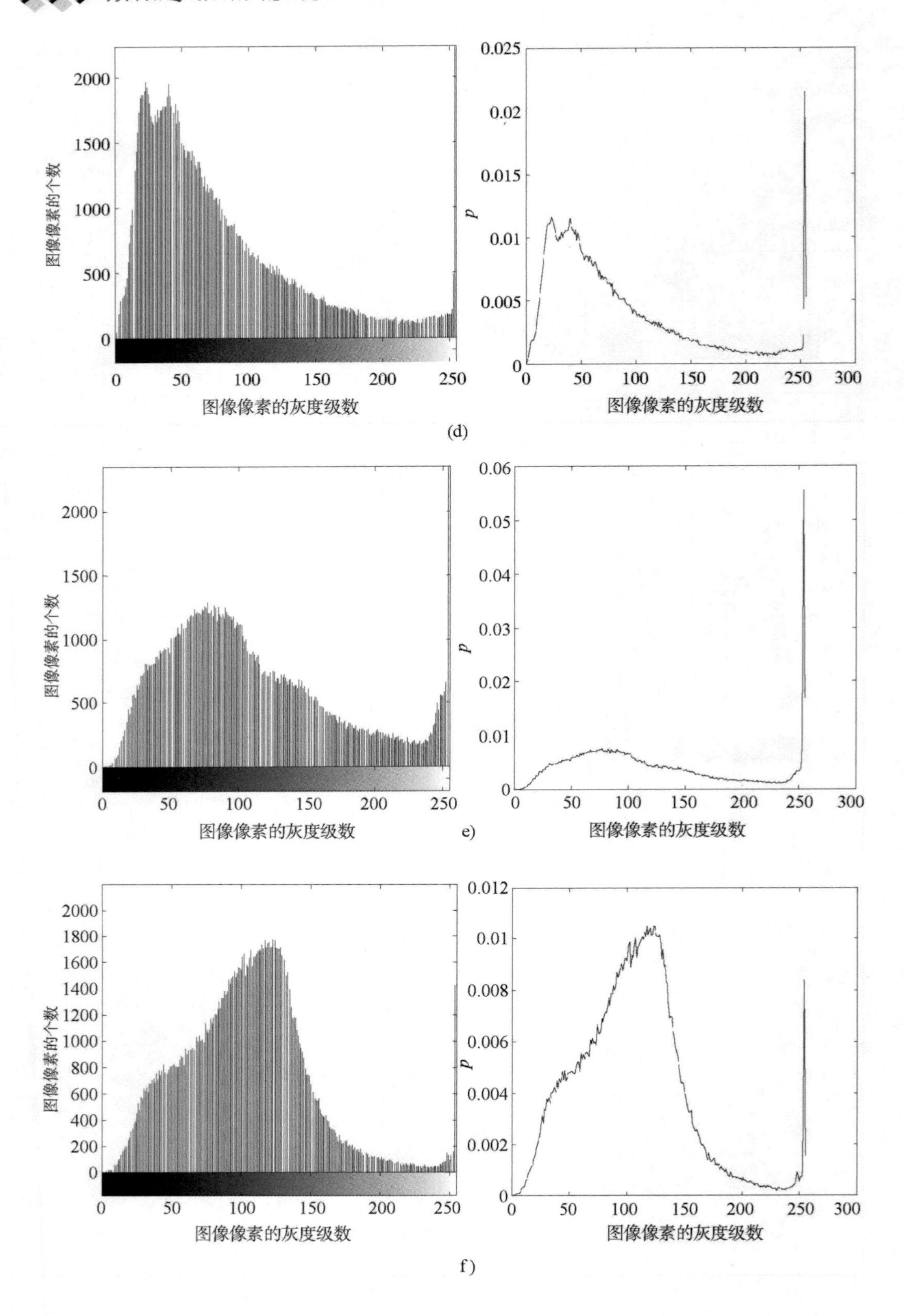

图像像素的个数
图像像素的灰度级数
p
(d)
e)
f)

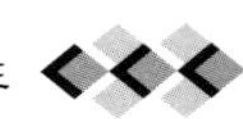

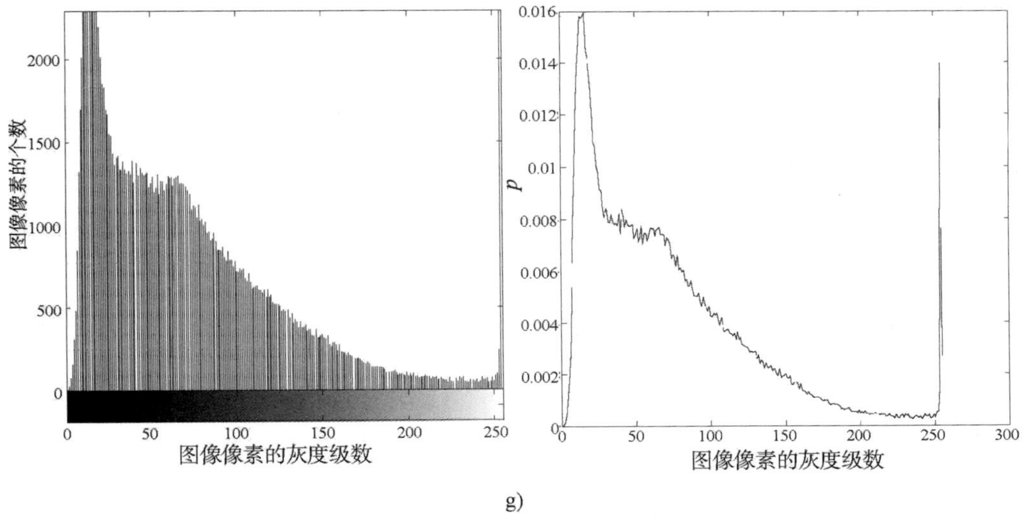

g)

图 4－11　各种流型的灰度图

a）泡状流；b）小弹状流；c）不规则弹状流；d）弹水流 e）搅拌流；f）细胞状流；g）环状流

表 4－1　灰度图统计特征

序号	矩	符号	表达式	纹理相似性度量
1	均值	m	$m=\sum_{i=0}^{L-1} z_i n(z_i)$	平均灰度度量
2	标准偏差	σ	$\sigma=\sqrt{\sum_{i=0}^{L-1}(z_i-m)^2 n(z_i)}$	平均对比度度量
3	平滑度	R	$R=1-1/(1+\sigma^2)$	为指定区域中灰度的相对平滑度度量。对于常灰度区域，$R=0$；对于灰度级值的大偏移区域，$R=1$
4	三阶矩	u_3	$u_3=\sum_{i=0}^{L-1}(z_i-m)^3 n(z_i)$	用于衡量直方图的偏斜。若直方图对称，其值为0；若直方图右偏斜，其值为正；若直方图左偏斜，其值为负
5	一致性	U	$U=\sum_{i=0}^{L-1} n^2(z_i)$	度量一致性。当所有灰度值相等时，该度量最大并从此处开始减小
6	熵	e	$e=-\sum_{i=0}^{L-1} n(z_i)\log_2 n(z_i)$	随机性度量

其中：z_i定义为灰度的某一随机变量；$n(z_i)$ 定义为z_i灰度级图像像素的个数；L表示灰度级数，p为概率。

由于仅存在单一特征参量对垂直管内气—液—固三相流型进行识别，这使得流型辨识难度显著降低。与现有采用压差或压力波动信号辨识流型的方法相比较，本方案为非接触式测试手段，也就不会出现前者因传感器接触流体而对原有流场造成的干扰性等问题。另外，电导探针虽在分辨气—液两相流型时精确性较高，但若将其应用于气—液—固三相流场分析则易因颗粒冲击而折断。显然，基于图像处理技术的典型特征值法能有效应用于气—液—固三相流场中的流型识别。不过在数百米及数千米的深井、深海下，该方案可能受到限制，此时可将其与压差法相结合以拓展其应用范围。

表 4－2 典型流型的图像特征数据

序号	典型流型	均值 m	标准偏差 σ	平滑度 R	三阶矩 u_3	一致性 U	熵 e
1	泡状流	100.91	75.98	0.998	3.04×10^5	0.0064	7.67
2	泡状流	104.01	74.69	0.998	2.85×10^5	0.0060	7.66
3	泡状流	96.32	75.91	0.999	3.53×10^5	0.0068	7.62
4	小弹状流	94.40	64.07	0.998	2.21×10^5	0.0055	7.71
5	小弹状流	100.10	62.91	0.999	1.58×10^5	0.0054	7.71
6	小弹状流	92.35	64.43	0.999	2.40×10^5	0.0057	7.68
7	不规则弹状流	113.68	81.67	0.998	1.69×10^5	0.0058	7.79
8	不规则弹状流	118.16	80.77	0.999	1.30×10^5	0.0061	7.79
9	不规则弹状流	108.93	83.38	0.999	2.49×10^5	0.0066	7.70
10	弹状流	80.32	61.89	0.997	3.05×10^5	0.0071	7.46
11	弹状流	82.96	62.19	0.999	2.72×10^5	0.0065	7.55
12	弹状流	80.45	62.65	0.999	3.16×10^5	0.0072	7.45
13	搅拌流	117.76	68.87	0.999	2.23×10^5	0.0080	7.58
14	搅拌流	100.07	68.02	0.999	3.46×10^5	0.0086	7.41
15	搅拌流	96.25	69.15	0.999	3.67×10^5	0.0085	7.41
16	细泡状流	104.19	44.90	0.999	5.31×10^5	0.0069	7.39
17	细泡状流	100.78	45.46	0.999	7.85×10^4	0.0074	7.39
18	细泡状流	87.96	46.68	0.999	9.01×10^4	0.0071	7.41
19	环状流	70.92	58.42	0.999	2.17×10^5	0.0075	7.02
20	环状流	84.45	59.23	0.999	1.72×10^5	0.0068	7.56
21	环状流	70.26	59.98	0.999	2.61×10^5	0.0076	7.42

4.2.2 混合流体的周期性及其中典型旋涡运动规律

（1）流动周期性

分析任一工况下混合流体的运动规律可知其表现出较为显著的下降、对流以及上升往复振荡特性，即混合流体运动具有周期性。图 4－12 给出了浸入率与气量值分别为 0.6 和 1.326m/s 时混合流体的周期运动特征。

由图 4－12 可知，混合流体在初始时刻（$t=0$）表现出下降特征，接着随时间发展，视口底部处气流沿管右侧急速上升，而其左侧流体仍继续下降，从而引发两种方向相反的流体发生较为强烈的掺混，固体颗粒也受其影响逐渐向管中心渗入。同时，受此强对流作用，气相被撕裂为极小的气泡，使得管内呈现出雾状特征（$t=0.0402$s）。之后雾状现象减弱，气泡体积略有增加，使得管内气体逐渐转变至细泡状态（$t=0.068$s），并均匀分布

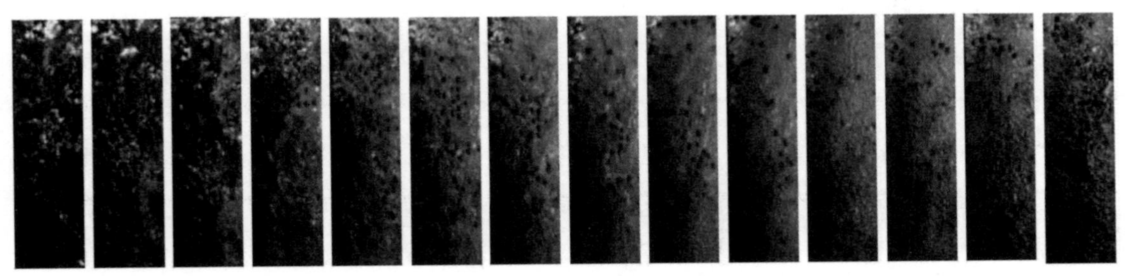

t=0s　t=0.0108s　t=0.0204s　t=0.0310s　t=0.0402s　t=0.0478s　t=0.0546s　t=0.0606s　t=0.0680s　t=0.0766s　t=0.1276s　t=0.1426s　t=0.1662s　t=0.1860s

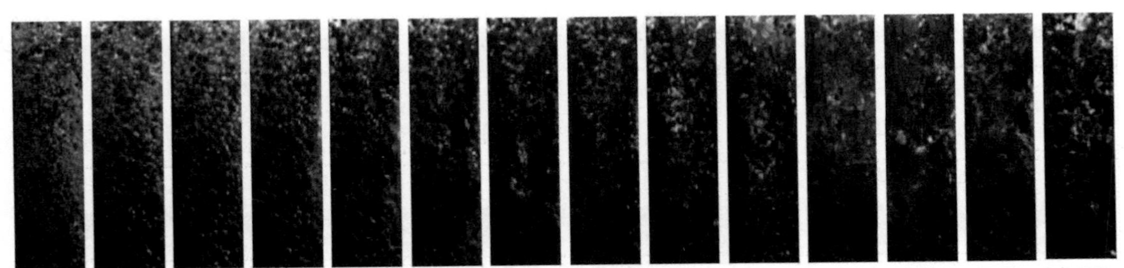

t=0.2244s　t=0.2524s　t=0.2758s　t=0.3070s　t=0.3380s　t=0.3694s　t=3956s　t=0.4326s　t=0.4560s　t=0.5138s　t=0.5806s　t=0.5426s　t=0.596s　t=0.6252s

回到初始

图 4－12　周期内混合流体运动规律（γ=0.6，J_G=1.326m/s）

在液相中。而颗粒似被其托举而快速上移。随后，管内气泡体积长大，混合流体速度减小，其中颗粒与气泡逐渐被驱离中心而向管壁靠拢，且其离散趋势加剧，导致固体含量逐渐减小。在 t 超过 0.186s 后，虽气泡仍上升，但液、固流体却转而下降。当 t 达到 0.2524s 时气相也开始跟随液、固下降，且离散趋势进一步加强。在 t = 0.3380s，管中心处基本无颗粒，仅含极少量气泡。随时间持续推移，气泡数量逐渐减弱，且在 t > 0.3956s 后基本消失，管内遂为液—固两相混合流体，并随时间增加继续下沉，直到 t = 0.6252s 时，管内流态结构开始重复出现。由此可知，该工况下混合流体的振荡周期为 0.6252s，其中固体颗整体上移发生在 t = 0.0402s，而其下降则出现在 t = 0.1860s，即颗粒有效提升时间仅为 0.1458s，占周期的 23.32%（为便于分析，将颗粒上升时间与其对应周期的比值定义为提升比）。其他浸入率工况对应的实验结论也与此类似，即颗粒的有效上升时间很短，其提升比均在 30% 以内。显然，这一特性极大阻碍了气力提升固体颗粒的能力，也是制约气力提升技术发展及应用的关键难题。后续研究可考虑建立颗粒运动规律与混合流体运动周期的内在联系及其模型方程，以获得能增大提升比的有效手段。

由上述分析可知，在混合流体运动周期内，存在如图 4－13 所示的几种典型流态结构。对其分析可知，在对流掺混之初（t = 0.0204s），气流由管右、后侧（有时为左、前侧）底部开始上升，但由于此时气相能量不足，因而仅其前端少许液体上移，且速度极小，从而导致颗粒提升失效，所有颗粒此刻均有下沉趋势，且大部位于管壁附近。而在 t = 0.0422s 时，因管内气流速度加大，导致管内液体均呈上升趋势，然由于其速度整体偏低，导致多数颗粒仍表现出下降规律，仅气流前部少许颗粒上升。另外，因管内同时出现对逆运动，使得混合流体有形成环流之趋势，且大部颗粒因此聚集在管内左、前侧并下落，这将极不利于颗粒的提升。值得指出的是，此时管内气泡极为细小，呈雾状，在理论上有利于增强气力提升颗粒的能力。但因环流效应的干扰，使得本该具有较佳提升性能的工况未体现出来。分析 $t=0.07s$ 对应的混合流体结构可发现，此时颗粒较为均匀分布在混合流体中，且气、液、固各相滑移小，流速接近，并均以较大速度上移，由此可将其视为单周期内气力提升的理想段。不过由前述分析可知，该段持续时间很短，对气力提升性能起到恶化作用。而当时间发展至 0.2204s 左右，管内混合流体总体下降（包括夹杂的气泡），仅管右、后侧局部范围内气流呈上升趋势，此时气力提升性能已大幅恶化。

为进一步检验混合流体的周期特征，选择与图 4－12 相同的周期进行分析，获得了灰度概率图随时间的变化规律，结果如图 4－14 所示。从图 4－14 中可得，在起始时刻，灰

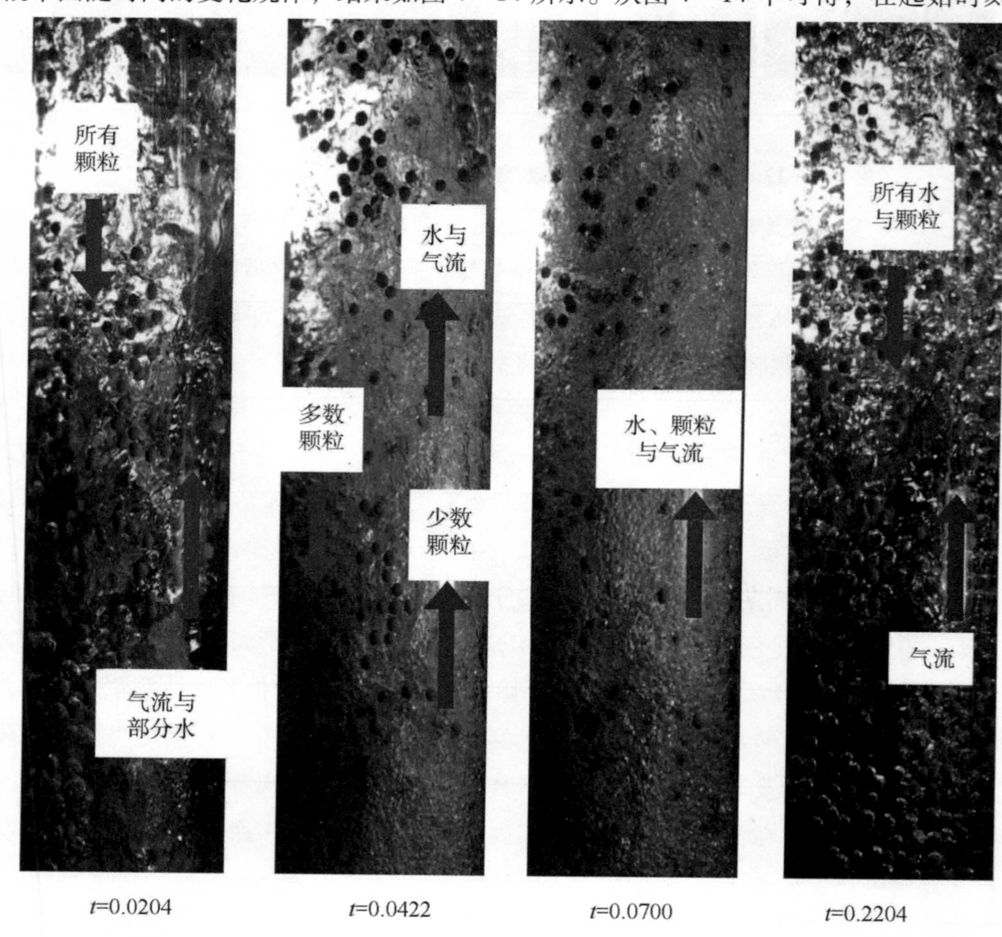

图 4－13 周期内混合流体典型流态结构（$\gamma=0.6$，$J_G=1.326m/s$）

a）$t=0.0204$；b）$t=0.0422$；c）$t=0.0700$；d）$t=0.2204$

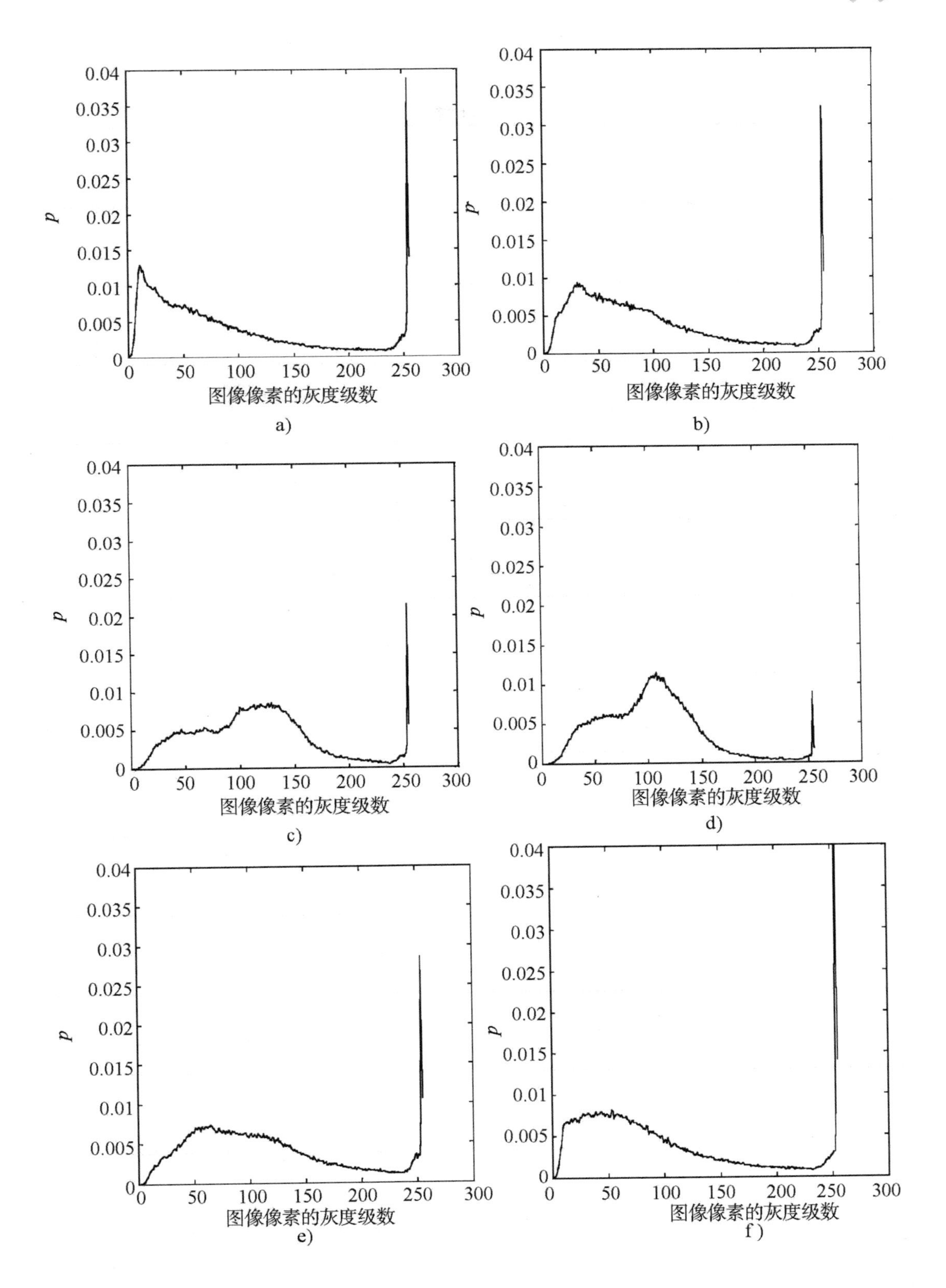
p
0.04
0.035
0.03
0.025
0.02
0.015
0.01
0.005
0
0
50
100
150
200
250
300
图像像素的灰度级数
a)
b)
c)
d)
e)
f)

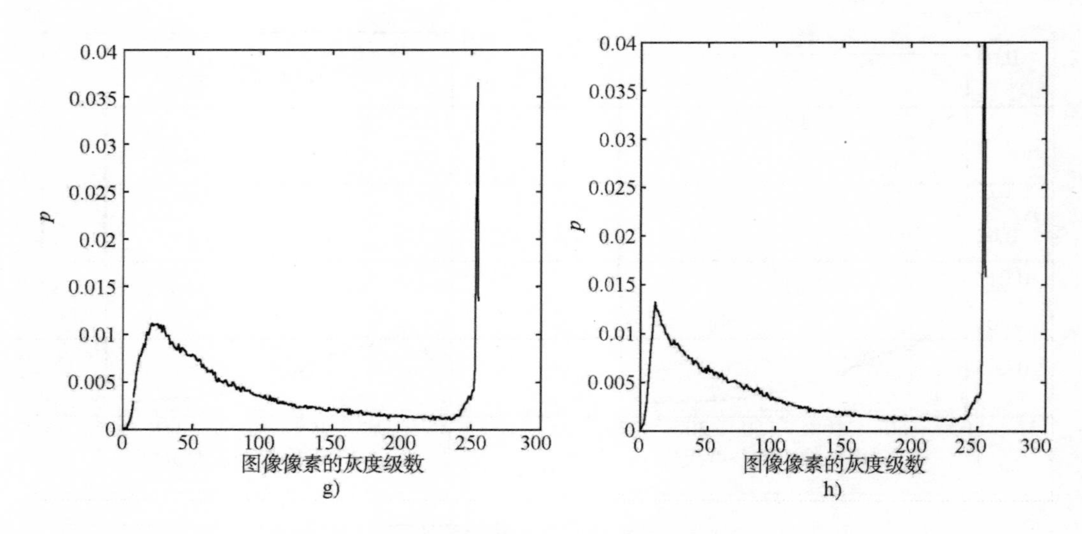

图 4－14　单周期内混合流体灰度概率图的时变规律（$\gamma=0.6$，$J_G=1.326\text{m/s}$）

a）$t=0$s；b）$t=0.0204$s；c）$t=0.0680$s；d）$t=0.1276$s；e）$t=0.2042$s；

f）$t=0.3672$s；g）$t=0.4462$s；h）$t=0.6252$s

度级数很低，而随时间发展，灰度级数出现上升。之后随时间持续增加灰度级数却又转而减小。特别是在 $t=0.6052$s 时，灰度概率图已与 $t=0$ 时基本一致，由此进一步证实了混合流体的周期振荡特征。研究还表明，周期初始与末端时刻出现的灰度级数均偏低，这是由于此时颗粒含量少，且与气泡一起靠近管壁，从而引发灯光干涉增强，图像层次减弱所致。

由于标准偏差 σ 已在前述研究中被证实为一种有效识别流型的图像统计特征值，因而可直接利用该特征值对不同工况下混合流体的流型进行监测。事实上，即使是同一工况，流型随时间的变化也有可能出现差异。针对于此，基于图像处理技术获得统计周期内 σ 的时变特征，其结果如图 4－15 所示。

由图 4－15 可知，当 J_G分别为 0.663m/s 与 6.631m/s 时，σ 随时间变化均表现出恒定特征，其均值分别与表 4－2 中的泡状流和环状流接近，利用高速摄像仪对此观测，也确认了上述两种流型的存在。显然，以上两种气量值下管内流型随时间的变化其差异很小，使得混合流体结构及运动特征也较稳定。由此可推出，混合流体在周期内的振荡效应也应较为微弱，无大幅升、将运动。从理论上讲，这对减少混合流体碰撞损失以及摩擦损失大为有利，然而其对应的颗粒排量却极少。而当 J_G处于 0.123m/s 时，σ 的时变特征较为剧烈，将其与表 4－2 比较可发现，管内混合流体在 t 超过 0.24s 后大致呈泡状流，而在此之前依次出现多种流型结构。而在 $J_G=1.326$ 时，σ 值变化仍然显著。而由之前的高速摄像研究可知，此时管内的典型流型为细泡状流。结合两者分析可得，细泡状流虽对增强气力提升颗粒的能力起到关键作用，但其持续时间却很短。而之前的弹状流和环状流虽持续时间很长，但却未对颗粒输送发挥重要作用。显然，如若能有效延长细泡状流持续时间（即

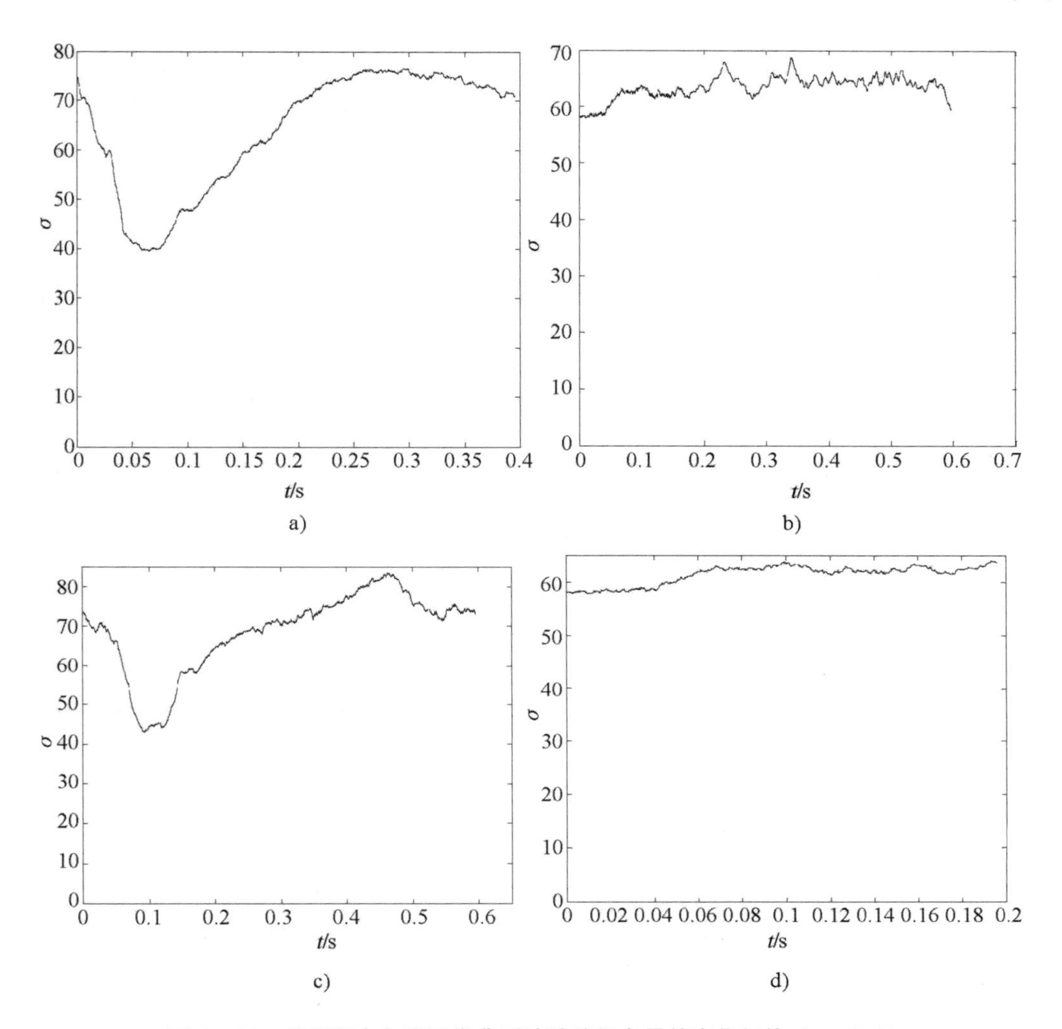

图 4－15　单周期内灰度图像典型统计特征参量的变化规律（$\gamma=0.6$）

a）$J_G=0.123$m/s；b）$J_G=0.663$m/s；c）$J_G=1.326$m/sd）$J_G=6.631$m/s

增大提升比），必定导致气力提升固体颗粒的能力大幅上升。

上述研究结论表明气力提升系统内部混合流体因工况差异均存在不同程度的振荡现象，Geest 和 Charalampos 等人在研究气—液两相流中也发现类似规律，并利用电导探针所获电压信号来描述管内流体波动特征，进而提取到相应频率值，但该方案显然不能适用于测量气—液—固三相流体振荡频率。Fujimoto 等曾提出了一种管壁压力测试法，以此获得了管壁压力的振荡频率，并将其作为混合流体的振荡频率。显然，利用该方案的前提条件是要求混合流体为线性系统，否则其不具有频率保持性，将导致管壁压力与混合流体运动的频率不一致，使得测试无效。实际情况下，气、液、固各相流动中其相互作用极为复杂，难以保证上述要求。鉴于此，本书直接利用图像提取混合流体的振荡频率，即首先利用灰度图的相似性来确定周期内的首图和尾图，再利用周期内所获总图幅数与拍摄帧率，即可推算出该工况下混合流体的周期，继而可计算得出相应频率f，其结果如图4－16所示。

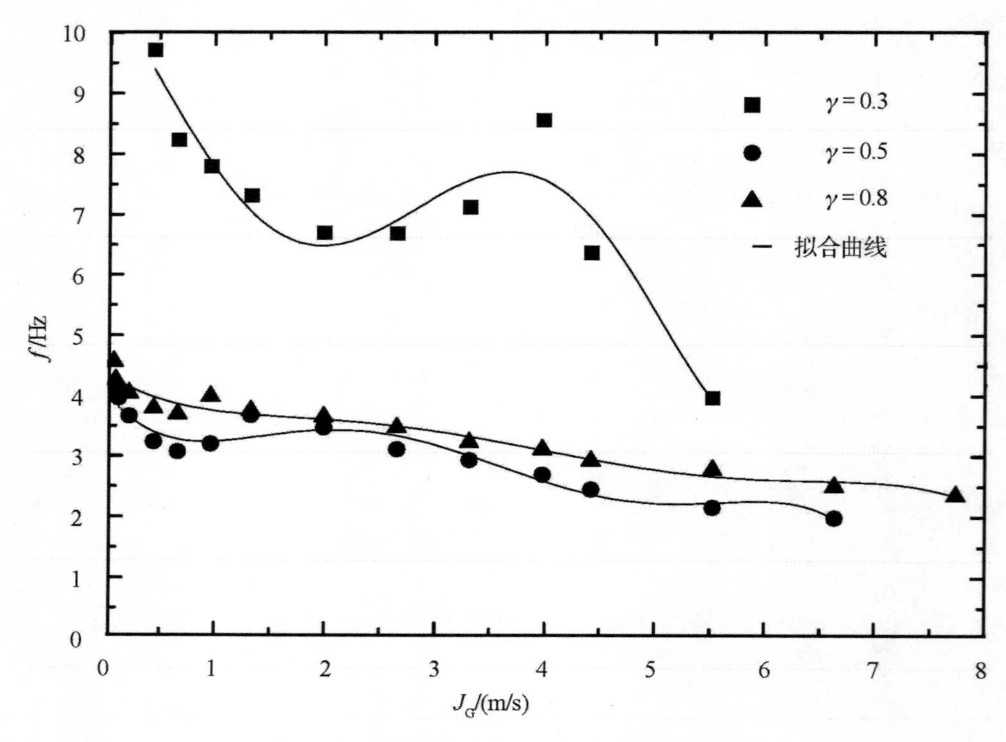

图4－16　频率随气体表观流速的变化规律

由图4－16可知，当浸入率较高时，随气体表观流速增加，混合流体振荡频率首先轻微减小，继而小幅上升，之后略有下降，即混合流体随气量值变化表现出一定的波动特征，且波动强度有逐渐减弱的趋势。分析其原因，可能是由于管内流型转化所致。气量值较低时，管内含气率较低，混合流体刚性较强，因而其振荡频率较高。而随气量值增加，管内转化至泡状流，混合流体因气相的聚合效应以及弱刚性而表现出较低的振荡频率。当气量值进一步增加后，导致管内气泡大范围聚集，出现弹状流，此时管内含气率极高，导致混合流体处于极软状态，因而其振荡频率较之前泡状流继续减小。之后继续增加气量值又因管内气相离散、颗粒含量增加导致混合流体刚性增强（细泡状流），从而使得混合流体频率略有上升。随后，气量值增加又促使细泡状流减弱，气泡体积膨胀，进而造成混合流体变软，相应频率也随之减小。如若气量值过高，则在管内形成气芯，混合流体频率因主要受气相控制而继续减小。当浸入率较低时，频率随气量值的变化规律与高浸入率工况类似，只是其波动幅度增加。这应是由低浸入率工况形成的围压较低，从而减弱了其抑制混合流体振荡的能力所致。比较不同浸入率下混合流体频率变化规律还发现，低浸入率下对应的频率要显著大于高浸入率工况，即前者表现出高频高幅振荡特征。分析其原因可知，该工况下流体掺混作用极为强烈，扰乱了原有高浸入率下的流型变化规律，使得原有周期性运动时间缩短，从而致使频率上升。而当浸入率升高至一定值，上述扰乱受抑，混合流体振荡特性恢复正常，但还是会因浸入率升高导致混合流体刚性增强而引发频率小幅上升。

（2）典型旋涡运动规律

由前述分析可知，气力提升过程中存在周期性的间歇流动，这使得气、液、固相间作用极为复杂，常因各相速度不一致形成旋涡，特别是在形成雾状流过程中的掺混时段尤为突出，如图 4－17 所示。

首先，液体在靠近管壁右侧因气流推动向左上方运动，且在液体前部因剪切摩擦作用而形成一小旋涡（$t=0.0208$s），而在视窗右下方位置因对流运动发生掺混，也有形成旋涡的趋势。随时间发展至 $t=0.0296$s，主流方向的混合流体前沿部分在与管左壁碰撞后沿

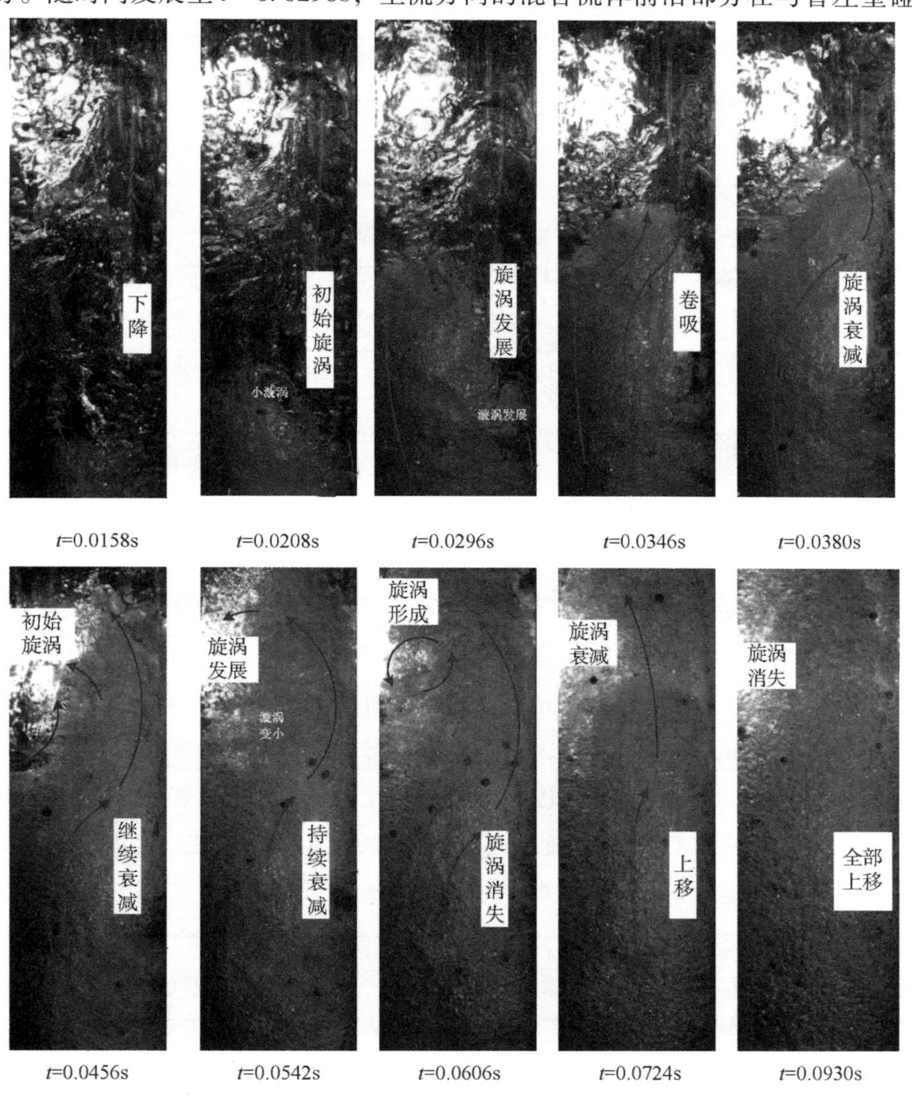

图 4－17　旋涡运动（$\gamma=0.3$，$J_G=3.978$m/s）

右上方折射，而之前的小旋涡消失，右下侧旋涡迅速发展。之后，部分脱离流体受旋涡控制逐渐被卷吸，进而导致在 $t=0.038$s 时旋涡开始出现衰减，而主流方向前沿流体因与管右壁发生碰撞而折射向左上方运动。在 $t=0.0456$s，右下侧旋涡持续衰减，而主流方向前端流体因与其左侧下降流体掺混而有形成旋涡的迹象，且随时间推移旋涡逐渐发展，在 $t=0.0606$ s 时刻其强度达最大，同时右下侧旋涡消失。之后，左上方旋涡随时间变化出现衰减，且在 $t=0.093$ s 时刻其衰减终止，视窗内所有流体均呈现上升趋势。就整体而言，混合流体并非沿管直线上升，而是表现出 S 形运动规律，即沿管左右摆动上升。这应该与气相的初始分布有关。另外，在混合流体上移过程中，主要存在一对运动方向相反的旋涡，且分别位于视窗的右下角与左上角，这主要是由流体的 S 形运动所致。

4.3　气泡分布及其运动特征

在气力提升过程中，气相作为动力源，对气力提升性能的发挥起到至关重要的作用。而在气—液—固三相流中，气相一般并非为连续相，而是被离散为气泡形式。因此，混合流体中气泡结构变化及其运动规律将严重影响气力提升性能。但目前针对于此的研究因气泡变化的复杂性而鲜有涉猎。为此，以高速摄像技术为基础，深入探讨管内气泡结构及其运动规律的变化。

4.3.1　气泡结构及其分布特征

图 4－18 展示了典型流型作用下气泡的结构及其分布特征。由图可知，泡状流时气泡呈球形，其尺寸略有不同，且分布在靠近管壁与流道芯部处。而当管内处于小弹状流型，流道芯部为小弹状气泡，其前段及周围均存在大量小尺度气泡。而在不规则弹状流型下，流道芯部弹状气泡前部因挤压而内凹，呈不规则形态，且其前端及周围气泡数量较小弹状流明显减少。当流型发展至弹状流阶段，弹状气泡几乎充满整管，而在其前端则为大块液团，且夹杂少量小气泡，在其周围液膜中也仍含有少许下降的气泡。搅拌流下，气泡被离散为大量尺度不一的各类小气泡，且主要分布在管壁附近，仅少许气泡渗入流道中心。此外，因搅拌流非稳定性特征，气泡还表现出群落分布形式。当混合流体发展至细泡状流型，大量细小气泡快速增加，并迅速渗入流道芯部，导致管内出现气泡群，且其分布较为均匀。而当管内流型转变至环状流时，流道芯部几乎为连续的气芯，仅在靠近管壁附近的液膜中含有少量气泡，且其尺度略大于细泡状流，但小于其他几种流型。

图 4－19 体现了既定工况下气泡结构及其分布随时间的变化规律。由图可得，在起始

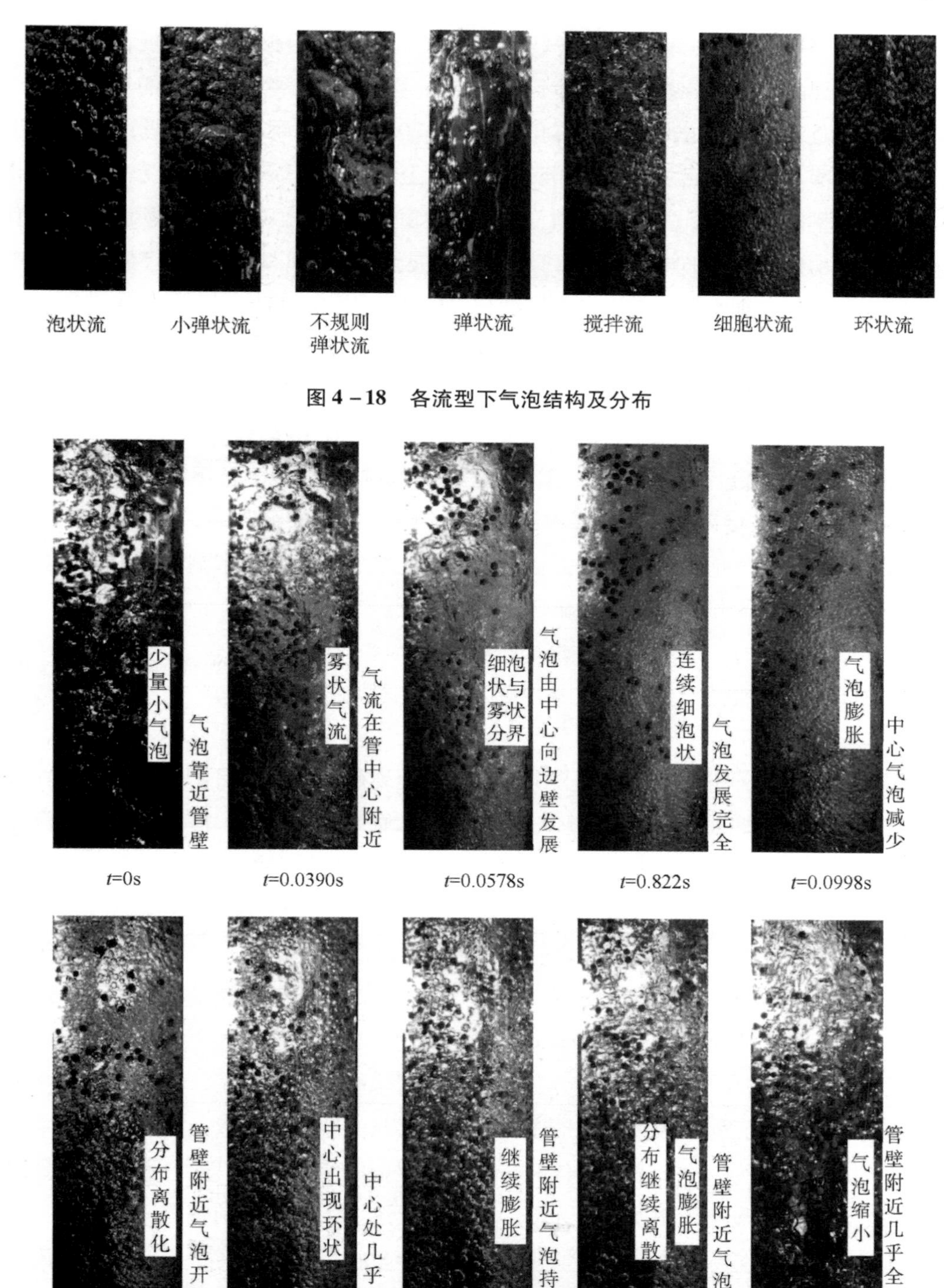

图 4－18　各流型下气泡结构及分布

图 4－19　气泡的结构及其分布特征（$\gamma=0.6$，$J_G=1.326$m/s）

时刻，仅存在少量小气泡，且以群落形式散落在管壁附近。而随时间的发展，因底部气流与下降流体强烈的冲击、摩擦作用，使得气相受强剪切力而分裂为极细小的气泡，并向管中心渗入，导致管内主流方向流体呈雾化状态（$t=0.039$s），而在管壁附近的液膜中还夹杂了少许小气泡。当时间增加至 $t=0.0578$s，视窗上部气泡仍因其前端所受冲击作用继续导致混合流体呈雾状结构，并逐渐充满管道，然视窗下部细小气泡则出现膨胀，呈细泡状结构，且气泡由边壁继续向中心发展。当时间发展至 $t=0.0822$s，细泡状与雾状分界消失，管内全为密集的细小气泡，近乎为连续相。由前述研究可知，该工况对促进气力提升性能增强极为有利。之后随时间发展，气泡发生膨胀，流道中心的气泡数量减少，导致其紧密度减弱（$t=0.0998$s）。接着随时间增加，气泡分布因其聚合而使其离散化加剧，管壁附近气泡数量发生衰减，且气泡尺度因其膨胀差异也存在较大不同。当时间增至0.2056s 时，流道芯部已几乎无气泡，管壁处气泡数量持续衰减，且逐渐膨胀。但当时间超过0.288s 后，虽管壁附近气泡数量继续减少，然其体积则转而收缩，在 $t=0.3614$ 时基本缩至极限，且此时气泡数量也已接近极小值。在此之后直至周期末端，管内近乎为液—固两相流体，仅有极少量的气泡偶尔出现于管壁附近。

4.3.2 气泡运移特征

对图 4－19 进行分析，还可获得其中气泡的运动规律，结果如图 4－20 所示。在起始时刻，气泡整体以较低速度下降。而随时间发展，受底部气流冲击、掺混作用，主流方向雾状气泡上升，且其上升轨迹略呈 S 形，而管壁附近气泡则因对流效应而下降。随时间发展至 $t=0.0578$s，气流掺混、对流效应基本消失，细、雾状气泡均表现出上升规律，且在 $t=0.0822$s 时上移速度基本达最高。之后，气泡升速逐渐减缓，在 $t=0.1704$s 时处于停滞状态。接着随时间推移，气泡转而下降，且在 $t=0.0822$s 附近其降速显著升高，但之后下降速度又开始放缓，直至第二个周期运动来临。由此可见，气泡运动可总结为下降—上升—下降循环特征。

由前述研究可知，管内流场结构的改变往往是因气泡变化所引起，而气泡变化主要有两种表现形式：一种为气泡聚合，即气泡与气泡相结合以形成新的气泡；另一种为气泡分裂，即单个大气泡因流场作用而分裂为多个小气泡。事实上，分析前述气—液—固三相流型划分可知，流型命名实际上取决于气相结构及其分布状态，且针对于气—液两相流的流型划分也是据此而得。而由上述研究可知，气相的主要存在形式为离散的气泡，因此可以将气泡结构及其运动规律的变化视为流型转变的关键诱因。值得指出的是，气泡的变化往往伴随着气泡的聚合与分裂两个过程。因此，有必要对此展开深入分析。然而，目前国内外暂未见有针对于此的研究报道。鉴于此，利用高速摄像仪追踪管内气泡的聚合与分裂，

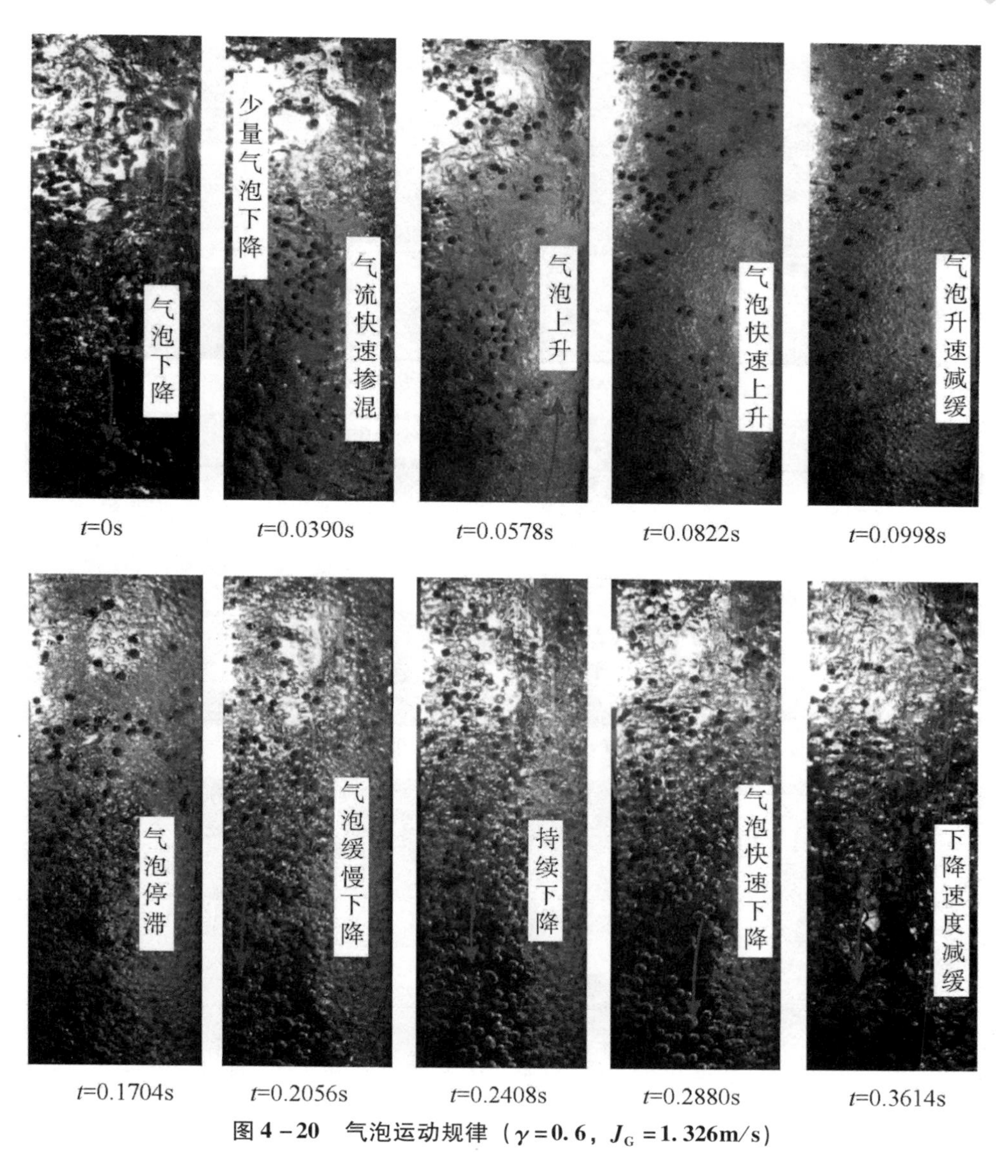

图 4－20　气泡运动规律（$\gamma=0.6$，$J_G=1.326$m/s）

以期进一步解读流型演变规律。实验结果如图 4－21 所示，其中右侧与左侧监视窗口分别代表气泡的聚合与分裂。

由图 4－21 可见，在 $t=0$s 时刻，监视窗口内各存在一较大气泡和一对小气泡。之后随时间发展，两小气泡逐渐靠拢，在 $t=0.004$s 时开始融合，并在 $t=0.006$s 发展至哑铃形（两端大中间细），而此时大气泡开始缩小。当时间变化至 0.007s，大气泡呈塌陷式收缩，且随时间发展至 $t=0.0078$s 时有分裂趋势，而此时右侧监视窗内气泡已融合成为圆柱形结构。而当 $t=0.0088$s 时，左侧监视窗内大气泡已分裂为三个小气泡，且其体积大小由上至下依次增大。同时，圆柱形气泡沿其轴向发生收缩，其中间位置出现隆起。随后，圆柱形气泡经收缩后在 $t=0.01$s 时刻转变为圆台形，而此时左侧监视窗内上端气泡则发生急缩，

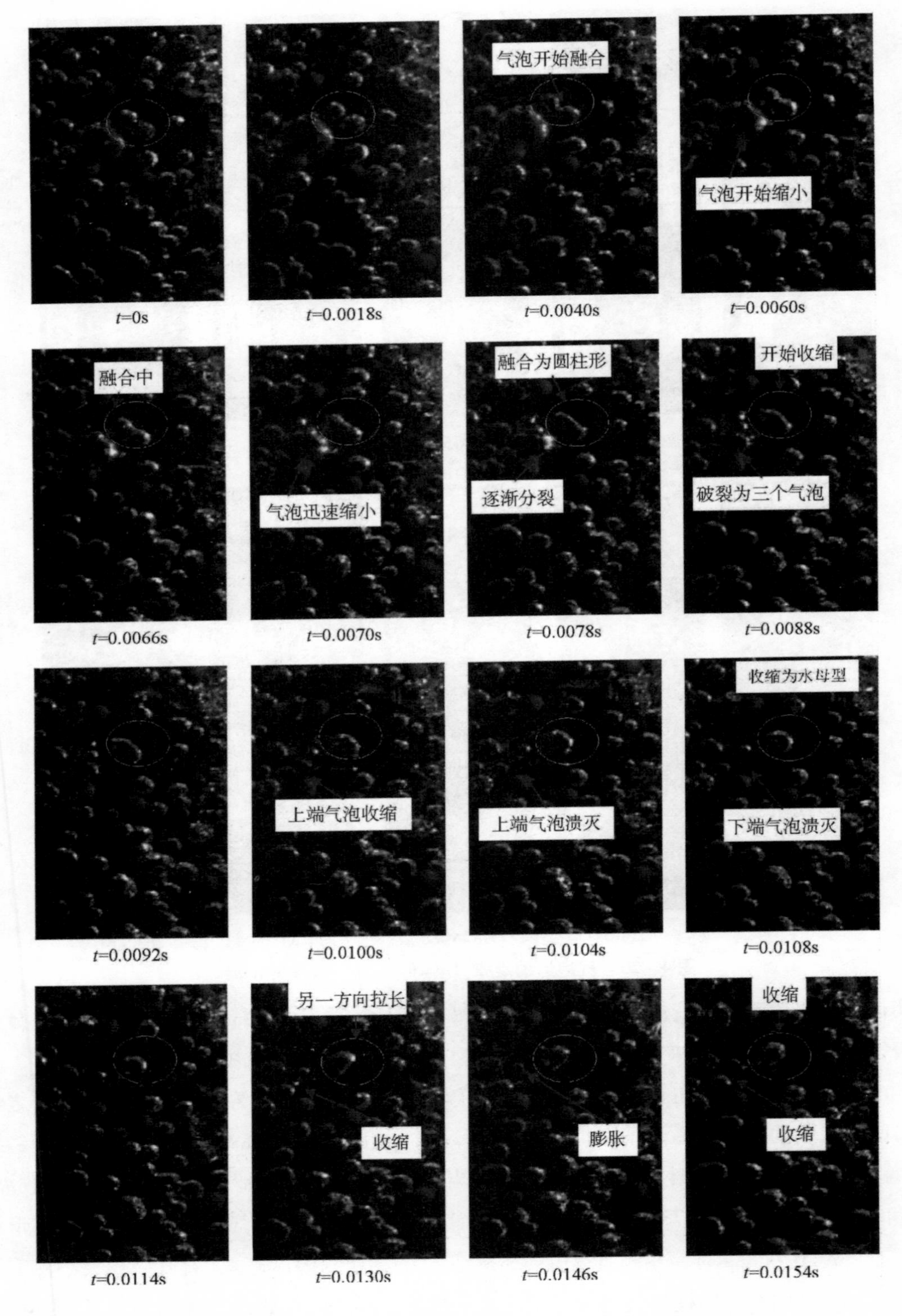

图 4-21　局部区域气泡聚合与分裂过程（$\gamma=0.6$，$J_G=1.326$m/s）

且在 $t=0.0104\mathrm{s}$ 溃灭。随后，下端气泡在 $t=0.0108\mathrm{s}$ 时同样发生溃灭，且右侧监视窗内的气泡已收缩至“水母”形，并随时间发展至 $t=0.0114\mathrm{s}$ 时又沿另一方向（与其之前的收缩方向垂直）表现出拉伸趋势。此后，随时间增加，右侧监视窗内气泡拉伸至一定程度后转而出现收缩，而左侧监视窗内气泡的体积变化表现出波动特征（减小—膨胀—收缩）。由此可见，两气泡聚合后沿其聚合方向及其垂直方向依次出现拉伸，并随时间发展交替出现，且其拉伸及隆起幅度逐渐衰减，直至形成稳定的气泡。而气泡的分裂具有塌陷式特征，且分裂后的部分小气泡溃灭，而剩余气泡体积变化随时间增大具有小幅波动特征，且逐渐衰减，直至气泡结构稳定。

为获得对气泡与颗粒的量化运动描述，基于图像处理技术设计出可追踪上述两种介质运动轨迹的程序，其程序界面如图 4－22 所示，其中坐标原点 O 在视窗图左下角，横坐标 X 与纵坐标 Y 分别沿管径向和轴向。

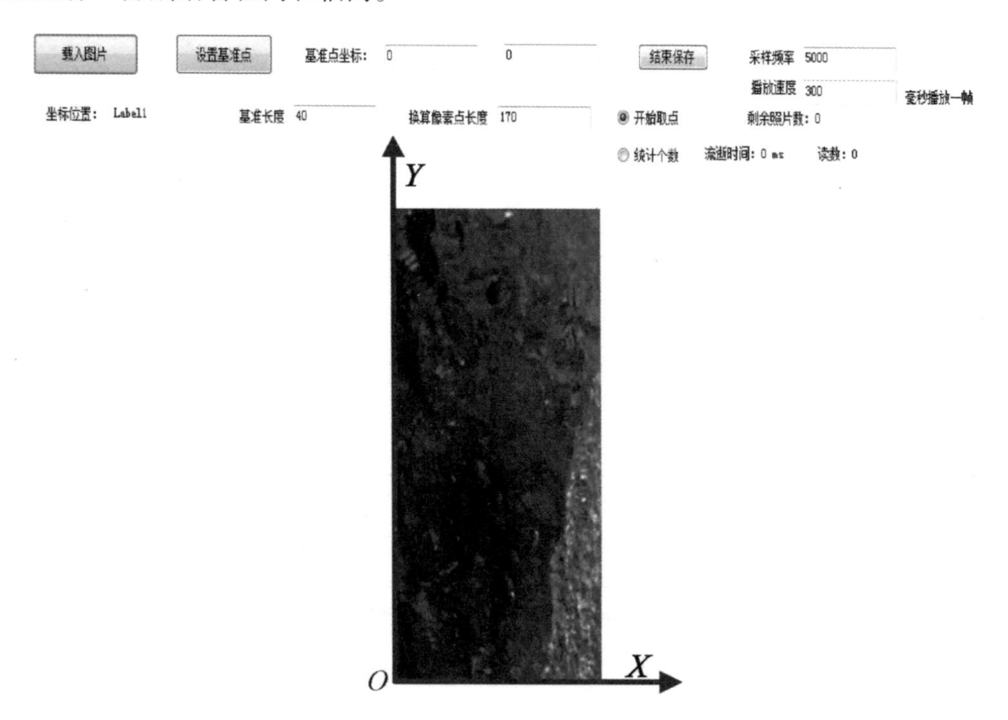

图 4－22 轨迹追踪程序界面示意图

实际上，由于气—液—固三相流场极为复杂，气泡运动中易出现聚合和破裂，还会被卷入流场内而不可视。因此，实际采集中所能选择到的持续运动时间长的气泡极为少见，且暂未观测到能完整经历一个速度转向（先升后降或先降后升）的气泡出现。因此，仅对部分气泡的上升及下降运动进行分析，其结果如图 4－23 所示。

图 4－23 显示了气泡的上升运动规律，其中 S 表示位移，气泡 1～6 对应的 X 值分别依次升高，即所选 6 个点大致体现了管左侧、中间及右侧部位的气泡，具有一定

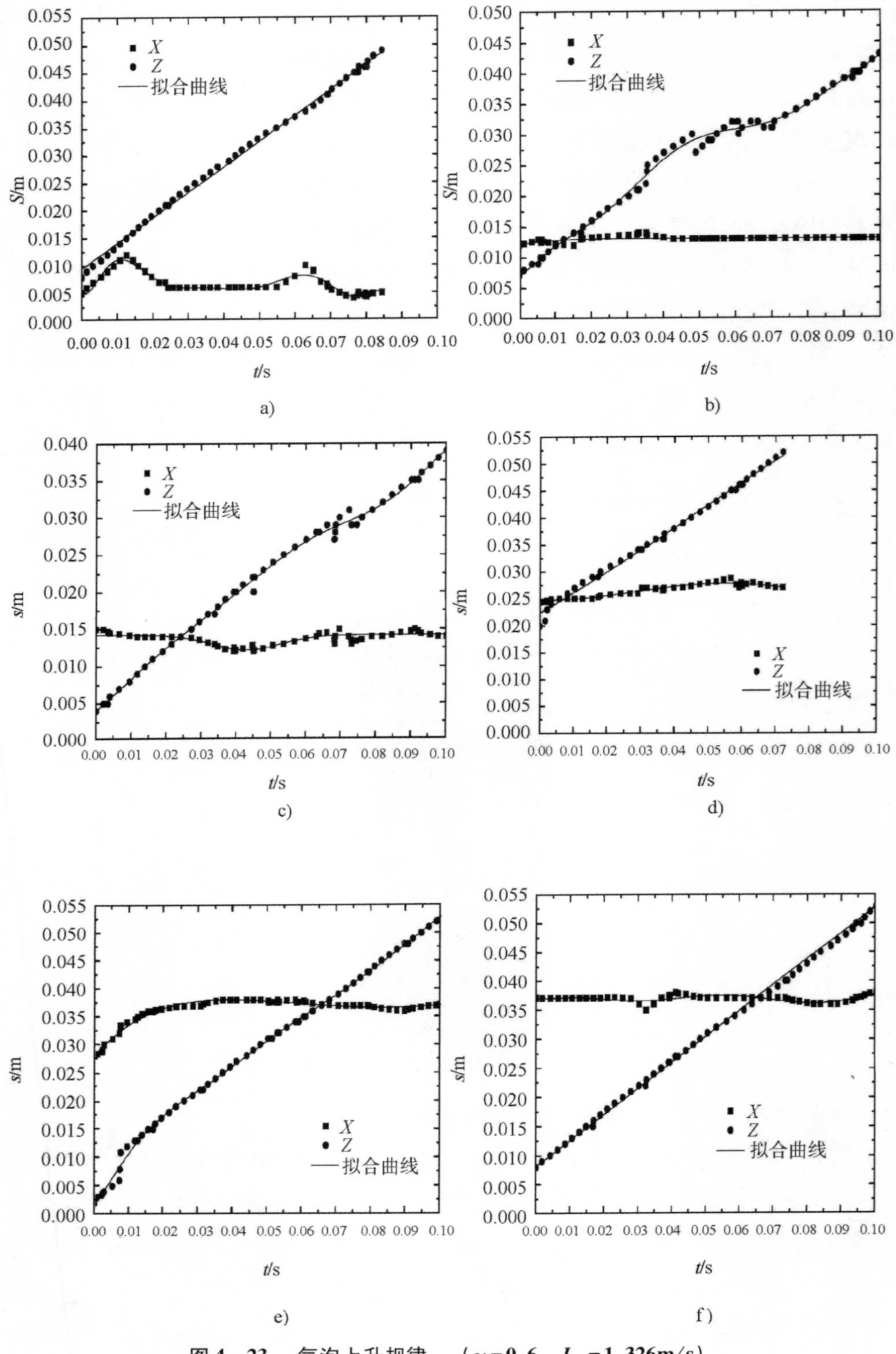

图 4-23　气泡上升规律　（$\gamma=0.6$，$J_G=1.326\mathrm{m/s}$）

a）气泡 1；b）气泡 2；c）气泡 3；d）气泡 4；e）气泡 5；f）气泡 6

代表性。从图中可知，气泡上升持续时间很短，6 个气泡均在追踪 0.1s 后要么出现溃灭、聚合，要么被遮挡而不可见。不过就测试段而言，气泡沿 X 方向整体变化较小，仅气泡 1 与 5 在初始段出现一定幅度的波动，究其原因是由于上述两气泡在初始段受到局部旋涡作用所致。而气泡沿 Z 向基本呈现显著的递增趋势，且上升过程近乎为线性变化，即可视其为匀速运动。由此可知，此工况下管壁附近气泡的上升运动较为稳定，瞬变现象较弱。

图 4 - 24 显示了气泡下降运动特征，与上述类似，所选 6 个气泡按 1′ ~ 6′顺序大致分别位于管左侧、中间及右侧部位。从图可知，以上所选 6 个气泡的持续时间更短。这虽不利于测试，但也从另一个方面更证实了管内气泡变化的随机性、突变型及不可预测性等均较强，同时也进一步说明气泡之间的聚合及分裂极为频繁，从而使得管内流型的可控性减弱。

从图 4 - 24 中可发现，在测试时间段内，所有气泡随时间变化其径向位置也相差不大，仅气泡 1′，2′ 和 3′在运动尾端表现出一定量的波动。分析其波动原因，应是由气泡附近存在旋涡场所致。值得指出的是，以上三个气泡均靠近管左侧，由此可推测，管内混合流体左侧部分应受到一较大旋涡场作用，利用高速摄像仪对此观测也确认了旋涡的存在。此外，气泡随时间沿轴向变化而呈递减趋势，但除气泡 4′外，其他 5 个气泡下降均表现出非线性特征。事实上，气泡 4′的采样时间极短，如若其持续时间延长，也应满足上述变化规律。由此可见，该工况下气泡沿轴向下沉随时间发展而其降速增加。据此可推出，此段内混合流体流态结构不稳定，应为流型转化阶段。显然，利用气泡的运动特征也可推测混合流体的流型发展过程。

综合考虑气泡沿 X 及 Z 向运动规律，还可获得气泡上升与下降的运动轨迹，其结果如图 4 - 25 所示。从图中可发现，气泡在上升之初其摆动与横移现象较为显著，由此可推测初始段内气泡所受横向剪切力应较大，从而导致其径向移动较为明显。而随时间发展，气泡径向运动受抑，整体呈稳定上升趋势。这说明气泡在经过初始段后其运动趋于稳定。此外，气泡下降均表现出一定程度的左偏特征。这说明管内右侧混合流体正遭受其底部来流冲击。据此可推出，混合流体的偏转必然导致其与管左壁碰撞，继而折射向右下方运动，即混合流体运动此时表现出一定的 S 形特征。由此可见，混合流体不止在上升运动中呈 S 形，其下降运动同样具有类似特征，但相应的波动幅度较小。这说明混合流体在上升过程中的运动稳定性要弱于下降过程。

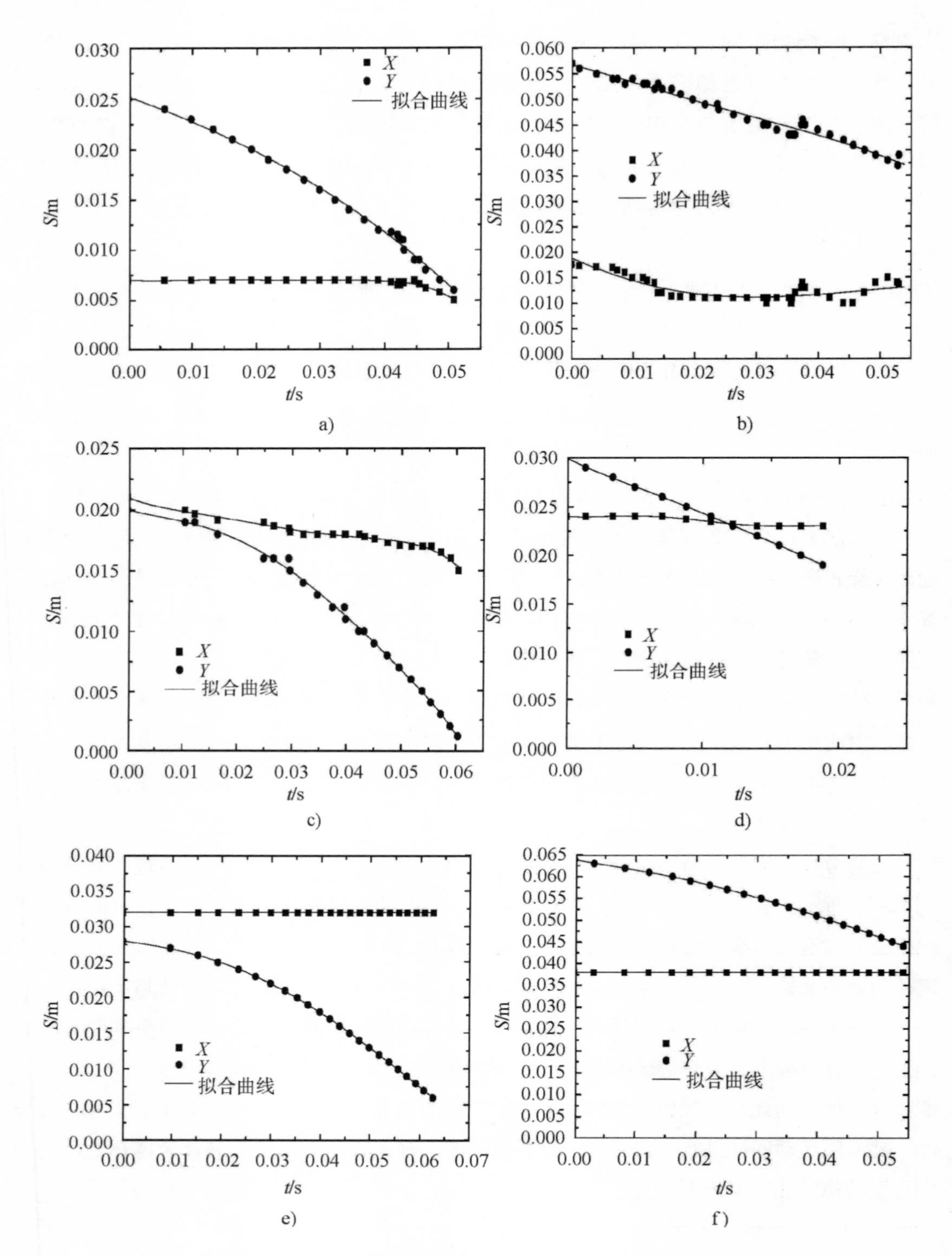

图 4-24 气泡下降规律 ($\gamma=0.6$, $J_G=1.326$m/s)

a) 气泡 1′; b) 气泡 2′; c) 气泡 3′; d) 气泡 4′; e) 气泡 5′; f) 气泡 6′

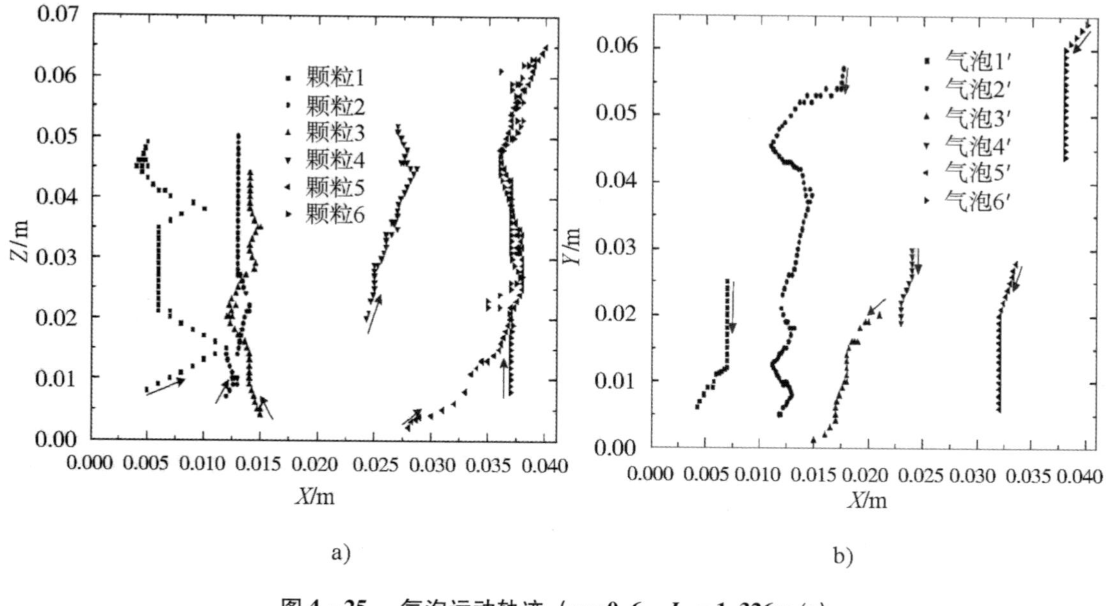

图 4-25 气泡运动轨迹（$\gamma=0.6$，$J_G=1.326\text{m/s}$）

a）上升；b）下升

4.4 颗粒分布及其运动特征

4.4.1 颗粒提升条件

固体颗粒在提升过程中，不是简单受其自身重力和绕流拖曳力作用，综合考虑影响因素，下面重点讨论颗粒在管道提升过程中主要受力情况。

（1）颗粒运动时的阻力

在实际的三相流动中，颗粒的阻力大小受到许多因素的影响，它不但和颗粒的雷诺数有关，而且还和流体的可压缩性、流体温度和颗粒温度、颗粒的形状、颗粒的燃烧速率、流体的紊流强度、气泡运动特性、固体颗粒的壁面的存在和颗粒群的浓度等因素有关。因此，颗粒的阻力很难用统一的形式表达。为研究的方便，引入阻力系数的概念，结合牛顿对黏性流体研究中得出的阻力计算公式，忽略气体对固体的影响，气举提升过程中颗粒的阻力计算公式可写为：

$$F_r = \frac{\pi r_s^{\ 2}}{2} C_D \rho_L |u_L - u_s| (u_L - u_s) \tag{4-3}$$

式中 r_s——颗粒当量半径，m；

ρ_L——流体密度，kg/m^3；u_L 和 u_s——分别代表流体速度和颗粒速度，m/s；C_D——阻力系数。

（2）颗粒重力与受到的浮力

单个固体颗粒在流体中的重力与浮力分别为：

$$G = \frac{1}{6}\pi d^3 \rho_s g \tag{4-4}$$

$$F_g = \frac{1}{6}\pi d^3 \rho_L g \tag{4-5}$$

结合式（4－4）、（4－5），建立固体颗粒在静水中平衡方程，可推得颗粒终端沉降速度为：

$$\omega = \sqrt{\frac{4(\rho_s - \rho_L) g d}{3\rho_L C_D}} \tag{4-6}$$

由于颗粒终端沉降速度是影响固体颗粒提升的关键因素，一般沉降速度越小，颗粒越容易提升，因此，沉降速度的研究对于气举提升有重要意义。

（3）压力梯度力

颗粒在有压力梯度的流场中运动时，颗粒除了受流体绕流引起的阻力外，还受到一个由于压力梯度引起的作用力。参考前人的研究成果，固体颗粒所受到的压力梯度力为：

$$F_p = \int_0^{\pi} [p_0 + r_p(1 - \cos\theta)\frac{\partial p}{\partial x}] \cdot 2\pi r_p^2 \sin\theta\cos\theta d\theta \tag{4-7}$$

式中 $\frac{\partial p}{\partial x}$——固体颗粒表面压力梯度，Pa/m；

p_0——坐标原点的压力，Pa。

当固体颗粒较小时，可以忽略压力梯度力的影响。

（4）虚假质量力

颗粒在流体中的运动是非定常的，当颗粒相对流体作加速运动时，不但颗粒速度增加，而且环绕颗粒周围的流体速度也会增大。推动颗粒运动的力不但增加颗粒本身的动能，而且也增加了流体的动能，故这个力将大于加速颗粒本身所需的合力，这反映在 $m_p a_p$ 上就好像颗粒质量增加了一样，所以这部分增加质量的力就叫做虚假质量力，或称表观质量效应。虚假质量力实质上是由于颗粒做变速运动引起颗粒表面上压力分布不对称的结果。

（5）Basset 力

Basset 力是由于颗粒与液体间存在的相对速度随时间的变化而导致颗粒表面附面层发展滞后所产生的非恒定气动力，由于该力大小与颗粒的运动经历有直接关系，所以该力又称为历史力（History Force）。有关 Basset 力的表达形式大多沿用 G. G. Stokes 和

A. B. Basset 的研究结果，其形式为：

$$F_B = 6{r_p}^2\sqrt{\rho\pi u}\int_0^t \frac{\mathrm{d}(u - u_p)/\mathrm{d}\tau}{\sqrt{t-\tau}}\mathrm{d}\tau \tag{4-8}$$

式中　t——当前时刻，s。

（6）Magnus 力

在多相流场内，当颗粒存在旋转运动时，一般来讲，会使颗粒产生一个与运动方向垂直的升力，这就是 Magnus 力。由于管道近壁区速度梯度较大，越靠近管壁 Magnus 力越大。在气举管道提升过程中，输送速度较大时，Magnus 力促使颗粒向管中心运动，从而减少了与管壁碰撞的机会。

（7）saffman 力

粒子在有速度梯度的流场中运动时，由于粒子上下部分的流速不同，粒子将受到一个沿垂直高度方向力的作用。当粒子上部的速度高于粒子下部的速度时，此力为向上的升力，称为 saffman 力。其表达式如下：

$$F_S = 6.48{r_p}^2\sqrt{\rho u(u-u_p)\frac{\mathrm{d}u}{\mathrm{d}y}} \tag{4-9}$$

式中　$\frac{\mathrm{d}u}{\mathrm{d}y}$——速度梯度。

一般情况下，在流动的主流区速度梯度可以忽略，此时，saffman 力也可以认为近似为零。

（8）气体作用在固体颗粒上的力

当固体颗粒在管道中运动时，特别是管道呈现高浓度状态，固体颗粒会与气体接触，固体表面就会受到气流的直接冲击作用，由气体作用在固体颗粒上的冲量就会转化为力作用在固体颗粒上。对于此力的分析，由于受其气泡的复杂因素影响，还没有提出合理性的计算公式。

在气力泵实际工作中，我们不可能都考虑这些因素，因此，适当忽略某些微小因素是我们计算模型建立的必要手段。下面将针对颗粒在气举管内运动情况求解单颗粒的提升条件。

在进行气举装置设计时，固体颗粒被提升时的临界条件是一个很重要的因素，如果考虑不详，则可能造成堵管，引发重大事故。在颗粒向上运动过程中，其受到的力主要是其自身的重力和周围流体对它的拖曳力，其他作用力可以忽略不计。对单颗粒利用动力方程可得如下公式：

$$\frac{\mathrm{d}u_s}{\mathrm{d}t} = -g\frac{\rho_s-\rho_L}{\rho_s} + \frac{3C_D\rho_L}{4d_s\rho_s}|u_L - u_s|(u_L - u_s) \tag{4-10}$$

式中　u_s ——颗粒速度；

u_L ——液流速度；

t ——时间；

ρ_s ——颗粒密度；

ρ_L ——液体密度；

d_s ——颗粒直径；

C_D ——阻力系数。

按式（4－10），若 $\mathrm{d}u_s/\mathrm{d}t \geqslant 0$ ，则颗粒才能被提升，令 $\mathrm{d}u_s/\mathrm{d}t = 0$ ，就可求出颗粒被提升水流的临界速度约为：

$$u_{\mathrm{L,cri}} \approx \sqrt{\frac{4d_s g(\rho_s - \rho_L)}{3C_D \rho_L}} \tag{4-11}$$

对于单颗粒被提升时，只要水流速度满足 $u \geqslant u_{L,cri}$ ，固体颗就得以提升。而当研究对象为颗粒群时，水流速度还没有达到式（4－11）所确定的临界值，一部分颗粒就开始被提升。这是由于固体颗粒的增加导致在流相内生成了一些小的局部流域，在这些区域内，流体速度很不稳定，有可能出现速度提前到达临界速度的情况，因此，一部分颗粒出现被提升的情况。但是这种情况极不稳定，因此，即使平均流速高于临界值时，也有可能出现速度波动到临界值以下的情况，造成局部堵塞。所以在进行实际提升时，一般要比理论临界值大。

4.4.2　固体颗粒的不同运动状态

由于固体颗粒在提升过程中要经历由颗粒床向提升管道进行转变。因此对固体颗粒的运动情况要分以下两种情况进行讨论：

（1）颗粒床中固体颗粒的运动状态

图4－26给出了随流速增加颗粒的运动形式。液流速度开始时较小，泥沙静止不动，流速增加至某一数值后，个别的颗粒会发生跳跃，随流速继续增大，泥沙颗粒开始向上滑动或滚动，形成接触质运动。当颗粒运动到图4－26b中的位置时颗粒顶部附近的流速增加，压力则相应降低；同时，液体对颗粒的拖曳力将增加，总的结果将使上举力加大，固体颗粒离开床底向上运动，当其遇到速度较高的液流，便被水流挟带着前进，在提升过程中，颗粒有可能因为水流速度的降低而开始减速，有时候甚至出现下降，此时若进一步增加流速，则颗粒继续上升。同时，当速度增加时，流动的紊动性也进一步加强，水流中存在着大小不同的旋涡，这时颗粒在跃起的过程中，有可能遇到向上的旋涡，并被带入主流区呈悬浮状。在同样的水流条件下，颗粒越细，进入悬浮状态的机会也越大。随流速的增

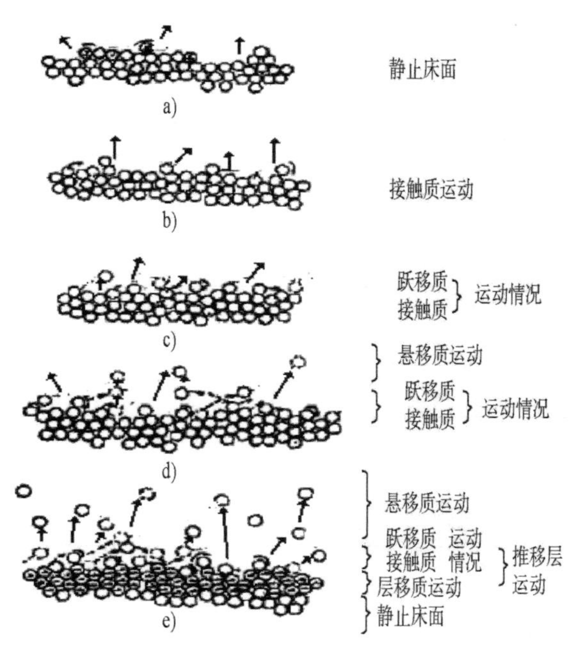

图 4－26　固体颗粒运动形式

加，一部分颗粒已经以滑动、滚动、跃移的形式跟随液体向上运动，一部分颗粒则由于其自身重力及颗粒间离散力的作用足以抵抗水流的拖曳力，继续在原来的位置静止不动，还一部分颗粒则有可能由于射流的紊动出现下滑情况。当水流拖曳力进一步增强以后，外层的颗粒减少，内层的颗粒也开始向上运动。随着流速的不断加大，运动不断向深层发展，底部的颗粒便逐层被提升。

（2）提升管中固体颗粒的运动情况

当颗粒在气举管道进行提升时，可以分为两种运动：一种是从管道入口处到进气口处段的固—液两相流，称为固液段；另一种是从进气口到管道出口处的气—液—固三相流，称为三相段。图 4－27a 是单颗粒在固液段内的轨迹，图 4－27b 是所选取的两个颗粒在固液段的运动轨迹，拍摄时间间隔相等。

如图 4－27 所示，靠近流体中心的固体颗粒扰动量较小，以较高的速度沿轴向运动，并且由于拍摄间隔相近，轴心固体颗粒速度可以近似认为是常数；靠近边壁的颗粒扰动量大，运动速度小，有时甚至出现下降的情况，这是由于靠近边壁的颗粒受流体切应力大，并且与边壁碰撞的可能性也大，因此颗粒运动随机性强，运动极不稳定。

在三相段中，由于气泡运动的不稳定，因此，流体运动的紊动因素加强，固体颗粒在此段内运动不确定性也相应增加，又由于固体颗粒之间会发生碰撞，这使得颗粒的运动更加复杂化。Hitoshi Fujimoto 等采用摄像对此进行的研究结果表明：颗粒是以滚动或者跳跃式向上运动，运动速度先增加，直到到达一个峰值再下降，速度变化呈现周期性趋势，这

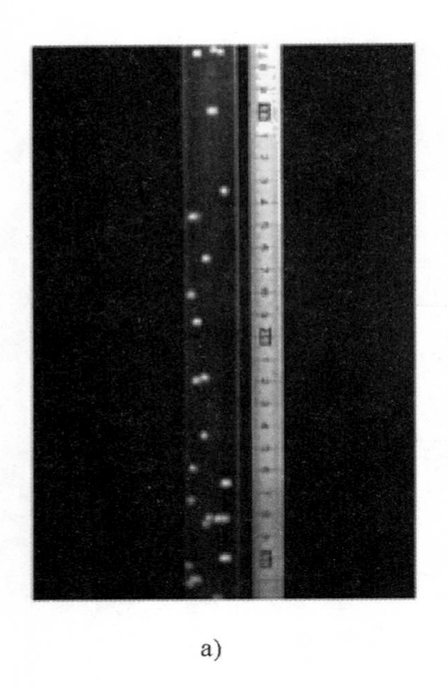

a)

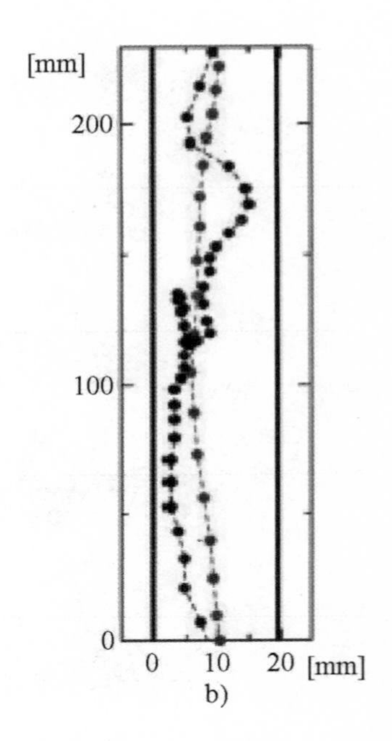

b)

图 4－27　颗粒在固液段的运动轨迹

a）单颗粒；b）双颗粒

是由于液体的脉动特性。

4.4.3　基于高速摄像技术的颗粒分布及其运动特征

前述针对于气泡的研究表明其结构、分布及其运动规律对混合流体流场结构的影响极为显著，直接决定了气力提升性能的优劣。由此可见，固体颗粒的分布及其运动规律同样受此作用极大。为进一步阐明气泡对颗粒输送的影响机理及规律，以高速摄像技术为基础，从颗粒角度出发分析其分布及其运动规律。

之前研究表明，多种流型状态下管内几乎未含颗粒，因此仅在弹状流、搅拌流和细泡状流下探讨颗粒的分布规律，结果如图 4－28 所示。在弹状流下，颗粒含量很低，部分颗粒位于泰勒泡前端液团中随液体上升，而另一部分颗粒则位于泰勒泡周围的液膜中并与其一起下降。而在搅拌流下，颗粒含量较弹状流大幅上升，且主要分布在管壁附近，仅少量颗粒进入流道芯部。此外，颗粒因气团与液团的掺混作用而导致其趋于离散，似群落式分布。当管内为细泡状流时，颗粒浓度较搅拌流进一步增加，大量颗粒渗入流道芯部，且较为致密、均匀落在混合流体中。显然，细泡状流极利于增强气力提升颗粒的能力。

图 4－29 给出了既定工况下周期内颗粒随时间变化的分布特征，其中为突出颗粒的典型特征，所选周期的初始时刻与图 4－19 和图 4－20 不同。由图 4－29 分析可知，在起始时刻，颗粒主要集中在管壁附近，且大致呈多 U 形分布。且颗粒在 U 形底部较为集中，

图 4－28　不同流型作用下的颗粒分布特征

特别是两 U 形相邻段颗粒最为密集。随时间发展，颗粒浓度增大，且逐渐进入流道芯部，并在 $t=0.0772$s 时已完全充满视窗段混合流体，此时颗粒浓度及紧密度较之前大幅提高。而当时间继续增加，颗粒浓度转而衰减，中心部分的颗粒逐渐向管壁迁移，并在 $t=0.1778$s 时其迁移基本结束，管内中心几乎无颗粒，而此时管壁附近颗粒较多，但较之前时刻（$t=0.1226$s）有所降低。随后，管壁附近颗粒持续减少，并沿轴向有被分割、离散的趋势。当时间增加至 $t=0.4096$s，颗粒周围气泡急剧锐减，管内近乎为液—固混合流体，且颗粒分布较之前其离散程度更高。在接近周期尾端（$t=0.5854$s），颗粒在管内分布又转至多 U 形结构，且颗粒同样在两相邻 U 形连接处较为密集，不过此时 U 形数量显著高于初始时刻。对于这一特殊结构的形成，可以认为是由管内混合流体的脉动所致。对其他工况进行研究也可得出类似结论，只不过其 U 形结构特征不显著，然而其分布的重复性仍存在。

由前述混合流体运动规律可知，既定工况下颗粒在管内的运动随时间变化主要表现为上升和下降，而其中颗粒升与降的转折段涉及管内流型转化。因此，阐明颗粒在上升及下降极值点附近的变化规律尤为重要。在分析颗粒运动规律时，同样利用图 4－22 所示的软件。值得指出的是，虽然颗粒不像气泡发生膨胀、溃灭，但也易被其他颗粒或气泡遮挡，导致其不可见。因此，实际中能捕捉到符合要求的颗粒也相当少。

图 4－30 体现了颗粒在其上升极大值点附近的变化规律。从图中可知，所选三个颗粒随时间发展其径向位移变化不大，而其轴向位移则呈现出显著的先升后降之规律。对于颗

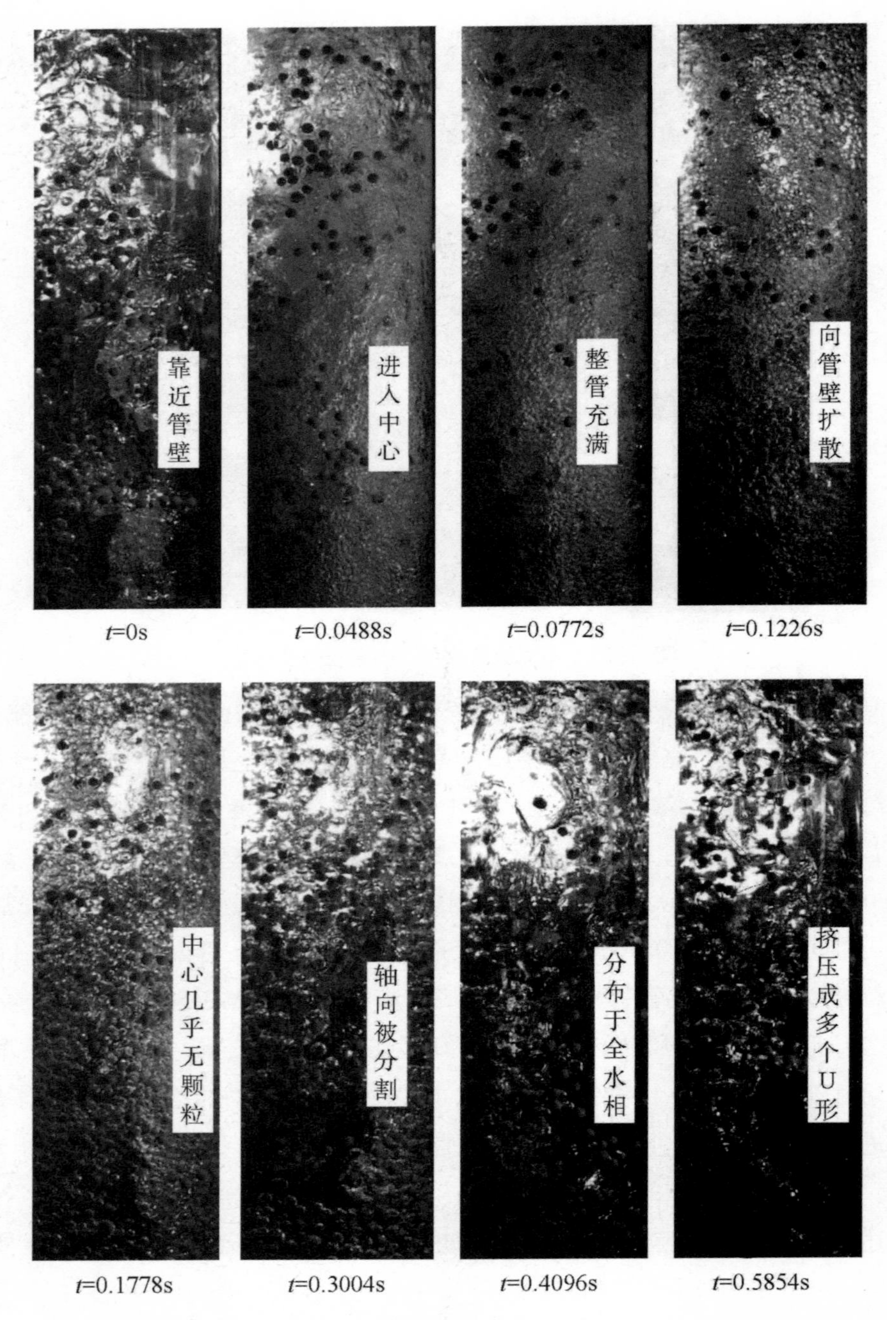

图 4－29　颗粒随时间变化的分布特征（$\gamma=0.6$，$J_G=1.326$m/s）

粒出现径向位移偏移的现象可作如下解释：一方面，混合流体中旋涡的存在会导致其上、下边缘附近颗粒受到切向力而沿 X 移动，且旋涡越强烈颗粒径向位移偏移越大；另一方面，颗粒左右侧如若发生气泡膨胀或溃灭，同样也会引发颗粒出现径向跳动。由于此工况下颗粒仅发生小幅径向位移偏移，可判断此时颗粒附近旋涡强度应不大，且其两侧气泡溃

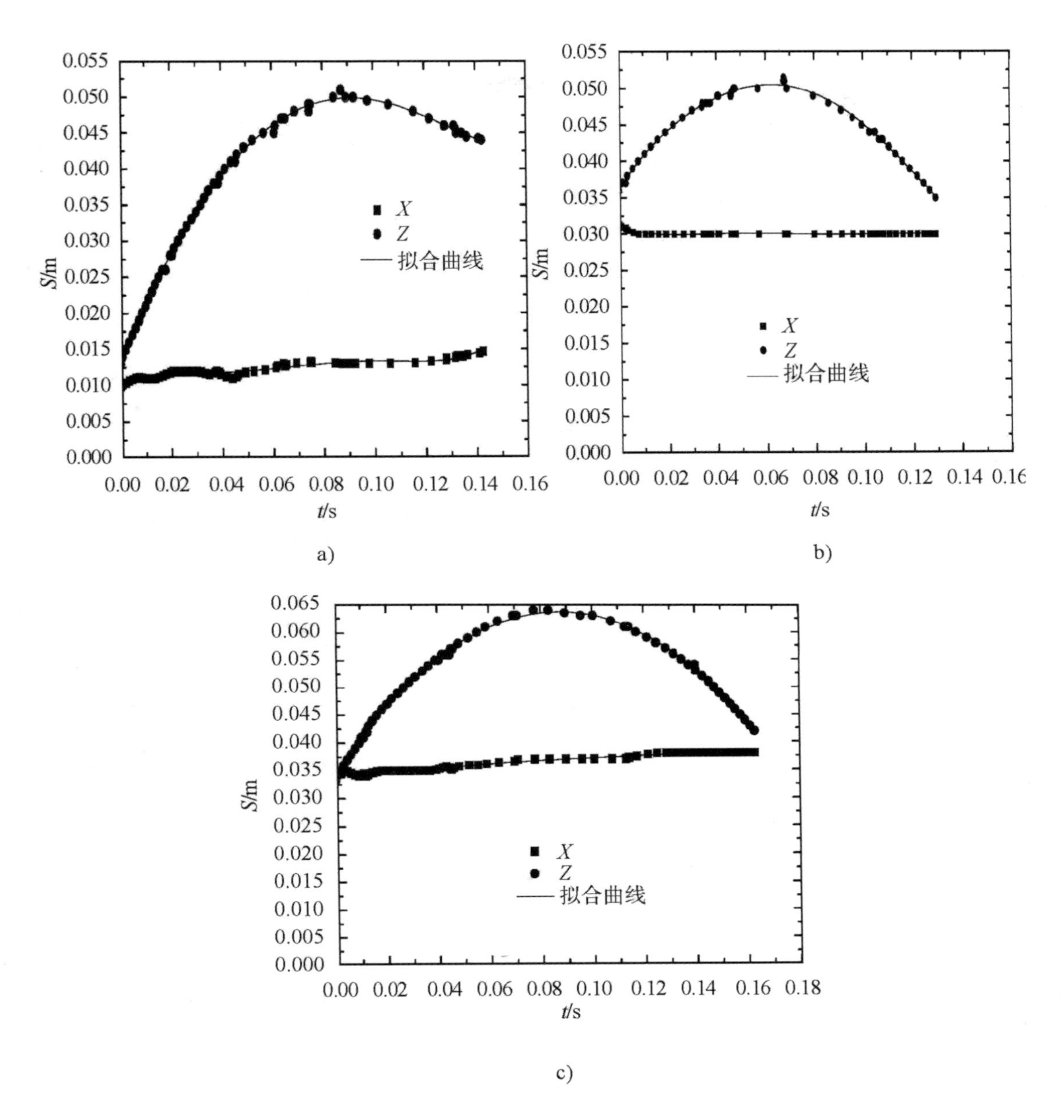

图 4－30　颗粒在其极大位移附近段随时间的变化规律（$\gamma=0.6$，$J_G=1.326$m/s）

a）颗粒 1；b）颗粒 2；c）颗粒 3

灭、膨胀效应也应相当。颗粒沿轴向所表现出的转向特征，则是由于颗粒在升至最大值后因气力不足而主要受重力作用所致。由此可见，虽然进气口气体供给为连续方式，然而在实际提升时气体却表现出较为强烈的脉动特征。由图还可发现，颗粒在上升过程中偶尔还会在某时刻出现跳跃现象，导致其位移近似为突变。结合上述气泡聚合与分裂规律进行分析，应该是由于颗粒某侧气泡出现“塌陷”式溃灭引发瞬间冲击，诱发打击力突变所致。

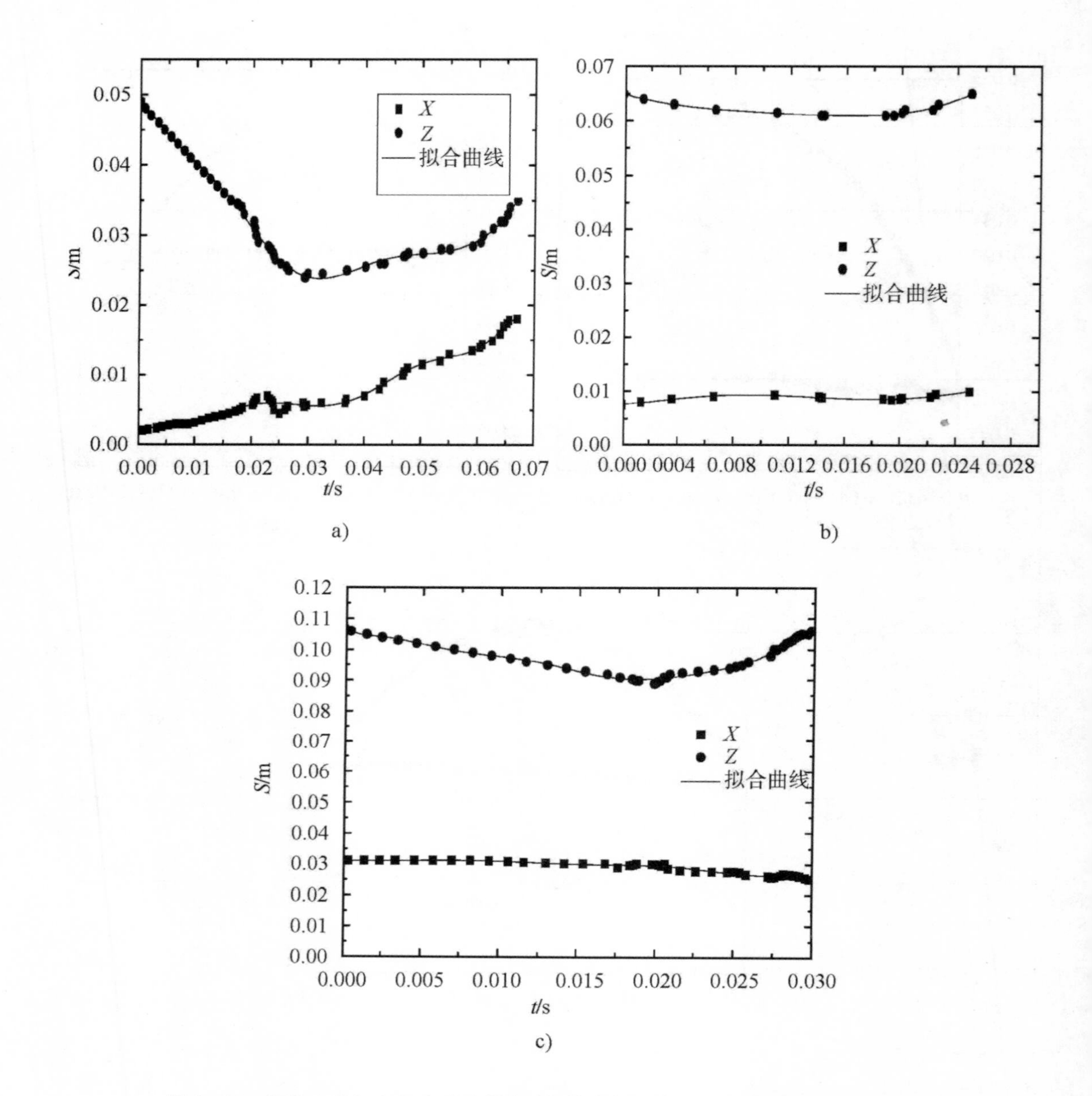

图 4－31 颗粒在其极小位移附近段随时间的变化规律（$\gamma=0.6$，$J_G=1.326$m/s）

a）颗粒 1′；b）颗粒 2′；c）颗粒 3′

图 4－31 展示了颗粒由下降转至上升过程中的变化规律。从图中可得，随时间增加，颗粒的径向位移出现较大幅度变化，且其轴向位移的下降段与上升段的对称性较图 4－30 明显减弱。这说明此段混合流体应存在较大的旋涡，导致旋涡附近颗粒出现较大偏移。事实上，结合此段内高速摄像图示结果可知，颗粒下降主要由其重力控制，而其上升则主要是受底部气流冲击作用的影响，且之后形成的混合流体由前述研究可知呈 S 形运动，由此

可解释颗粒径向位移偏移较大与运动对称性差之事实。另外，此段内亦出现颗粒偶尔跳跃现象，其原因与上述分析类似。

图 4－32 给出了颗粒的运动轨迹。从图中可发现，颗粒的轨迹特征较为复杂，具有很强的随机性。不过就整体而言，颗粒在图 4－32a 中的上升及下降运动较为稳定，未沿径向出现大幅偏移，且运动具有一定的对称性。由此可见，颗粒在由上升转至下降过程中对应的混合流体结构较为单一，未造成流型剧烈转化。而颗粒在图 4－32b 中的运动则极不稳定，颗粒不仅沿径向出现了大幅跃迁，且颗粒 1′与 3′的运动轨迹表现出较强的非对称性。虽然颗粒 2′的轨迹显示出对称性，但是其运动方向转变极大，这说明颗粒在运动中依次收到了左侧及右侧的旋涡推动作用。由上述结论可推，颗粒在由下降转至上升的运动中对应的混合流体结构较为复杂，其随时间变化出现了较为强烈的流型转变。该过程一方面有利于混合流体快速过渡至细泡状流，进而起到增强气力提升颗粒能力的作用；另一方面又因其引发的不稳定性导致混合流体阻力损失加剧，从而导致效率减弱。据此可以解释第三章中效率曲线峰值与固体排量曲线峰值位置存在较大差异的原因。

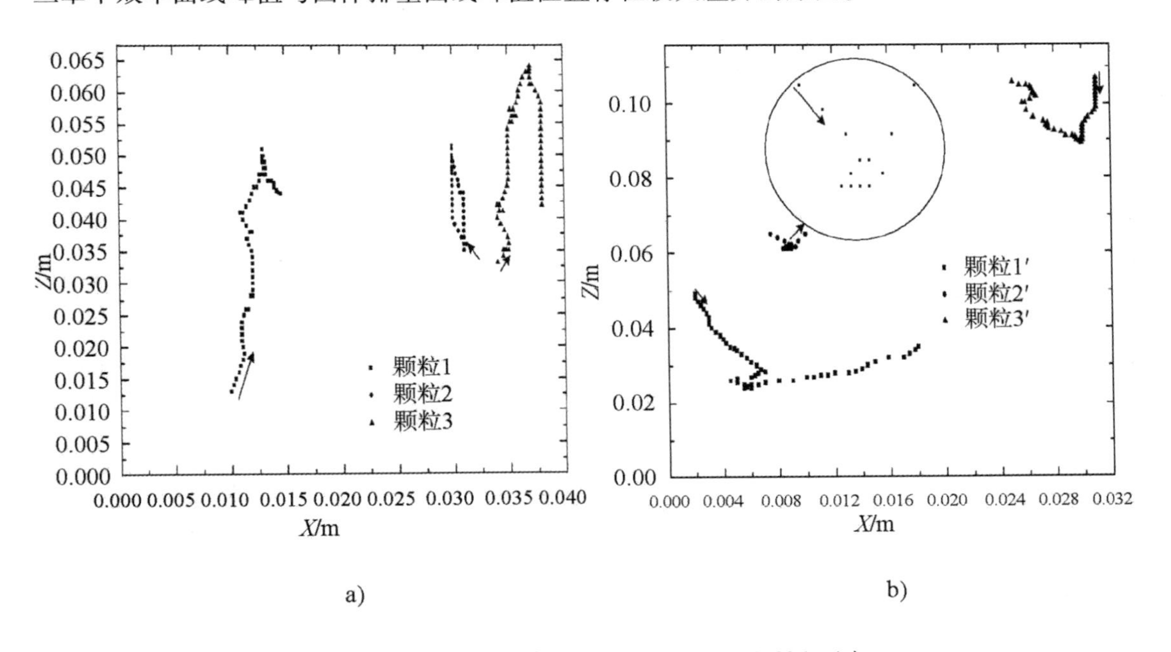

图 4－32　颗粒运动轨迹（$\gamma=0.6$，$J_G=1.326\text{m/s}$）

a）先升后降；b）先降后升

4.5　进气方式强化浆料气力泵性能机理

由之前研究结论可知，进气方式虽对液体表观流速影响很小，但却能显著改变固体表观流速。针对这一推论，笔者已在之前研究中通过大量实验给予佐证，然而其相关机理尚不明确。为此，利用高速摄像仪比较不同进气方式下管内流场结构及运动特征，以揭示进气方式影响气力提升性能的机理及规律。

图4－33体现了不同进气方式下混合流体结构随气体表观流速变化的演变特征。由图可见，随气量值上升，环喷式进气方式管内流型依次为泡状流、搅拌流、细泡状流和环状流，未出现径向式进气方式下原有的弹状流型。这是由于环喷式引发的强动量交换效应导致混合流体紊动强度高，进而抑制气泡聚集所致。此外，进气方式的改变使得原有气力提升系统（径向式）在低气量值下产生的提升失效转而复苏。由此可见，低气量值并不是制约气力提升固体颗粒的瓶颈，而是可以通过合理的进气方式“激活”。分析图4－33还可知，与径向式气力泵比较，环喷式气力泵不仅造成有利于颗粒提升的流型大幅提前，还使得细泡状流持续时间显著延长，且在同气量值下其形成的气泡更细，混合流体速度更快，颗粒浓度更高，从而起到大幅增强气力提升颗粒能力之功效。而且即使在后续环状流型下，环喷式气力泵也携带了一定量的颗粒。由上可知，合理的进气方式不仅使得颗粒输送的有效流型范围变宽，还使得气、液、固各相传质能量增强。

基于图像处理技术将图4－33转化为灰度概率图，即可获得如图4－34所示的结果。由此而得，两种进气方式对应的灰度概率图仅在 $J_G = 1.326$m/s 和 3.979m/s 时相似度较高，而在其他四种气量值下相差较大。结果说明当气体表观流速分别为 1.326m/s 和 3.979m/s 时，进气方式对管内流场结构影响较小。而在 $J_G < 1.326$m/s 段，采用环喷式气力泵对应的混合流体灰度级数高于径向式进气，且这种差异随气量值减小而显著增强，不过此段内前者对应的灰度级数相差较小，约为100。这是由于环喷式气力泵使得管内在低气量值下就可形成较为细密的气泡及较多的颗粒，从而可减弱灯光干涉，进而促进混合流体层次及逼真度提高。在高气量值下，虽两种进气方式对应的灰度概率图存在差异，但其对应的灰度级数却较为接近。由此可见，虽此工况下管内流场结构相似度较差，然而两者对应图像的层次及逼真度却相差不大。

表4－3　不同进气方式下混合流体标准偏差的比较（$\gamma = 0.8$）

名称	σ	σ	σ	σ	σ	σ
J_G	0.123	0.221	0.663	1.326	3.979	6.631
径向式	75.3581	62.0129	68.901	45.601	74.431	58.187
环喷式	70.282	67.981	44.933	45.301	74.654	60.012

基于图像处理技术不仅可以获得上述灰度概率图，还可从中计算得出对应的混合流体标准偏差 σ，并利用其实现流型识别，结果如表4－3所示。将表4－3中各气量值下对应的混合流体 σ 值与表4－2的结果进行比较，即可发现，环喷式进气方式对应的混合流体

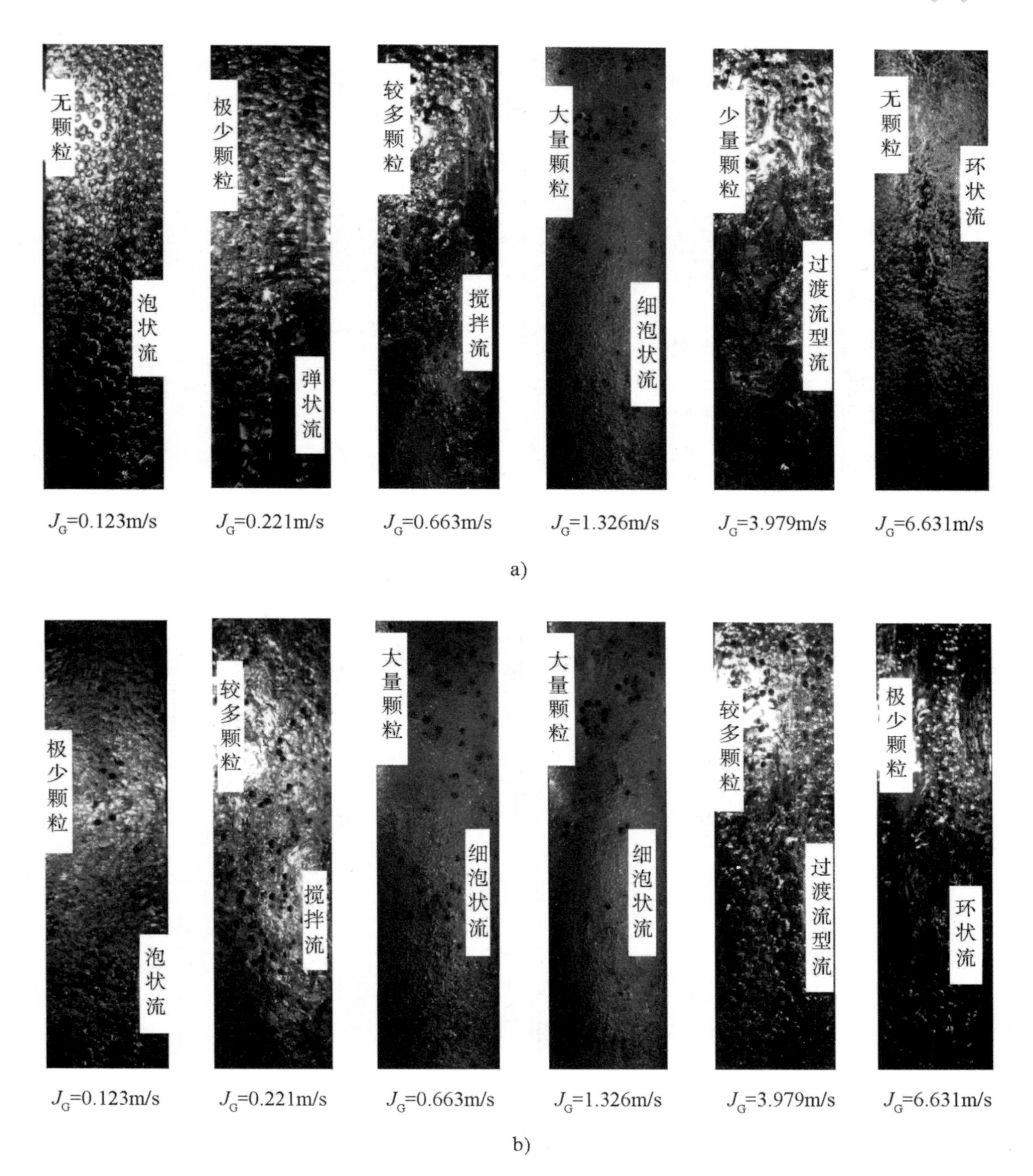

图4-33 不同进气方式作用下管内流场结构随气体表观流速的变化规律（$\gamma=0.8$）

a）径向式；b）环喷式

在较小气量值下（$J_G=0.221\mathrm{m/s}$）就已进入搅拌流型状态，且在$J_G=0.663\mathrm{m/s}$时也已转至细泡状流型。结论与图4-33结果基本一致。显然，利用图像特征值可以实现流型的量化预估，具有快速、简洁及高精确性等优点。

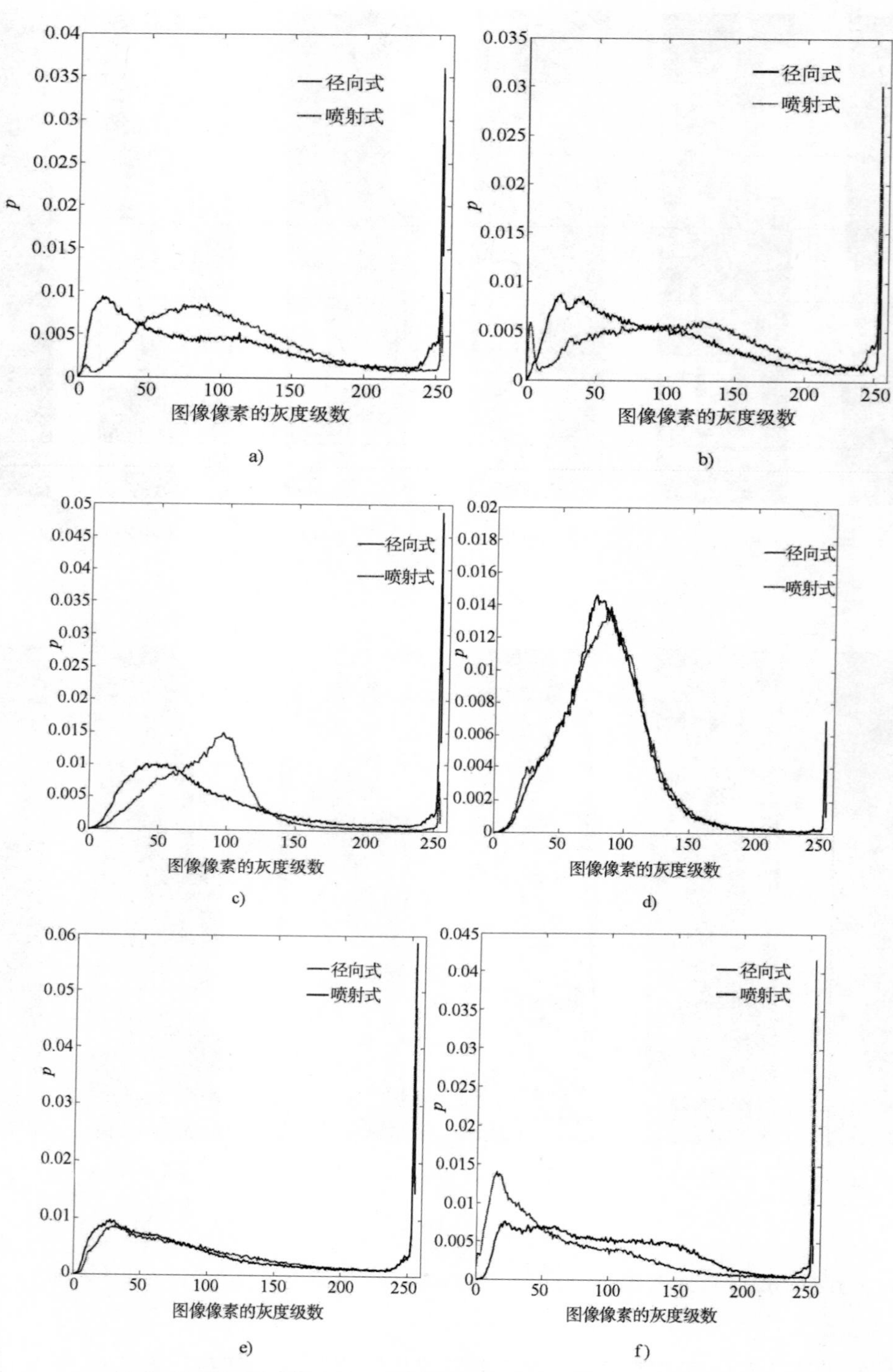

图 4-34 不同进气方式下混合流体灰度概率图比较（$\gamma=0.8$）

a）$J_G=0.123$m/s；b）$J_G=0.221$m/s；c）$J_G=0.663$m/s；

d）$J_G=1.326$m/s；e）$J_G=3.979$m/s；f）$J_G=6.631$m/s

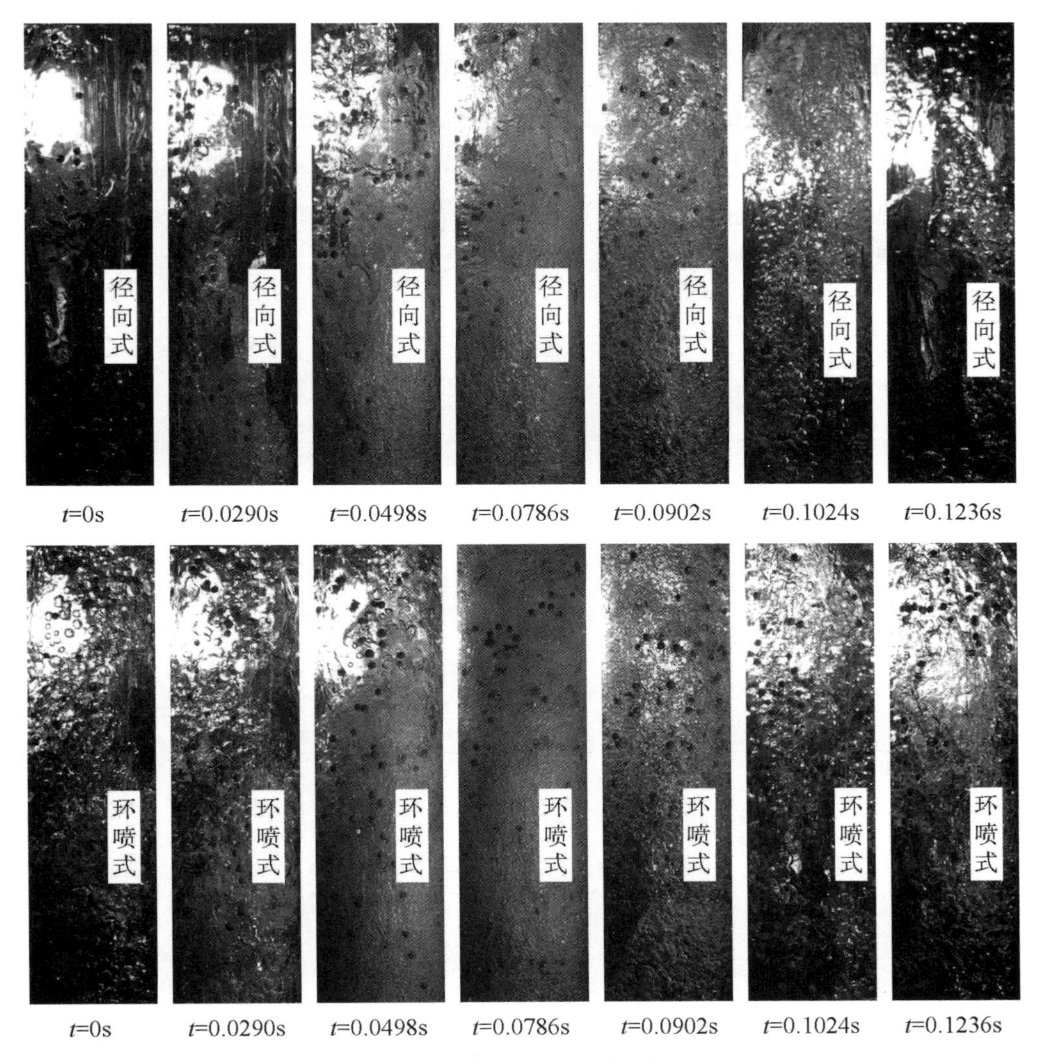

图 4－35　不同进气方式作用下管内流场结构随时间的变化规律（γ = 0. 3，J_G = 1. 326m/s）

a）径向式；b）环喷式

为进一步探讨进气方式影响气力提升性能的机理及规律，在低浸入率工况下（γ = 0. 3）分析环喷式与径向式进气方式分别作用下混合流体结构随时间的变化规律，结果如图 4－35 所示。由图可知，在初始时刻，两种进气方式分别作用下其管内流场结构特征就不一致，在环喷式进气方式下，管内就已形成较为显著的气—液—固三相流，而径向式进气作用下管内则基本呈液—固两相流，且前者固体含量较后者显著提高。之后随时间发展，环喷式进气方式对应的颗粒含量在任一时刻均高于径向式。特别是在 t = 0. 0786s 时，两种进气方式对应的管内颗粒含量均为最高，且环喷式进气作用下颗粒含量要远高于径向式。此时还发现，前者形成的气泡更为细小，且致密度更高。究其原因，则是由环喷式进气方式对应管内的动量交换更强，管内气泡更易被细化所致。另外，还可由图像统计分析得出混合流体的振荡频率，分别为7.51Hz（径向式）和7.06Hz（环喷式式），且两者对应的提升比分别为0.22和0.38。结果说明，与径向式进气比较，环喷式进气方式不仅减弱了混合流体的振荡频率，使之有向高浸入率工况转化的趋势，还使得颗粒下降段因提升比大幅上升而急剧缩短，从而有效增强了气力提升固体颗粒的能力。进一步分析表明，进气方式对气力提升性能的影响主要是通过改变提升比来实现的。

第 5 章 基于小波分析的气力泵内部流型特征

5.1 流型图像获取及信号采集实验

气力提升系统可根据实验要求，在提升管内可实现气液两相流到气－液－固三相流的转变，结合前人的实验，发现提升管内在不同进气量和浸入率下，会出现不同的流动情况，而且在相同条件下，流型是可重复出现，而不是随机发生的。同时发现，在不同的进气量和浸入率下，气力提升系统的提升效果会有不同，即通过系统在相同的一定时间内的扬水量、扬固量来表示。此种种现象说明提升管在不同的流动情况下，提升的能力也有所不同。

采用高速摄像仪拍摄气力提升管内的流动情况，能对管内的流动情况进行慢放观察并可在 PCC 软件进行图像分析，并且在拍摄的整个过程中，不会影响到提升管内的流场。同时结合压力动态信号采集系统，实时对提升管内不同的流场运动下压力动态信号进行采集。

本实验工作主要是实现气力提升系统提升管内多相流图像的采集及压力动态信号的采集。结合前人的大量的实验基础及研究成果，改进出能模拟实际工作情况的更加完善的提升系统，并在此基础上同时加入高速摄像仪采集系统和压力动态信号采集系统。实验中，供水回路在循环的利用方面也作了很大改进，基本上实现实验中能循环利用。而在提升的液固浆体中也能实现有效的分离，能使实验中测量扬水量、扬固量的数据更准确。

5.1.1 实验目的

实验主要分为气液两相流实验与气－液－固三相流两大部分。

在气液两相流实验中是为了找出在气力提升系统中两相流中出现的流型，与经典两相流进行对比研究，对其特征进行理论补充并与经典流型对照是否存在差异性等，同时研究分析气液两相流中流型的转变机理。明确气液两相流中的流型后，通过小波分析对各流型特征进行提取，能对流型的分析理论进行验证，更主要的是得出能对流型进行辨识的方法。

在气－液－固三相流实验中首先得出三相流中的各种流型，分析各流型的特征，以及各流型相互转变的机理，并分析得出最利于提升固体的流型。然后在实验中采集各流型的扬水量、扬固量，验证流型的提升效果。同时基于小波分析提取各流型特征值，对流型理论分析进行验证，并得出能对流型实现辨识的方法。

5.1.2 实验装置

气力提升系统实验装置如图5－1所示，系统主要由提升系统、供气系统、供水系统、供沙系统、图像采集系统、压力动态信号采集系统等六大部分组成。提升系统由气体喷射器、有机玻璃水箱、有机玻璃提升管组成。供气系统由空气压缩机、进气管、精密空气净化器、流量控制阀和涡街流量计组成。供水系统由可调供水箱、液位计、供水管组成。供沙系统由固体输送器、控制阀和输送管组成。图像采集系统由高速摄像仪、可调照明设备、计算机组成。压力动态信号采集系统则由压力变送器、动态数据采集仪、计算机组成。图5－2所示为实验装置实物图，实验中主要设备的相关参数如下：

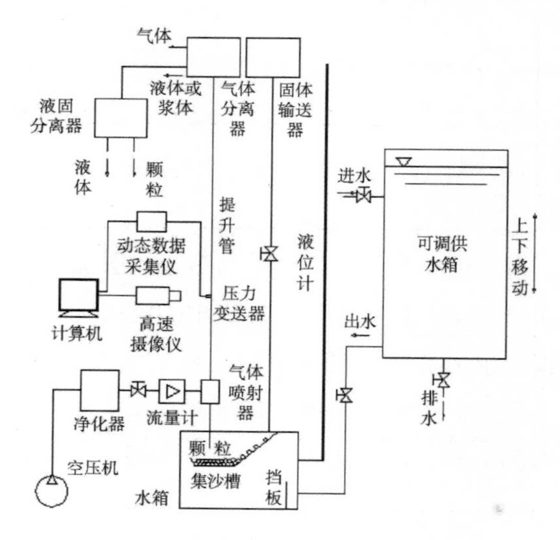

图5－1 实验装置图

（1）空气压缩机，简称空压机。其为气力提升系统提供动力，工作参数为：转速860r/min，工作压力1.25MPa，功率7.5KW，排量1.05 m^3/min，容积为270L。

（2）精密空气净化器。空气压缩机因自身的工作特性，压缩的空气具有一定的波动，会对实验精度、准确方面有一定的影响，精密空气器能减少空压机压缩空气的波动，同时

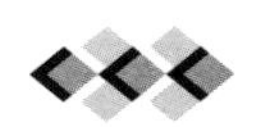

能减少压缩空气中80%～90%的水分，净化空气中油、水和其他杂质，以减少对实验中一些精密仪表的损坏，如涡街流量计。本实验中采用型号为JH－115的广州五羊空压机，其主要工作参数为：公称容积流量为$1m^3/min$，极限压力1.5MPa，入口温度5～50℃。

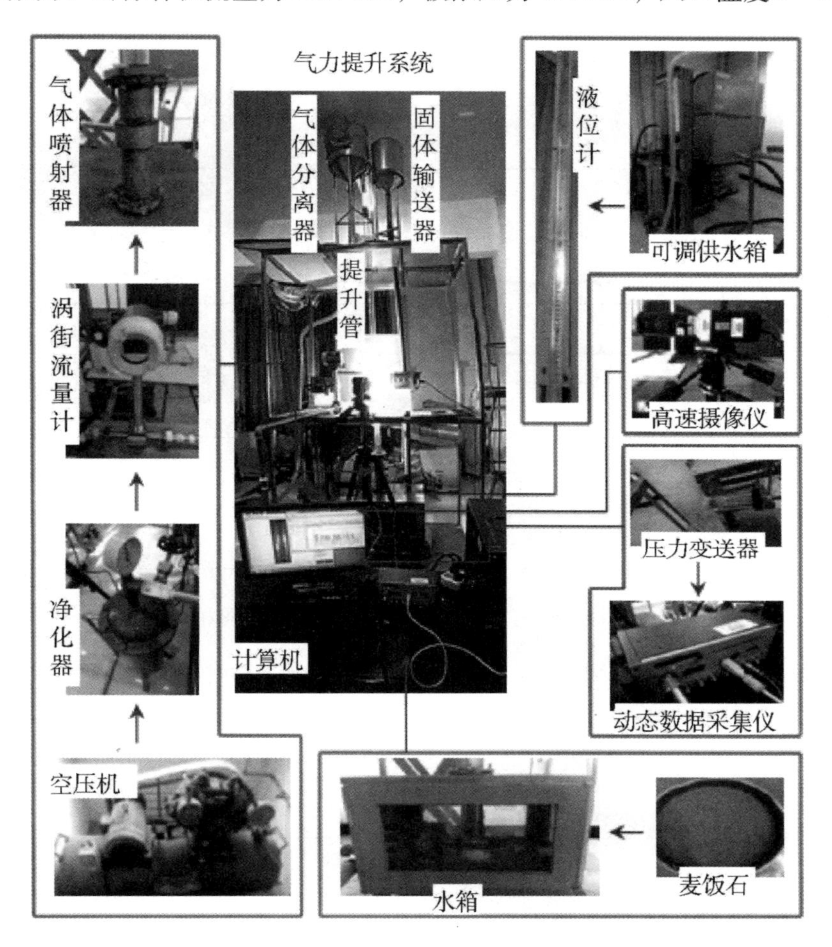

图5－2　实验装置实物图

（3）涡街流量计。以卡门涡街原理研制的涡街流量计，因其具有压力损失小、测量几乎不受流体密度、黏度、压力、温度等影响而工作稳定可靠、精度高、且测量量程范围广等优点，广泛应用于工业管道中气体或液体的流量测量。其主要工作参数为：额定压力1.6MPa，额定温度250℃，精确度为0.5级，测量介质为气体，最大测量流量为$60m^3/h$。

（4）气体喷射器。气体喷射器的结构图与实物图如5－3所示。当压缩空气进入到气体喷射器腔体内，经环形间隙后会产生局部真空，气体喷射器底部的固体也在压差的作用下被拖曳吸入到混合腔，此时，固液两相流与压缩空气发生能量交换而与气相结合，进入到提升管后，形成气－液－固三相流。气体喷射器是气力提升系统的关键部件，其环形间隙大小、角度的设计，会影响到其提升性能，而且间隙太小的会发生堵塞，间隙太大固相颗粒也会进入而改变缝隙的大小，影响实提升的稳定，流型也会因此发生改变。整个气体喷射采用40Cr整体焊接工艺连接，两端的法兰能实现密封连接。

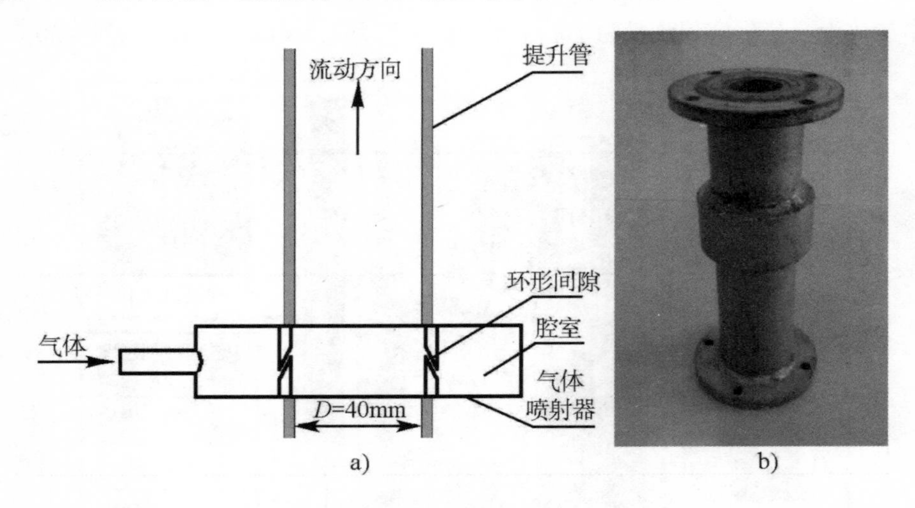

图5－3　气体喷射器

a）结构图；b）实物图

（5）高速摄像仪。高速摄像仪采用美国约克公司的PhantomM系列高速相机，型号：PhantomM310＿12G，最大分辨率为1280×800，最大帧率为400000 fps，单位像素面积大小20mm^2。该高速摄像仪经PCC软件可实现曝光时间，拍摄速率、拍摄分辨率等参数设置，经拍摄的视频能在此软件中实现慢速度回放，也可转换成图片。本实验中使用的拍摄镜头为65短距镜头。其实物如图5－4所示。

图5－4　高速摄像仪实物图

图5－5　动态数据采集仪实物图

（6）动态数据采集仪。动态数据采集仪由控制单元和应变全桥单元组成，其型号分别为：TMR－200、TMR－211。该采集仪是一种小型多通道数据采集系统，可组合应变、温度、电压、循环数等各种传感器输入单元，最多能同时测量80通道，100kHz的高速采样，与计算机USB连接能监视和显示测量结果。在自带的软件中能对采样时间、采样频率、输入通道、输出通道等参数的设置。其实物图如图4－5所示。

（7）压力变送器。压力变送器为专门定制型号，定制的综合精度为0.1%FS，安装在距气体喷射器进气口高460mm的提升管上，这高度能让管内的流型充分混合，使测量的压力动态信号为是真实的流型压力动态信号。其型号为：MIK－P300，测量量程为0～0.6MPa，对应输出的电流信号为4～20mA，供电为24VDC。其实物图如图5－6所示。

（8）有机玻璃水箱。水箱在提升固体时会产生强烈的冲力，对水箱顶板形成不断冲击，其疲劳强度要达到实验要求。且水箱内压力较大，水箱必须有足够的抗压性，按照实验要求也必须具备足够的密封性与抗腐蚀性。经过综合考虑，设计水箱尺寸为800×600×1000mm，材料为有机玻璃板与PVC材料板结合，其实物图如图2－7所示。

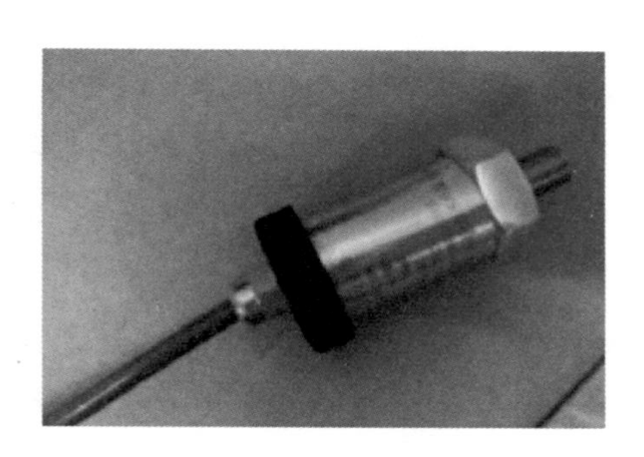

图5－6　压力变送器实物图

图5－7　有机玻璃水箱实物图

（9）有机玻璃提升管。提升管是输送液体或浆体过程中会发生剧烈的摩擦与碰撞，使能量大大损耗，所以其要具备抗磨、抗压和抗腐等特性，而且为了能达到拍摄效果，其能清晰观察到管的流动情况。在综合考虑各种要求，最后选定劈面光滑的直有机玻璃管作为提升管，实验段总长为2560mm，内径为40mm，外径为50mm。

（10）液位计。液位计由PMMA玻璃管和刻度标尺组成，与可调供水箱、有机玻璃水箱联通。液位计能实时显示提升管中液面高度，通过可供水箱的上下调节与刻度标尺的读数，实现浸入率的调节。其中浸入率要通过计算，才能在刻度标尺中找到与之对应的刻度，调节可调节水箱使实验过程中时刻保持着稳定的浸入率。

5.1.3　实验过程及方法

为了表达，将实验中所有变量定义如下：

（1）浸入率：γ

浸入率为进气口到提升管内液面的距离 L_2 与进气口到提升客出口的距离 L_1（即实验

段的提升管长度，总长度为2560mm）之比，即浸入率 $\gamma = L_2/L_1$。在本实验中浸入率取值为0.3，0.4，0.5，0.6。具体液面高度与浸入率对照表如表5－1所示

表5－1　液面高度与浸入率对照表

浸入率 γ	0.3	0.4	0.5	0.6
液面高度 L_2mm	768	1024	1280	1536

（2）进气量：Q_G

进气量是通过涡街流量计和流量阀门共同来调节。实验中最大进气量为25 m^3/h，通过折算流速为22.12 m/s。其折算公式为 $V_G = Q_G/A$，A 为管道截面积。具体气体流量如表5－2所示。

表5－2　气体流量及流速

气流量 $Q_G m^3/h$	1	2	3	4	5	6	7	8	10	12	15	18	20	22
气流速 $V_G m/s$	0.88	1.77	2.65	3.54	4.42	5.31	6.19	7.08	8.85	10.62	13.27	15.92	17.69	19.46

实验前开启空气压缩机，空气经压缩后进入净化器，打开进水阀门，调节供水箱使提升管内液面达到确定的浸入率，打开气体流量调节阀使气体进入提升泵，从而形成气举效应，此时提升管内为气液两相流，气液到达气体分离器后，气体排出大气，液体经液固分离器回收循环利用。当打开固体输送阀门，管内将由两相流转为气－液－固三相流，固体最终也在液固分离器中回收。实验过程中，打开照明灯，调整高速摄像仪镜头焦距，使拍摄平面与提升管轴心面平行，拍摄管内的流型图像。在图像采集过程中，提升管内的压力信号也同时采集，与高速摄像仪的拍摄时间一一对应，采集时间都为4s。实验中固体颗粒选择麦饭石陶瓷颗粒，直径为2mm，密度为1967kg/m^3，形状基本上是圆球状。

在气液两相流实验过程中，气液在提升泵处混合，在浸入率 $\gamma = 0.3$ 时，调节气体流量 Q_G，高速摄像仪记录提升管内流型情况，压力动态信号采集系统则采集提升管内的压力波动信号。改变进气量从小到大，然后重复在浸入率分别为0.4，0.5，0.6的实验过程。

在气－液－固三相流实验中，固体颗粒供给量保持为0.035kg/s，提升泵底端为液固两相流，在提升泵处与气体混合为气－液－固三相流，重复与两相流相同的实验操作与步骤。在此实验中，同时采集每种工况下的扬水量和扬固量。

5.1.4　多相流图像采集

实验中，两相流实验与三相流实验主要通过固体输送阀门来控制，当关闭阀门，提升实验为两相流，当开启后，固体输送到水箱中，气体喷射器以下为液固两相流，在其混合腔内三相混合，提升管转变为气—液—固三相流。提升管内作上浮运动碰撞剧烈，提升速度较快、管内流场情况复杂，而高速摄像仪的高频率拍摄使得管内情况能在慢速下观察，各种流型流动、瞬变特性都可以在慢速下得以还原。图像采集系统由高速摄像仪、照明系统、PCC 图像采集分析软件和计算机组成。

（1）PCC 图像采集分析软件

PCC 图像采集分析软件是配合高速摄像仪共同使用，能调节高速摄像仪的分辨率、EDR 曝光时间、拍摄速率、拍摄时间长度等参数，拍摄完成后能生成 JPEG/CCI/AVI/CINE/MOV/TIFF 等多种视频或图片格式。而且拍摄的视频能在 PCC 软件中进行慢速度、重复等操作，能对流形进行可视化研究。本实验中选取的参数具体有：分辨率为 256 × 800，采样频率为 1500fps（即 1500 帧/秒），曝光时间为 300μs，采样时间长度为 7500。图 5 – 8 所示为 PCC 图像采集分析软件。

（2）照明系统

由于高速摄像仪在拍摄过程中，对光线要求非常高，不同的照明强度、角度等都会对

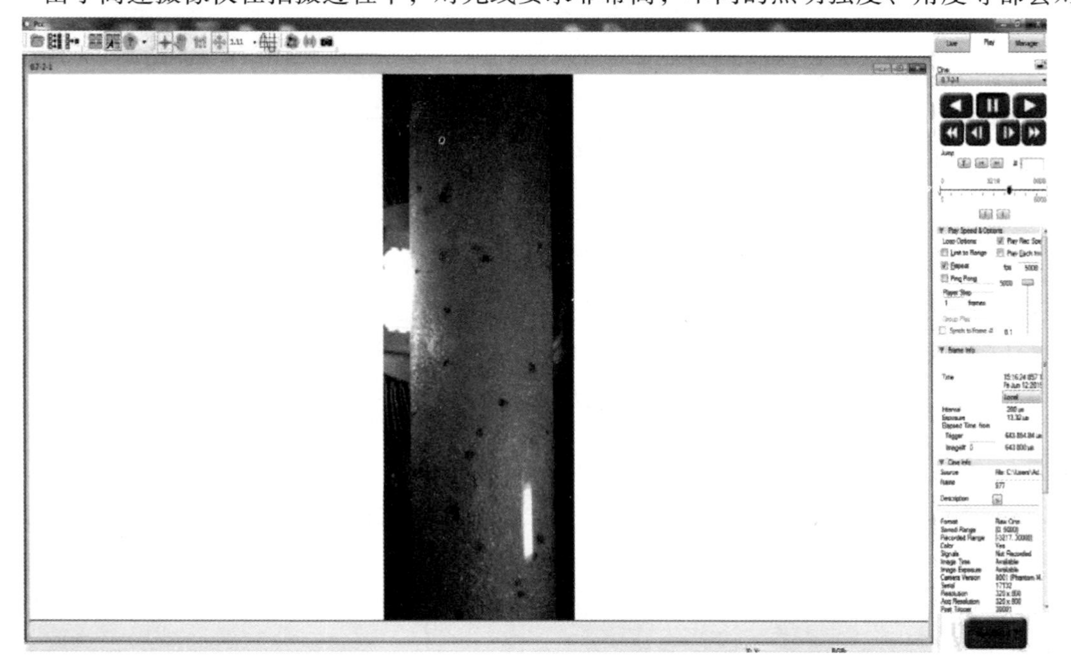

图 5 – 8　PCC 图像采集分析软件

拍摄成果的清晰度有严重的影响，光线太暗，成像质量较差，管内部分细节不清晰，不能提供有效的信息。光线太强，固体对光反射较强，使图像曝光强烈，质量也较差，也不利于分析。所以照明系统必须在实验前不同组合试验，直到安装到最佳地方，强度最佳的时候才能开始实验。照明光源为5600K的数码灯，其具有色温稳定、显色纯正、超长使用寿命且能调节光源强度等特点，能符合实验条件要求。

5.2 小波基本理论

5.2.1 小波定义

小波变换是在快速傅里叶局部化的思想基础上的一种新的时频分析理论。将一函数 $\psi(t)$ 的 自变量t经位移（b）和伸缩（a）处理得到函数 $\psi_{ab}(t)$，其中函数ψ（t）称为母小波，变换后得到的函数称为子小波（又称小波基），则得到的变换为小波变换，其公式如下：

$$\psi_{ab}(t)=\frac{1}{\sqrt{a}}\psi\left(\frac{t-b}{a}\right) \tag{5-1}$$

将其与需要变换的函数 f（t）作内积可得到具有两参数 a，b 的函数 $w_f(a,b)$：

$$w_f(a,b)=\frac{1}{\sqrt{a}}\int_{-\infty}^{+\infty}f(t)\psi\left(\frac{t-b}{a}\right)\mathrm{d}t \tag{5-2}$$

式中　a——尺度参数；

b——位移参数；

$\frac{1}{\sqrt{a}}$——为了使不同的尺度的小波均具有相同的归一化的能量。

母小波 ψ（t）相当于一个窗口，可使 ψ（t）在有限区间外恒等于0或很快地趋于0。通常在时域 $t=0$ 的中心为带通函数，在时域和频域都必须是局部化（紧支撑）的，且其平均值为零，即

$$\int\psi(t)\mathrm{d}t=0 \tag{5-3}$$

小波变换因能根据信号的高低频特点自行调整时－频窗，被誉为“数学显微镜”，小波变换时－频窗示意图如图5－9所示。部分小波函数图如图5－10所示。

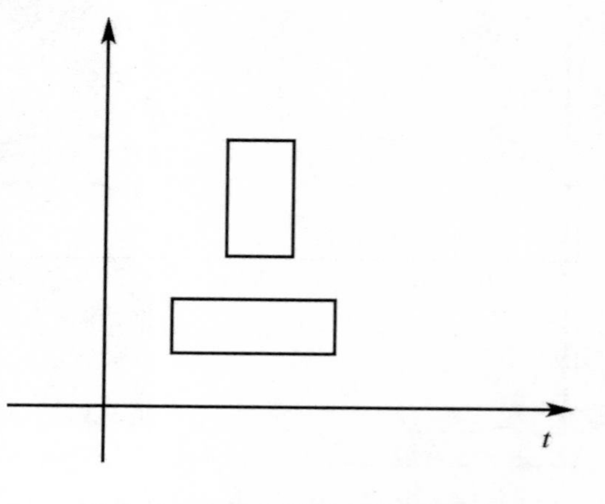

图5－9　小波变换时－频窗示意图

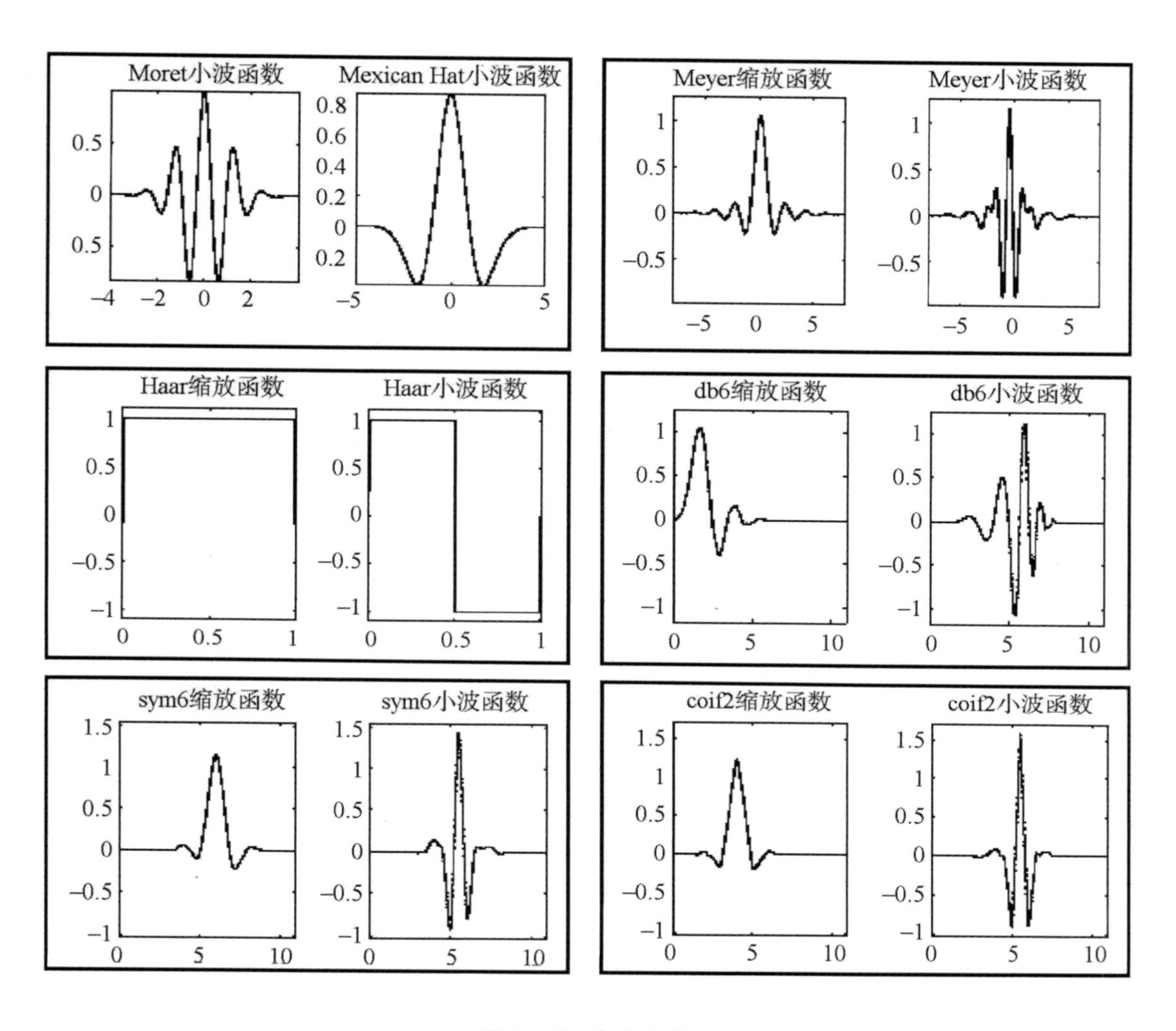

图 5-10　部分小波

5.2.2　连续小波变换

连续小波变换（Continuous Wavelet Transform，CWT），其定义为将任意 L^2（R）空间中的函数 f（t）在小波基下展开，变换式为：

$$WT_f(a,b) = (f,\psi_{ab}) = \frac{1}{\sqrt{a}}\int_{-\infty}^{+\infty} f(t)\,\bar{\psi}\left(\frac{t-b}{a}\right)\mathrm{d}t \tag{5-4}$$

其逆变换为：

$$f(t) = \int_{-\infty}^{+\infty}\int_{-\infty}^{+\infty} WT_f(a,b)\,\bar{\psi}_{ab}(t)\,dadb \tag{4-5}$$

式中　$\bar{\psi}(t)$ — $\psi(t)$ 的对偶小波。

连续小波变换具有以下重要性质：

（1）叠加性：一个多分量信号的小波变换可由多个分信号的小波变换之叠加，若 $x(t)$的 CWT 为$WT_x(a,\tau)$，$y(t)$的 CWT 为$WT_y(a,\tau)$，则 $Z(t)=k_1x(t)+k_2y(t)$的连续小波变换为 $k_1 WT_x(a,\tau)+k_2WT_y(a,\tau)$。

（2）时移不变性质：即若 $x(t)$ 的 CWT 为 $WT_x(a,\tau)$，则 $x(t-t0)$ 的 CWT 为 $WT_x(a,\tau-\tau_0)$，即原信号 $x(t)$ 的小波系数在 τ 轴上时移与信号 $x(t-t_0$ “）相同，就可得到延时 $\mathrm{x}(\mathrm{t}-\mathrm{t}_0)$。

（3）尺度转换特性：即信号 x（t）在时域作伸缩变成 $\mathrm{x}\left(\frac{\mathrm{t}}{\lambda}\right)$时，原 x（t）的 *CWT* 为 $WT_x(a,\tau)$，则 $x\left(\frac{t}{\lambda}\right)$ 的 *CWT* 为 $\sqrt{\lambda}\ WT_x\left(\frac{a}{\lambda},\frac{\tau}{\lambda}\right)$，其中 $\lambda>0$。

5.2.3 离散小波变换

在计算机对连续小波进行计算时，都对其数据进行了离散化处理，而选取了较小的缩放因子和平移参数。可想而知，连续小波变换的计算工作量是庞大的。通常缩放因子和平移参数都选取 2 j（ j 为大于 0 的整数）的倍数来化简工作量，加入这两种参数的小波变换又称作双尺度小波变换，实为散小波变换（*Discrete Wavelet Transform*，*DWT*）的一种。在多数文献中，离散小波变换通常指的就是双尺度小波变换。

通常，把连续小波变换中缩放因子 a 和平移参数 b 的离散公式分别取作 $a=a_0^j$，$b=kb_0^j\ b_0$，扩展步长 $a\neq1$ 是固定值，为方便起见，一般假定 $a_0>1$。即离散小波函数 $\psi_{j,k}(t)$ 为：

$$\psi_{j,k}(t)=a_0^{-\frac{j}{2}}\psi\left(\frac{t-k\,a_0^j\,b_0}{a_0^j}\right)=a_0^{-\frac{j}{2}}\psi(a_0^{-j}t-k\,b_0) \tag{5-6}$$

而离散化小波变换系数则可表示为

$$C_{j,k}=\int_{-\infty}^{+\infty}f(t)\,\psi_{j,k}^*(t)\,\mathrm{d}t=\langle f,\psi_{j,k}\rangle \tag{4-7}$$

5.2.4 小波包分析

小波包分析（*Wavelet Packet Analysis*，*WPA*）相对正交小波变换而言，其分析更加精密，通过多层次的划分可对信号的高频部分也进行更精细的分解，而不产生多余的沉冗和缺失。

小波包的定义为：在多分辨率分析中 $L^2(R)=\oplus_{j\in Z}W_j$。子空间 U_j^n 将尺度子空间 V_j 和小

波子空间 W_j 统一表征，其满足公式（5－8）：

$$U_j^0 = V_j, U_j^1 = W_j j \in Z \tag{5-8}$$

定义子空间 U_j^n 是函数 $u_n(t)$ 的闭包空间，U_j^{2n} 是函数 $u_{2n}(t)$ 的闭包空间，并要令 $u_n(t)$ 满足公式（5－9）的双尺度方程：

$$\begin{cases} U_{2n}(t) = \sum_{k \in Z} h(k)\, u_n(2t-k) \\ u_{2n+1}(t) = \sum_{k \in Z} g(k)\, u_n(2t-k) \end{cases} \tag{5-9}$$

式中　$g_k = (-1)^k h_{1-k}$，即两系数也具有正交关系。由上一个式子构造的序列 $\{u_n(t)\}$（其中 $n \in Z_+$）称为由基函数 $u_0(t)$ 确定的小波包。小波包的分解算法由 $\{d_i^{j+1,n}\}$，求 $\{d_i^{j,2n}\}$ 与 $\{d_i^{j,2n+1}\}$，如方程（5－10）：

$$\begin{cases} d_i^{j,2n} = \sum_k h_{k-2i}\, d_k^{j+1,n} \\ d_i^{j,2n+1} = \sum_k g_{k-2i}\, d_k^{j+1,n} \end{cases} \tag{5-10}$$

小波包重构算法，由 $\{d_i^{j,2n}\}$ 与 $\{d_i^{j,2n+1}\}$，求 $\{d_i^{j+1,n}\}$，如公式（5－11）：

$$d_i^{j+1,n} = \sum_k (h_{i-2k}\, d_k^{j,2n} + g_{i-2k}\, d_k^{j,2n+1}) \tag{5-11}$$

对于小波包变换，以三层小波包进行分解，其分解树如图 5－11 所示。图中，S 表示原信号，A 表示低频分量，D 表示高频分量，序号数表示小波包分解的层数，即尺度数，其关系式如下：

$$S = AAA3 + DAA3 + ADA3 + DDA3 + AAD3 + DAD3 + ADD3 + DDD3$$

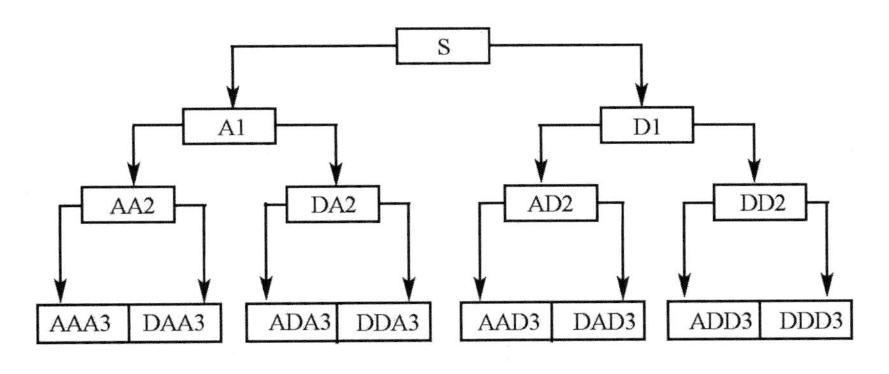

图 5－11　三层小波包分解图

5.2.5　小波方法对流型特征的提取

（1）小波变换提取特征：小波变换能同时在时域和频域局部化对非平稳的信号进行分

析，对于多相流复杂多变的压差信号而言，也能很好得到任意细节，可实现信噪分离，特征提取。

（2）小波变换的多尺度空间能量分布提取特征。

设 $\varphi(t)$ 是 $L^2(R)$ 中的某一多尺度分析的尺度函数，$\Psi(t)$ 为相应正交小波，对任何 $f(t) \in L^2(R)$ ，信号 $f(t)$ 的二进小波分解式为：

$$\begin{aligned} f(t) &= \sum_{k\in Z} \langle f,\varphi_{j,k}\rangle \varphi_{j,k} + \sum_{j\in l}^{J} \sum_{k\in Z} \langle f,\Psi_{j,k}\rangle \Psi_{j,k} \\ &= \sum_{k\in Z} C_k^J \phi_{j,k} + \sum_{j\in l}^{J} \sum_{k\in Z} d_k^j \Psi_{j,k} = A^j + \sum_{j\in l}^{J} D^j \end{aligned} \tag{5-12}$$

式中　A^j 是 $f(t)$ 的近似，称作第 j 级近似；D^j 是信号 $f(t)$ 的第 j 级细节，$d_k^j = \langle f,\Psi_{j,k}\rangle$ 为小波变换的细节信号系数。在数值计算时，$f(t)$ 是离散化的序列，将其离散化的采样序列 $f_n, n = 1,2,3\cdots$ 记为 A^0 ，则其多尺度分解可表示为：

$$A^0 = A^1 + D^1 = A^2 + D^2 = \cdots \tag{5-13}$$

A^J 分解为 A^{J+1} 和 D^{J+1} ，实际上就是 A^J 通过低通滤波器与高通滤波器后得到近似的信号 A^{J+1} 和细节信号 D^{J+1} 。其中 A^{J+1} 为低频部分，D^{J+1} 为高频部分。由 *Mallat* 算法快速计算小波信号的分解细节信号：

$$D^j = g_j(t) = \sum_{k\in Z} d_k^j \Psi_{j,k} \tag{5-14}$$

信号 $f(t)$ 的分析时间为 T，由式（5－12）所示的分解结构和 *Mallat* 算法可求得小波分解细节信号，其能量表达式为：

$$E D_j = E(D^j) = \frac{1}{T}\oint^{T} g_j^2(t)\,\mathrm{d}t \tag{5-15}$$

细节信号的总能量为 $ED = \sum E D_j$ 。

而 $f(t)$ 的第 j 级小波分解的近似信号为：

$$A^j = h_j(t) = \sum_{k\in Z} c_k^J \varphi_{j,k} \tag{5-16}$$

近似信号的能量表达式为：

$$E A_j = E(A^j) = \frac{1}{T}\oint^{T} h_j^2(t)\,\mathrm{d}t \tag{5-17}$$

信号的总能量为 $E = E A_j + ED = E A_j + \sum E D_j$ 。所以第 j 层近似信号和各层的细节信号的能量作为特征，构造特征向量 $F = [E D_1 + E D_2 + \cdots + E D_j + E A_j]$ 。

5.2.6　小波包方法对流型特征的提取

小波包能量和信息熵提取。小波包分解以多分辨的特点，可更加精细地对信号进行分

析。用四层小波包对压差信号进行分解，可以获取其信号在不同频带内的能量，其分解结构图如图 5－12 所示。（0，0）结点为原始信号 S，（i，j）表示第 i 层的第 j 个结点，其中 i＝0，1，2，3，4：j＝0，1，…，15，每个结点代表一定的信号特征。

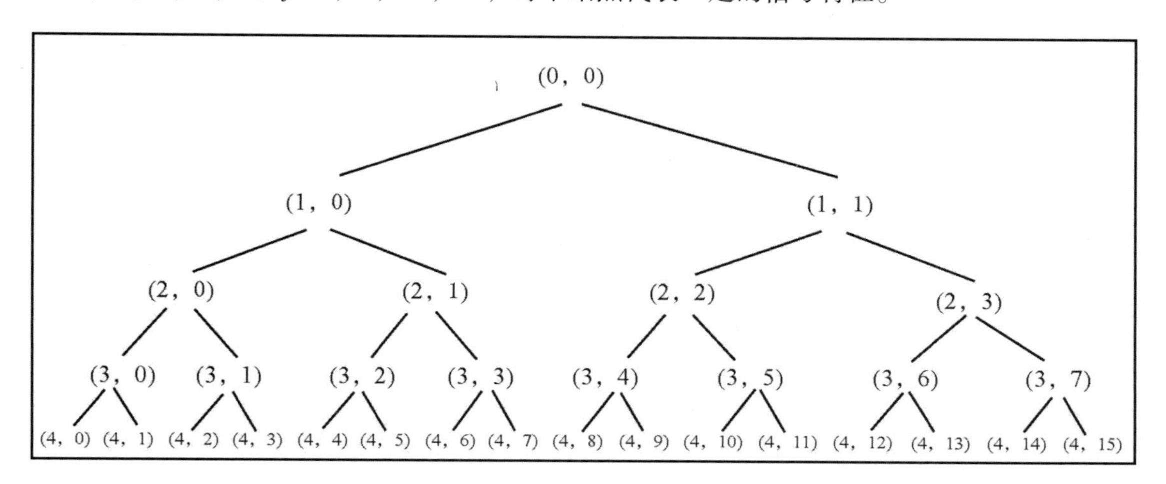

图 5－12　小波包四层分解树结构

小波包分解提取特征的算法具体如下：

（1）首先对信号进行四层小波包分解，可提取第四层从低频到高频总共 16 个频率成分的信号。

（2）对小波包分解系数进行重构，提取各频带范围的信号。对第四层的所有结点进行分析，以 S_{40} 表示 X_{40} 的重构信号，其他位次类推，则总信号可以表示为：

$$S = S_{40} + S_{41} + \cdots + S_{414} + S_{415} \tag{5-18}$$

若假设原信号 S 中，最低的频率成分为 0，最高频率为 256，则第四层中各频率成分如表 5－3 所示。

表 5－3　重构信号所代表的频率范围

信号	频率范围 *HZ*	信号	频率范围 *HZ*
S_{40}	0～16	S_{48}	128～144
S_{41}	16～32	S_{49}	144～160
S_{42}	32～48	S_{410}	160～176
S_{43}	48～64	S_{411}	176～192
S_{44}	64～80	S_{412}	192～208
S_{45}	80～96	S_{413}	208～224
S_{46}	96～112	S_{414}	224～240
S_{47}	112～128	S_{415}	240～256

（3）求各频带信号的总能量。设 S_{4j} 对应的能量为 $E_{4j}(j = 0,1,\cdots,15)$，则有：

$$E_{4j} = \int |S_{4j}(t)|^2 \mathrm{d}t = \sum_{k=1}^{n} |x_{jk}|^2 \tag{5-19}$$

式中 $x_{jk}(j=0,1,\cdots,15;k=0,1,\cdots,n)$——重构信号 S_{4j} 的离散点的幅值。

（4）以能量为元素构造特征向量，特征向量 T 构造如下：

$$T_1=[E_{40},E_{41},\cdots,E_{414},E_{415}] \tag{5-20}$$

（5）把信号的小波包分解看成是对信号的一种划分，定义如下：

$$\varepsilon_{4,j}(k)=\frac{S_{F(4,j)}(k)}{\sum_{k=1}^{n}S_{F(4,j)}(k)} \tag{5-21}$$

式中 $S_{F(4,j)}(k)$—S_{4j} 傅里叶变换序列的第 K 个值；

n——原始信号长度。

根据信息熵的基本理论，定义小波包信息熵：

$$H_{4,j}=-\sum_{k=1}^{n}\varepsilon_{(4,j)}(k)\log\varepsilon_{(4,j)}(k),j=0,1,\cdots 15;k=1,2,\cdots,n \tag{5-22}$$

$H_{4,j}$ 即为信号的第四层第 j 个小波包信息熵。

（6）以信息熵为元素构造特征向量。特征向量 T 构造如下：

$$T_2=[H_{40},H_{41},\cdots,H_{414},H_{415}] \tag{5-23}$$

$E_{4,j}$ 和 $H_{4,j}$ 通常数值比较大，为避免在分析上带来的不便，对特征向量进行归一化处理，令

$$E=(\sum_{j=0}^{15}|E_{4j}|^2)^{1/2} \tag{5-24}$$

$$H=(\sum_{j=0}^{15}|H_{4j}|^2)^{1/2} \tag{5-25}$$

$$T_1=\left[\frac{E_{40}}{E},\frac{E_{41}}{E},\cdots,\frac{E_{414}}{E},\frac{E_{415}}{E}\right] \tag{5-26}$$

$$T_2=\left[\frac{H_{40}}{H},\frac{H_{41}}{H},\cdots,\frac{H_{414}}{H},\frac{H_{415}}{H}\right] \tag{5-27}$$

向量 T、H 即为归一化后的向量。

5.3 流型特征提取

通过对上文中各小波理论进行分析和通过各种小波变换对压力脉动信号的试验分析，最终选用 db4 小波对压力脉动信号进行小波包分析，可得到每层各个节点即各子频带，对各子频带系数的能量进行计算分析，并进行归一化处理，计算出其占信号总能量的百分比，以达到流型特征值提取的目的。

实验中采用动态数据采集仪采集提升管内的压力动态信号，与实验前在各浸入率下采

集到的静态压力信号（即此时进气量为0）的平均值在Matlab中进行减法运算，即得到各流型的压力脉动信号。一般认为相流中压力动态信号的频率都在50Hz以内，本实验为提高分辨率，设定采样频率为500Hz，采集时间为4s，每组工况下重复采集4次，以组成数据库。

5.3.1　气液两相流流型特征的提取

在气液两相流的数据库中，分别提取各流型相应的压力动态信号，经在Matlab软件中进行运算和对比，对气液两相流的流型压力脉动信号进行4层小波包分解，得到第4层共2^4个子频带。以下分别是随机选出的每种流型中的两组处理后的数据，图中分别为流型图、压力动态信号（即原始信号）、压力脉动信号、经小波包处理后的压力脉动信号的第四层各频带的能量值图，和各频带占总能量的百分比图。

图5-13a和图5-13b分别为两种泡状流的压力信号、压力脉动信号、能量值图、占能量百分比图。

图5-14a和图5-14b为分别为两种弹状流的压力信号、压力脉动信号、能量值图、占能量百分比图。

图5-15a和图5-15b为分别为两种泡沫流的压力信号、压力脉动信号、能量值图、占能量百分比图。

图5-16a和图5-16b为分别为两种环状流的压力信号、压力脉动信号、能量值图、占能量百分比图。

从以上各流型的原始压力动态信号对比可知，泡状流的压力动态信号最为密集，上下峰值变化不大，压力脉动信号基本集中在±0.02内。而弹状流的压力动态信号要比泡状流的稀疏点，其压力脉动信号基本集中在±0.04内。而泡沫流的压力动态信号比弹状流更稀疏，其压力脉动信号集中在±0.1内。而环状流的压力动态信号比泡沫流跳动更大，其压力脉动信号集中在±0.15内。

根据以上分析，可知从四种流型的压力动态信号，基本可以对四种流型有一个大概的划分，但从泡沫流和环状流的压力动态信号中有时候会区分不大，加上对它们的压力脉动信号的跳动范围、即脉动的峰值，可知，在四种流型中，随流型从泡状流→弹状流→泡沫流→环状流的变化，流型的脉动信号的脉动也会越来越大。这说明不同流型的在各频带中有不同的分布。

通过压力脉动信号的能量值可知，流型的能量大部分上都集中在1子频带，其中泡状流的能量基本占总量的50%以上，为四种流型中在1子频带上能量最多的，随着流型的变化，流型在1子频带的能量百分比逐渐减小，最小的为环状流，其在1子频带的能量在

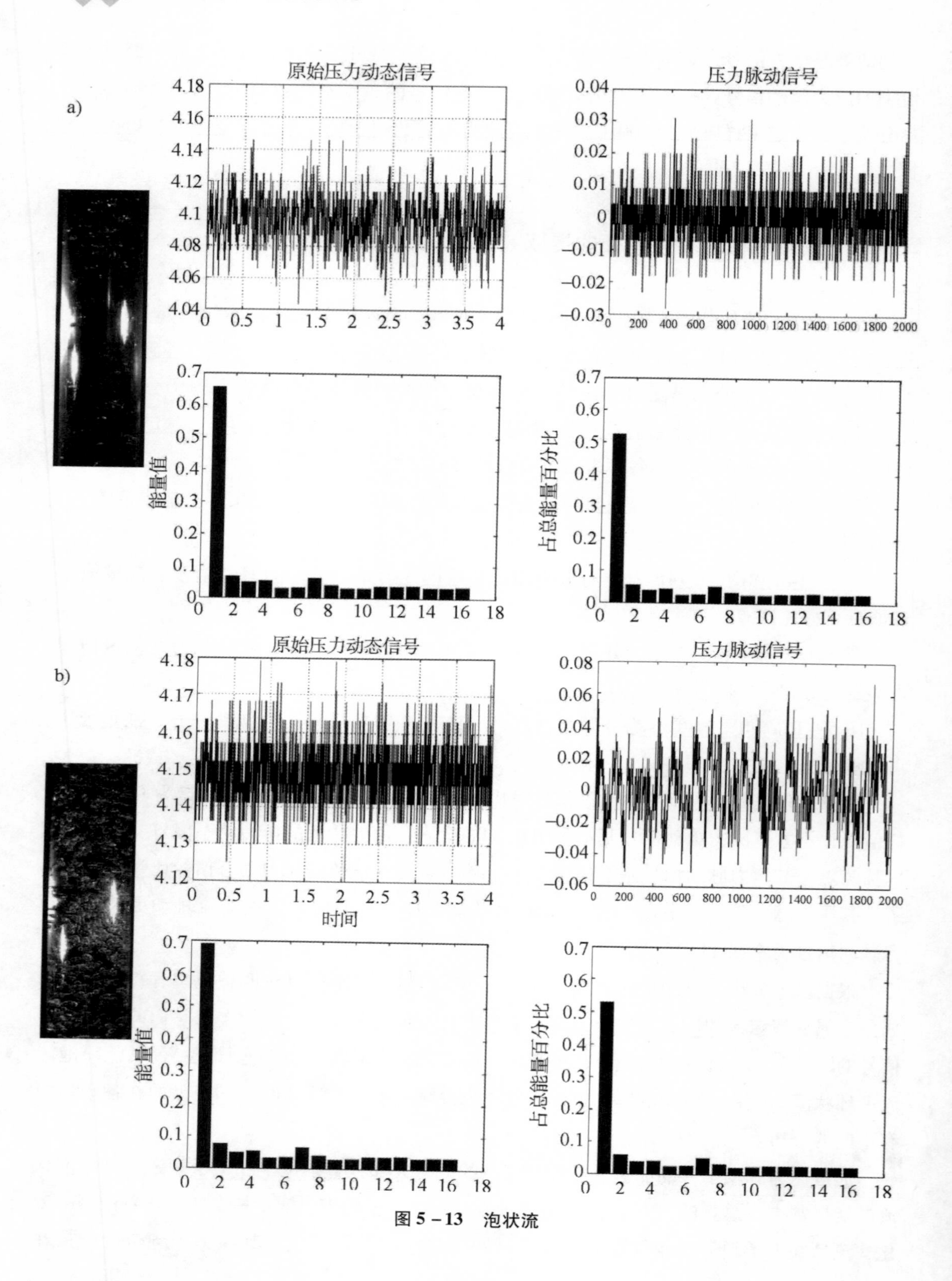
a)
原始压力动态信号
压力脉动信号
能量值
占总能量百分比
b)
原始压力动态信号
压力脉动信号
时间
能量值
占总能量百分比

图 5－13　泡状流

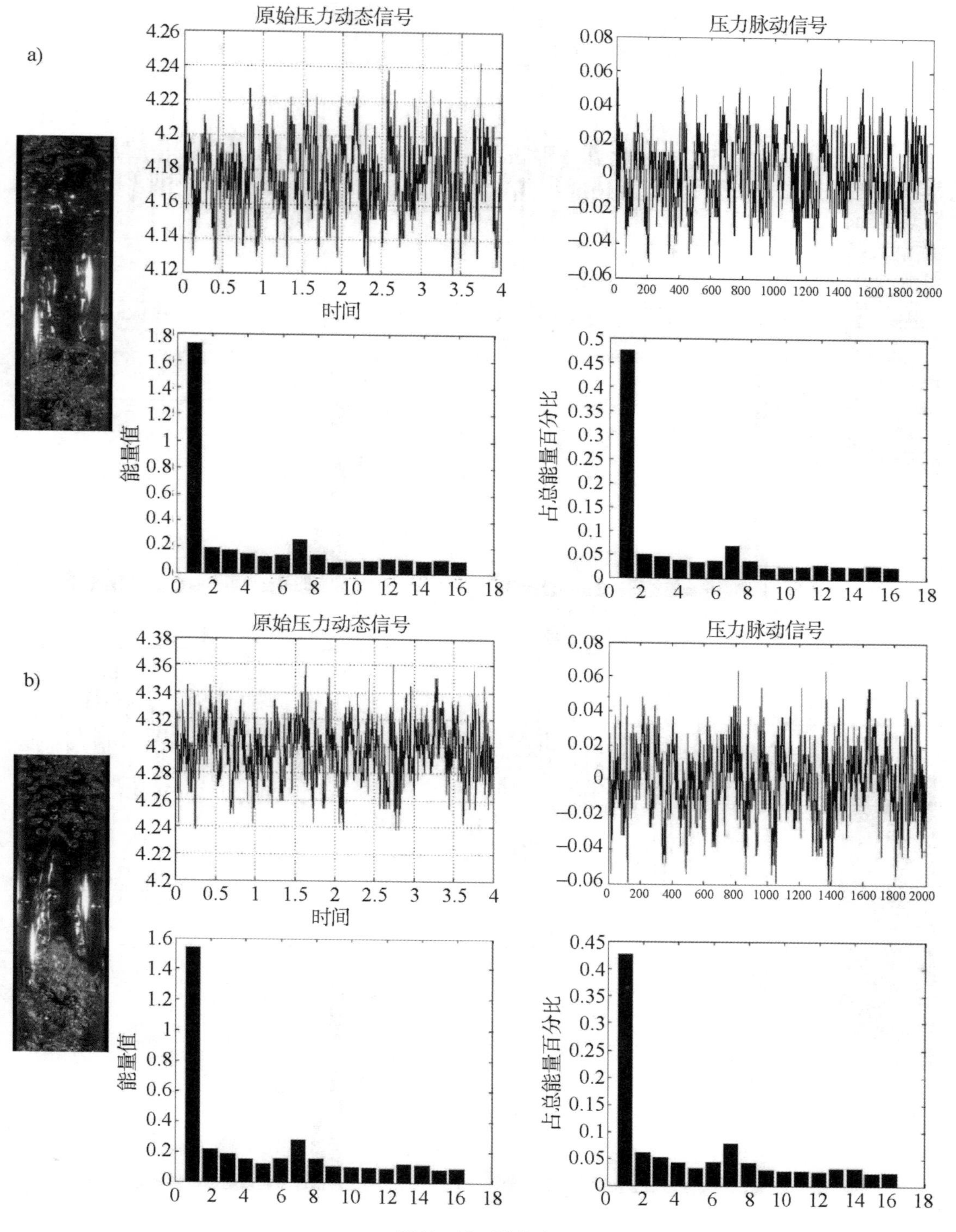
a)
原始压力动态信号
时间
压力脉动信号
能量值
占总能量百分比
b)
原始压力动态信号
时间
压力脉动信号
能量值
占总能量百分比

图 5－14　弹状流

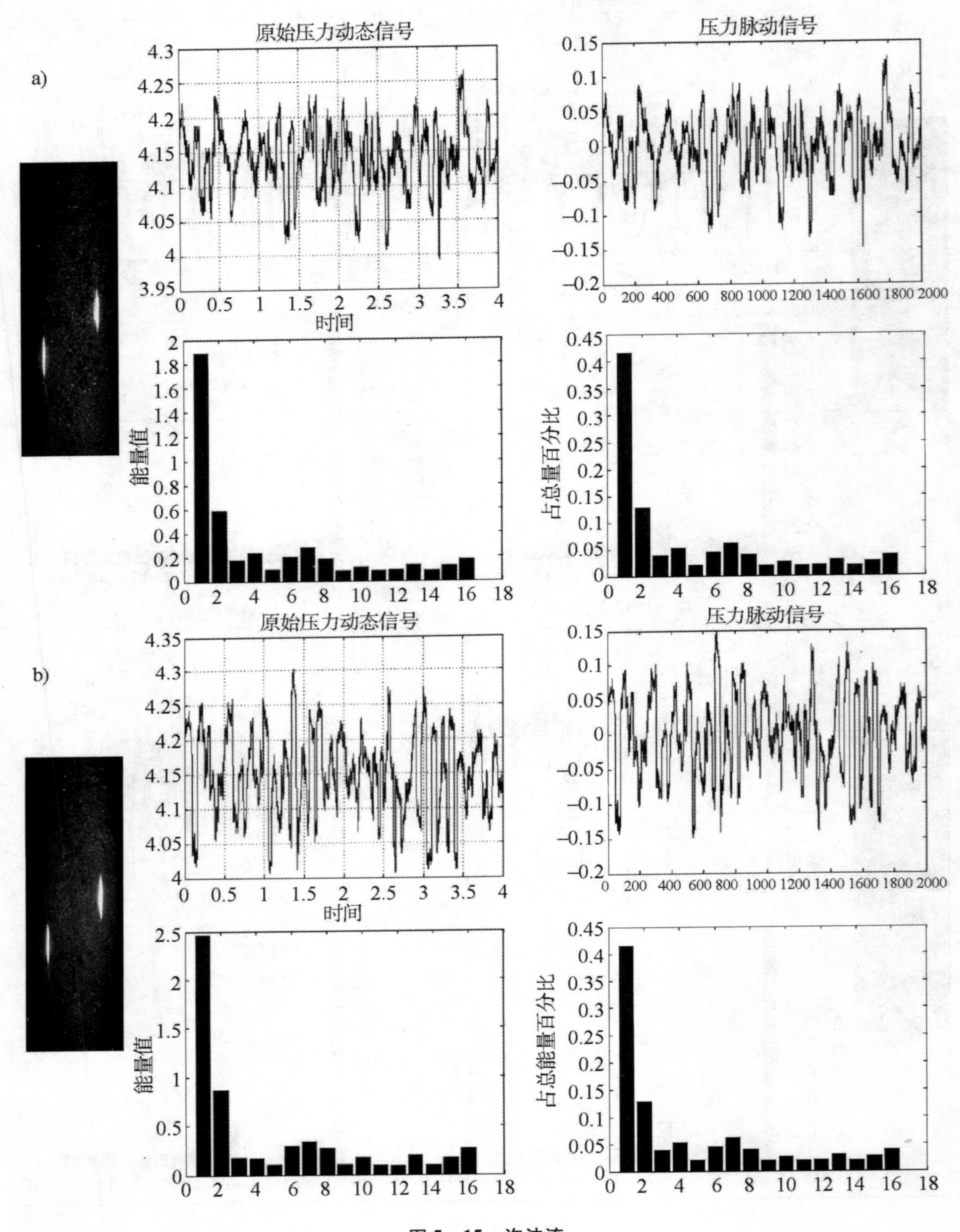
a)
原始压力动态信号
时间
能量值
压力脉动信号
占总量百分比
b)
原始压力动态信号
时间
能量值
压力脉动信号
占总能量百分比

图 5-15 泡沫流

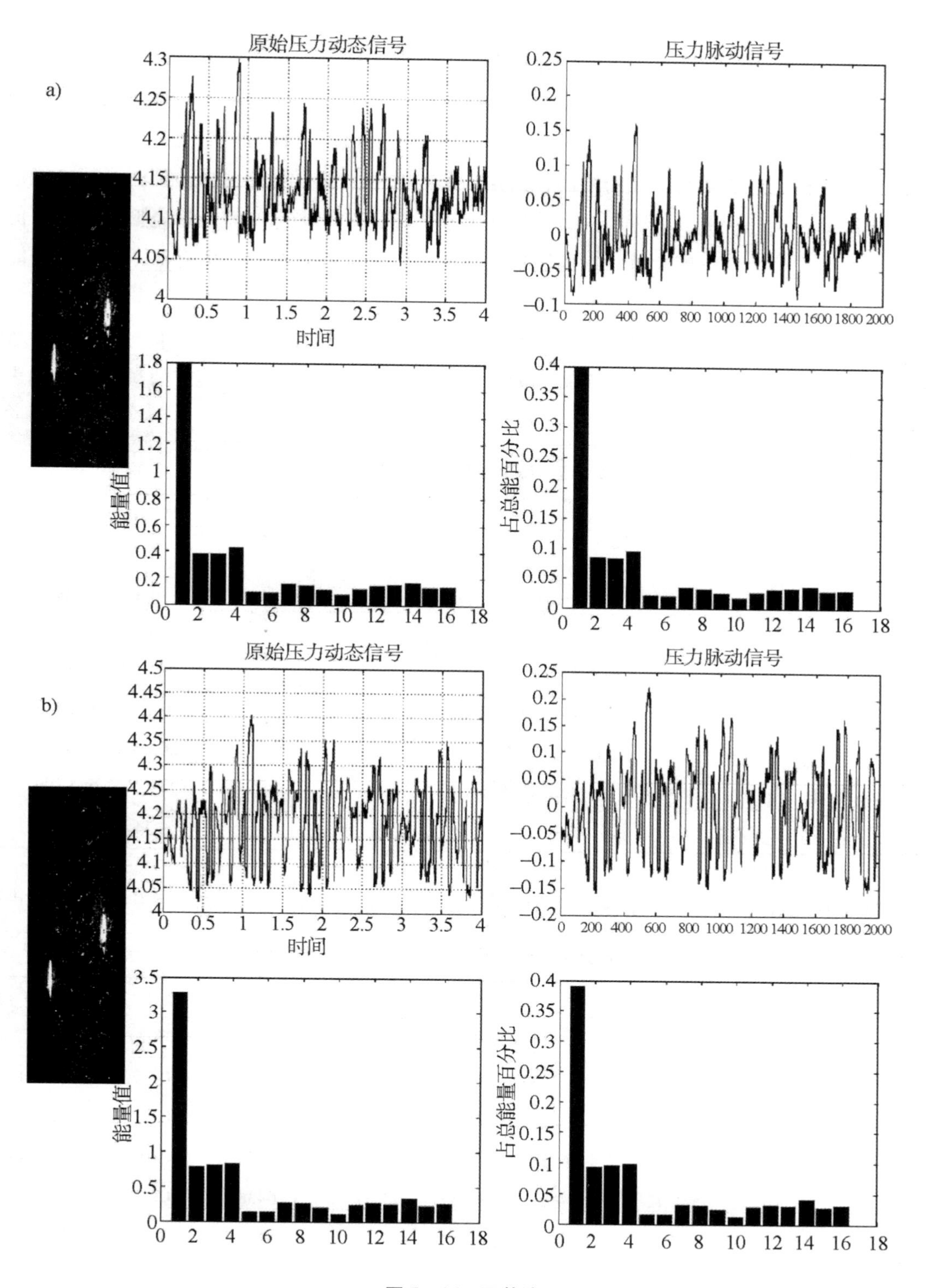
a)
原始压力动态信号
时间
压力脉动信号
能量值
占总能百分比
b)
原始压力动态信号
时间
压力脉动信号
能量值
占总能量百分比

图 5－16　环状流

40%左右。

泡状流的压力脉动能量除了大部分集中1子频带，在2～16子频带中，基本上接近均匀分布。弹状流与泡状流对比，其压力脉动参量在1子频带的能量百分比有所减小，2、3子频带上存在着一定的能量，在7子频带上出现小能量波峰。而在泡沫流中，2子频带的能量比前两种流型的都有明显的增加，而在7子频带也出现小能量波峰，其他子频带能量也有所波动。在环状流，其压力脉动信号在1子频带的能量均比前面三种流型的要低，但在2、3、4子频带均出现大概均衡的能量比，而在7子频带的能量比也有前三种流型的能量比要低，其他频带没有明显差异。

通过上节的理论分析可知，采样频率为500Hz，则其有效频率为250Hz，根据小波包分解算法，采用二进尺度变换，分解到四层，则压力脉动信号在各子频带的频率范围如表5－4所示：

表5－4　压力脉动信号的各子频带频率范围

信号	频率范围（*HZ*）	信号	频率范围（*HZ*）
S_{40}	0～15.625	S_{48}	125～140.625
S_{41}	15.625～31.25	S_{49}	140.625～156.25
S_{42}	31.25～46.875	S_{410}	156.25～171.875
S_{43}	46.875～62.5	S_{411}	171.875～187.5
S_{44}	62.5～78.125	S_{412}	187.5～203.125
S_{45}	78.125～93.75	S_{413}	203.125～218.75
S_{46}	93.75～109.375	S_{414}	218.75～234.375
S_{47}	109.375～125	S_{415}	234.375～250

四种流型在第四层中各子频带能量分布的具体占总能量的百分比如表5－5所示：

表5－5　流型信号第四层1～8子频带占总能量百分比

流型	0～15.625	15.625～31.25	31.25～46.875	46.875～62.5	62.5～78.125	78.125～93.75	93.75～109.375	109.375～125
Ⅰ	0.524101	0.05351	0.038113	0.041005	0.024531	0.025857	0.049702	0.031546
Ⅰ	0.52906	0.058025	0.037229	0.039899	0.023765	0.025818	0.049712	0.03081
Ⅱ	0.474566	0.05115	0.046613	0.039191	0.033864	0.037428	0.069653	0.037849
Ⅱ	0.42581	0.060842	0.051483	0.042205	0.032525	0.043885	0.077788	0.043389
Ⅲ	0.415343	0.128866	0.038715	0.052492	0.020959	0.044043	0.060673	0.040723

续表

流型	0～15.625	15.625～31.25	31.25～46.875	46.875～62.5	62.5～78.125	78.125～93.75	93.75～109.375	109.375～125
Ⅲ	0.416974	0.146219	0.02992	0.028953	0.017417	0.050385	0.057155	0.045977
Ⅳ	0.399004	0.084434	0.08408	0.095025	0.021021	0.019685	0.0343	0.032591
Ⅳ	0.390141	0.09318	0.095169	0.098154	0.01622	0.015935	0.032457	0.030864

Ⅰ为泡状流，Ⅱ为弹状流，Ⅲ为泡沫流，Ⅳ为环状流

表 5－6　流型信号第四层 9～16 子频带占总能量百分比

流型	125～140.625	140.625～156.25	156.25～171.875	171.875～187.5	187.5～203.125	203.125～218.75	218.75～234.375	234.375～250
Ⅰ	0.023114	0.023483	0.028163	0.028179	0.029968	0.0254	0.0261	0.027231
Ⅰ	0.020982	0.023207	0.027507	0.028033	0.028383	0.024993	0.026579	0.025997
Ⅱ	0.022321	0.024615	0.025094	0.030325	0.027714	0.025282	0.028647	0.025689
Ⅱ	0.02962	0.027519	0.026576	0.025545	0.032736	0.031893	0.023225	0.02496
Ⅲ	0.018903	0.025235	0.018713	0.020422	0.029406	0.019008	0.027392	0.039107
Ⅲ	0.018092	0.030874	0.016683	0.015741	0.034197	0.017209	0.028888	0.045317
Ⅳ	0.025012	0.017384	0.026581	0.031917	0.033585	0.036565	0.029075	0.029742
Ⅳ	0.024298	0.012669	0.028822	0.032613	0.029453	0.04095	0.027728	0.031347

Ⅰ为泡状流，Ⅱ为弹状流，Ⅲ为泡沫流，Ⅳ为环状流

从各子频带所占总能量的百分比中，可以看到，气液两相流中流型的压力脉动信号在不同子频带在分布各不相同，1 子频带所占能量百分比占较大的比值，在剩下的 15 个子频带内，在 2、3、4、7 四个子频带所分布能量值相对较多。

泡状流子频带的能量超过 50% 都在 1 子频带，即在频率为 0～15.625Hz 范围内，而在剩下的 15 个子频带中，2、3、4、7 四个子频带中占了剩余能量中大部分，除 1 子频带外其他子频带所占能量百分比基本上是分布比较均匀的，说明泡状流的波动（即气液两相之间碰撞）不是很剧烈，大部分的碰撞频率出现在 0～15.625Hz 范围内，与第 3 章中所分析结果相吻合。

弹状流在 1 子频带内的能量百分比比泡状流的有所下降，能量分布到 2、3、4、7 四个子频带的比值有所上升，其他子频带能量变化不大，说明弹状流流型出现时，提升管内气液两相流碰撞比泡状流有所加剧。

当出现泡沫流时，1 子频带所占能量百分比值下降到 41% 左右，而在 2 子频带的能量百分比值有明显的提升，即在 15.625～31.25Hz 范围内出现了脉动，泡沫流其他子频带也出现与前两流型有差别的波动，据第 4 章的分析中，在流型头部分会出现比较剧烈的碰撞，这应该为 2 子频带能量上升出现的原因。

在环状流中，1 子频带的能量百分比值在 40% 左右，或略低于 40%，与泡沫流相比，在 3、4 子频带上能量有较明显增长，即环状流因气速流过大，管内气心与边界液膜之间的摩擦产生了一系列的高频，即 3、4 子频带的出现。

综上所述，四种流型在第四层子频带上所出现的能量值各有不同，根据 1、2、3、4、7 子频带上能量的分布差异，可以区分气液两相流流型，且效果比较明显。

5.3.2 气－液－固三相流流型特征的提取

据第 4 章流型分析，可知，气－液－固三相流碰撞比两相流更加剧烈。为能更具体详细得出各流型的子频带分布，经分析采用与两相流相同的 db4 小波进行小波包分解的方法，即在气－液－固三相流的数据库中，分别提取五种流流型相应的压力动态信号，在 Matlab 软件中对气－液－固三相流的流型压力脉动信号进行处理后得到压力脉动信号后进行五层小波包分解，得到第五层共 2^5 个子频带即 32 个子频带。以下分别是随机选出的每种流型中的两组处理后的数据，图中分别为流型图、压力动态信号（即原始信号）、压力脉动信号、经小波包处理后的压力脉动信号的第四层各频带的能量值图，以及各频带占总能量的百分比图。

图 5－17a 和图 5－17b 分别为两种弹旋流的压力信号、压力脉动信号、能量值图、占能量百分比图。

图 5－18a 和图 5－18b 分别为两种旋涡流的压力信号、压力脉动信号、能量值图、占能量百分比图。

图 5－19a 和图 5－19b 分别为两种波浪流的压力信号、压力脉动信号、能量值图、占能量百分比图。

图 5－20a 和图 5－20b 分别为两种聚泡流的压力信号、压力脉动信号、能量值图、占能量百分比图。

图 5－21a 和图 5－21b 分别为两种环柱流的压力信号、压力脉动信号、能量值图、占能量百分比图。

以上五种流型的原始压力动态信号，基本变化致密程度都一致，动态信号区别不明显。在压力脉动信号图中，五种流型的脉动上下跳动范围都不是很大，但变化跳动频率很快，从中也不能分别五种流型之间明显的差别。

但在其子频带各能量占总能量百分比图，不同的流型之间有明显的差异。每种流型中，1、2 子频带都占着大部分的能量，然后在 3、4、5、6、7、8 这几个子频带中也占着剩余能量的大部分能量，说明这五种流型的频率都基本上是集中在这频带范围内。而超过 8 子频带后的各子频带能量变化不大，但还是存在着细微的差距。

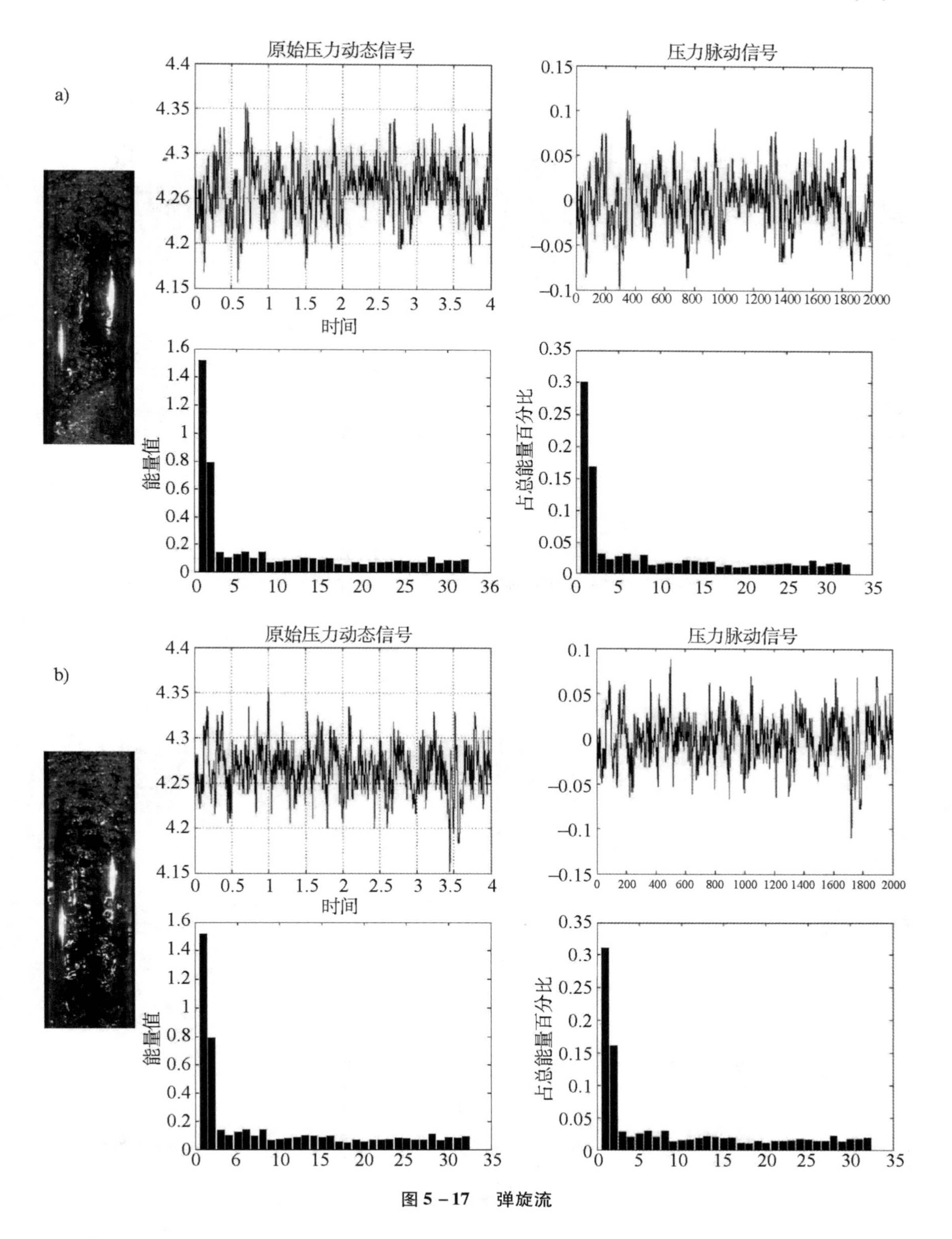
a)
原始压力动态信号
时间
压力脉动信号
能量值
占总能量百分比
b)
原始压力动态信号
时间
压力脉动信号
能量值
占总能量百分比

图 5－17　弹旋流

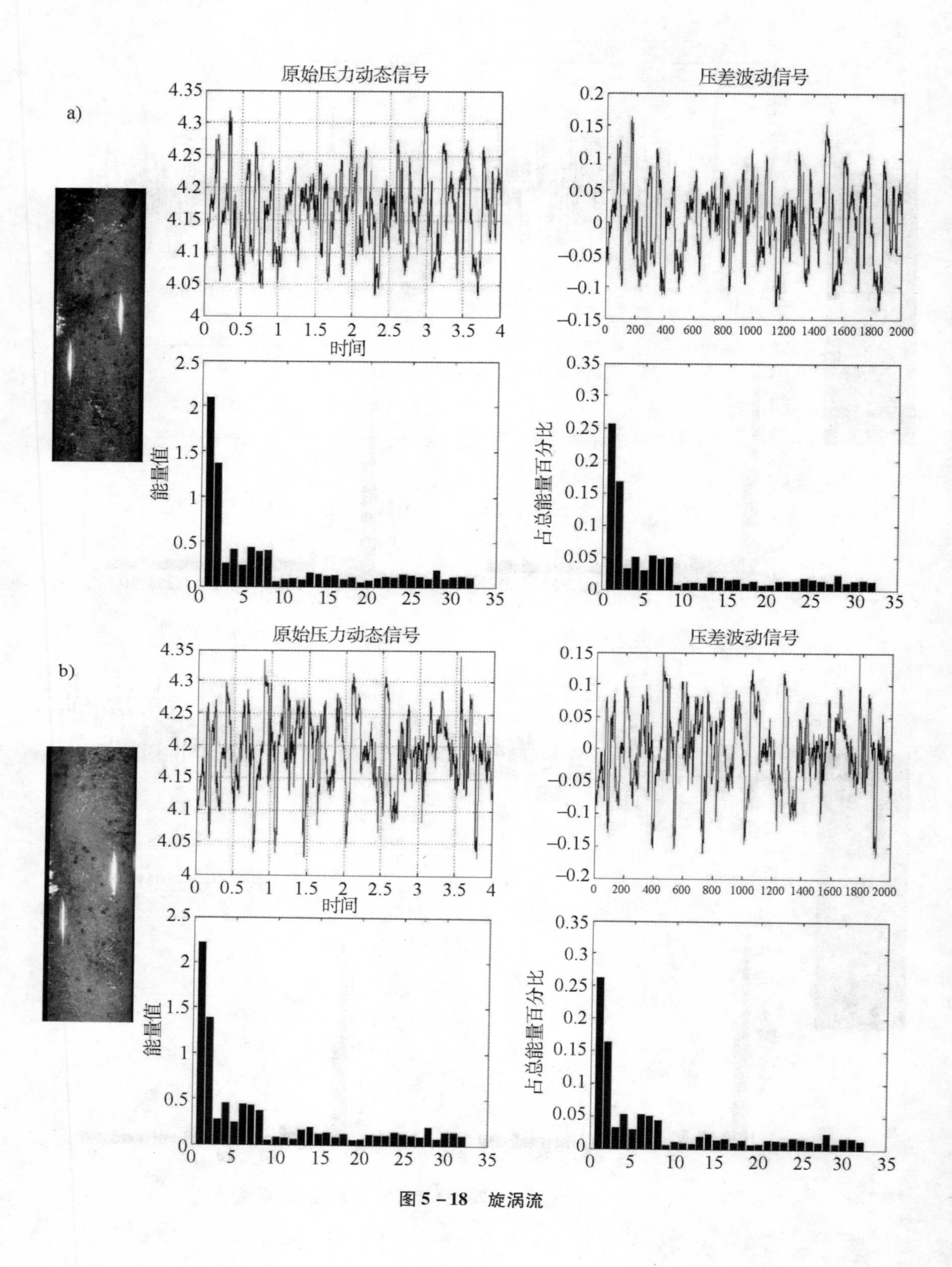
a)
原始压力动态信号
时间
能量值
压差波动信号
占总能量百分比
b)
原始压力动态信号
时间
能量值
压差波动信号
占总能量百分比

图 5-18 旋涡流

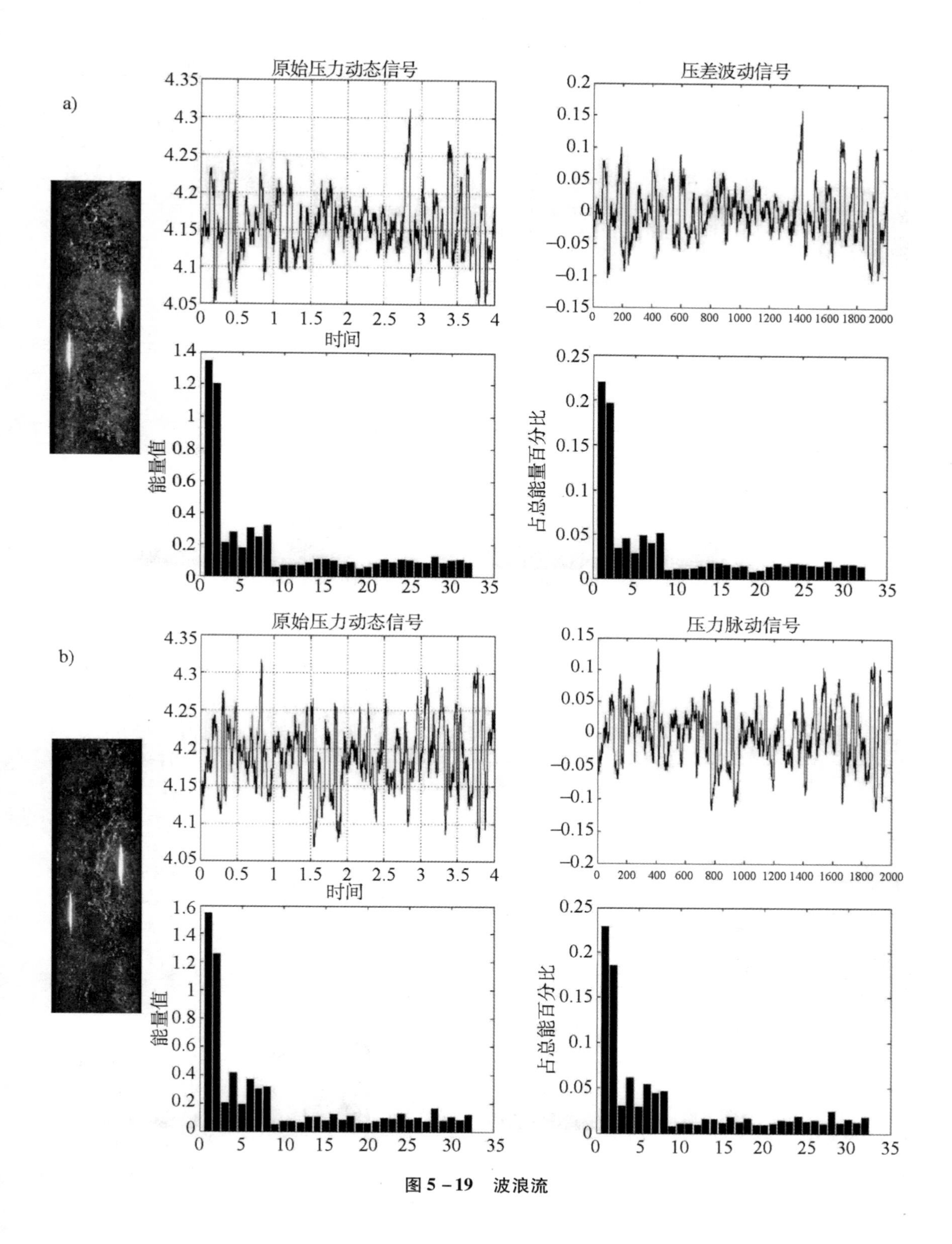
a)
原始压力动态信号
时间
能量值
压差波动信号
占总能量百分比
b)
原始压力动态信号
时间
能量值
压力脉动信号
占总能百分比

图 5-19　波浪流

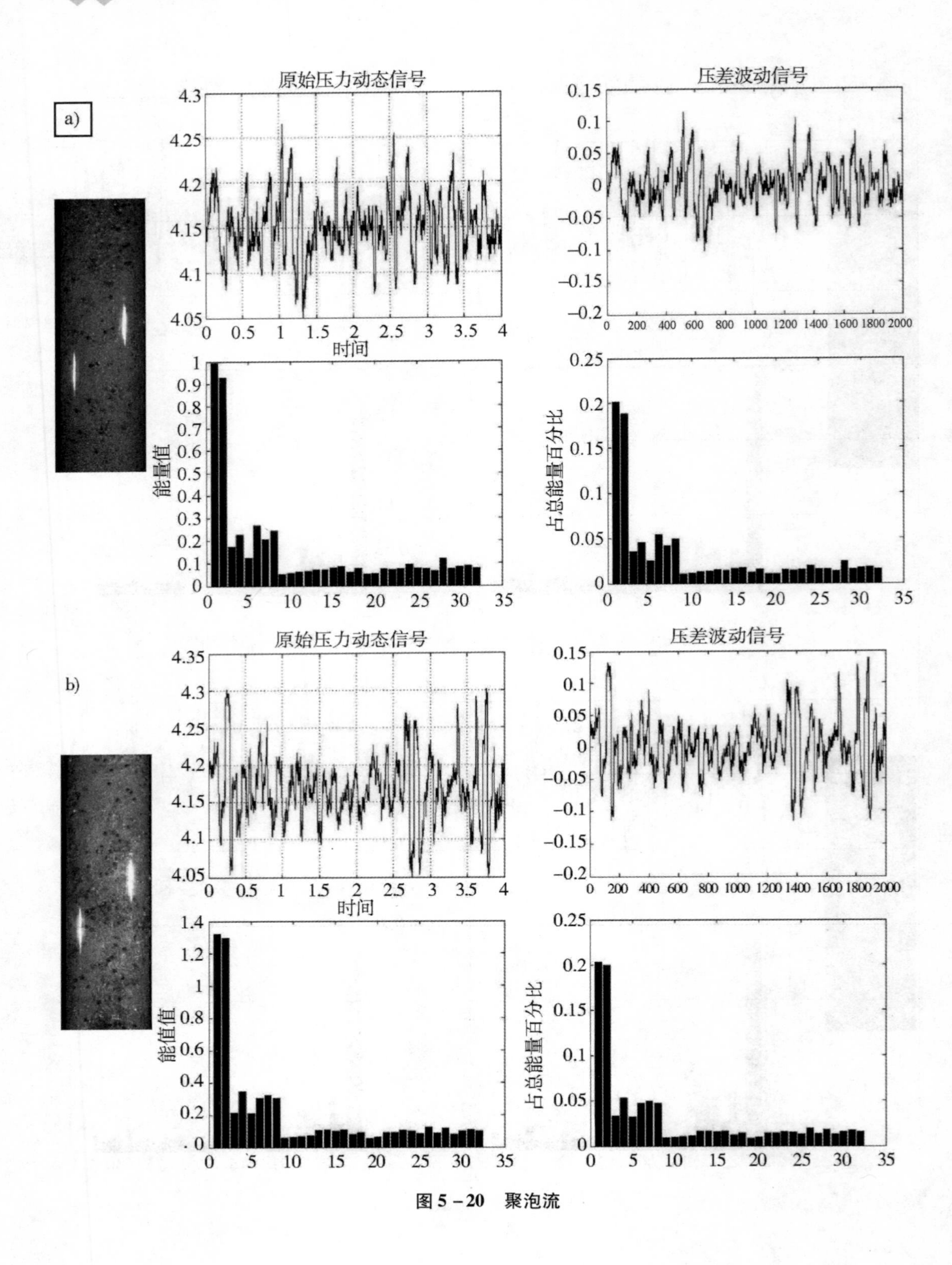
a)
原始压力动态信号
时间
能量值
压差波动信号
占总能量百分比
b)
原始压力动态信号
时间
能值值
压差波动信号
占总能量百分比

图 5－20　聚泡流

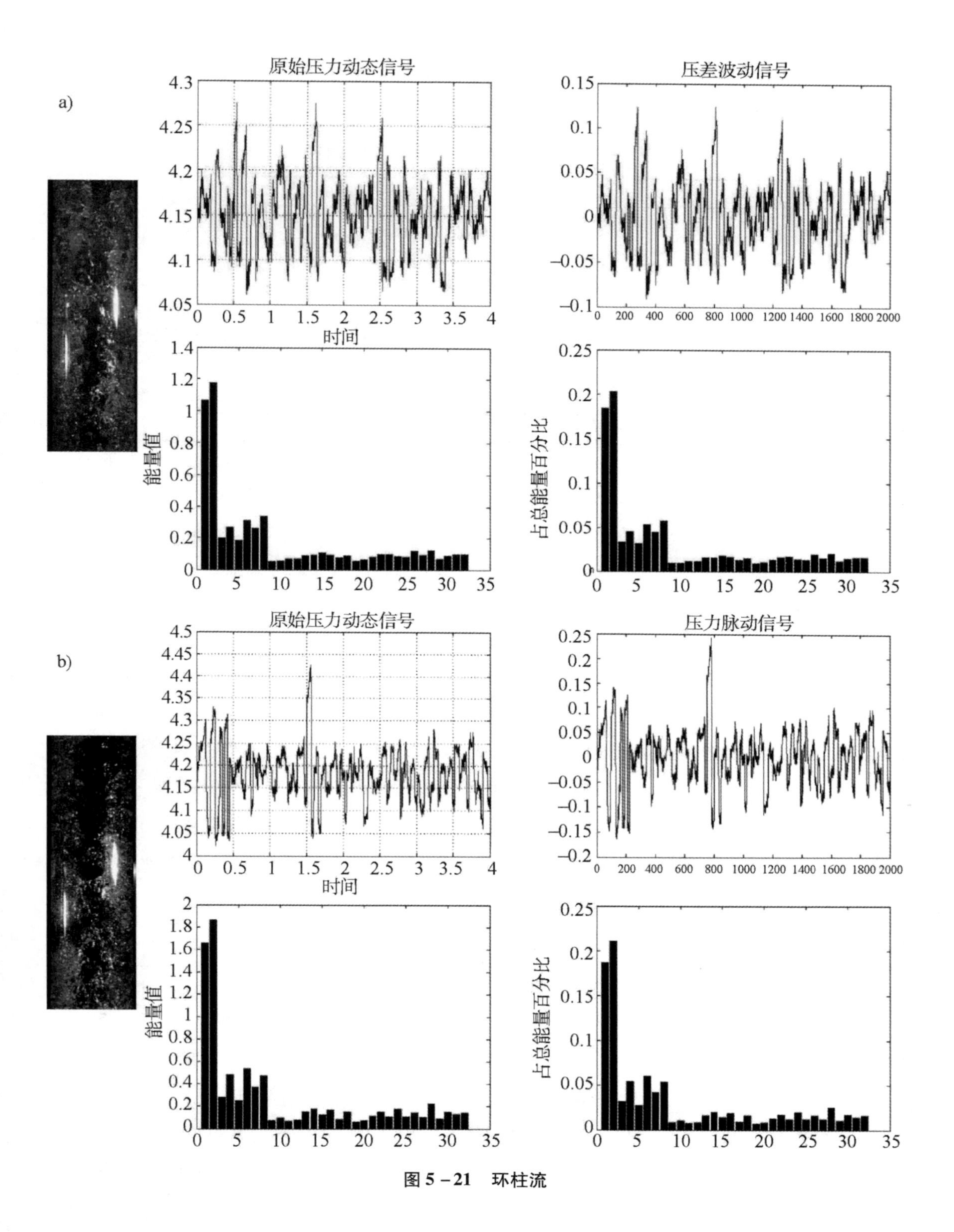
a)
原始压力动态信号
时间
能量值
压差波动信号
占总能量百分比
b)
原始压力动态信号
时间
能量值
压力脉动信号
占总能量百分比

图 5－21　环柱流

通过5.3.1节的理论分析可知，采样频率为500Hz，则其有效频率为250Hz，根据小波包分解算法，采用二进尺度变换，分解到五层，则压力脉动信号在各子频带的频率范围如表5－7所示：

表5－7 压力脉动信号的各子频带频率范围

信号	S_{50}	S_{51}	S_{52}	…	S_{530}	S_{532}
频率范围 Hz	0～7.8125	7.8125～15.625	15.625～23.4375	…	234.375～242.1875	242.1875～250

五种流型在第五层中各子频带能量分布的前16个子频带中具体占总能量的百分比如表5－8所示：

表5－8 流型信号第五层前1～8子频带占总能量百分比

流型	0～7.8125	7.8125～15.625	15.625～23.4375	23.4375～31.25	31.25～39.0625	39.0625～46.875	46.875～54.6875	54.6875～62.5
Ⅰ	0.300254	0.168126	0.031164	0.021655	0.026751	0.031025	0.019786	0.028976
Ⅰ	0.311105	0.161432	0.028294	0.02021	0.024942	0.029254	0.019962	0.029233
Ⅱ	0.256311	0.167395	0.031765	0.050428	0.029141	0.053189	0.047889	0.049827
Ⅱ	0.261795	0.163147	0.03198	0.052963	0.028999	0.052523	0.050769	0.043559
Ⅲ	0.219464	0.196179	0.033768	0.044634	0.028236	0.04886	0.040039	0.051562
Ⅲ	0.228247	0.185555	0.030084	0.061388	0.02886	0.053954	0.044575	0.046657
Ⅳ	0.201268	0.188214	0.035563	0.045892	0.025324	0.054295	0.042042	0.049254
Ⅳ	0.203745	0.199919	0.033449	0.053053	0.032206	0.046826	0.049571	0.047197
Ⅴ	0.183883	0.202997	0.033407	0.045377	0.031471	0.053364	0.044723	0.057955
Ⅴ	0.187033	0.210573	0.031573	0.054765	0.027737	0.060588	0.04203	0.053382

注：Ⅰ为弹旋流，Ⅱ为旋涡流，Ⅲ为波浪流，Ⅳ为聚泡流，Ⅴ为环柱流。

表5－9 流型信号第五层前9～16子频带占总能量百分比

流型	62.5～70.3125	70.3125～78.125	78.125～85.9375	85.9375～93.75	93.75～101.5625	101.5625～109.375	109.375～117.1875	117.1875～125
Ⅰ	0.013058	0.014414	0.017298	0.016062	0.020664	0.019579	0.017605	0.019101
Ⅰ	0.013174	0.014542	0.016205	0.017452	0.020848	0.019753	0.017761	0.01927
Ⅱ	0.006558	0.010218	0.010974	0.009548	0.018899	0.017845	0.014512	0.015547
Ⅱ	0.005996	0.010284	0.008913	0.007699	0.01899	0.022592	0.014037	0.016217

续表

流型	62.5 ~ 70.3125	70.3125 ~ 78.125	78.125 ~ 85.9375	85.9375 ~ 93.75	93.75 ~ 101.5625	101.5625 ~ 109.375	109.375 ~ 117.1875	117.1875 ~ 125
Ⅲ	0.009085	0.010918	0.010693	0.011068	0.013861	0.016852	0.016991	0.015803
Ⅲ	0.007487	0.010367	0.010455	0.00906	0.015738	0.015645	0.011376	0.01813
Ⅳ	0.010254	0.011435	0.012723	0.013409	0.014799	0.014447	0.016226	0.017199
Ⅳ	0.009124	0.009848	0.010305	0.011252	0.016366	0.01672	0.015397	0.016782
Ⅴ	0.008843	0.009492	0.011556	0.011612	0.015485	0.016076	0.018252	0.016211
Ⅴ	0.00856	0.010687	0.007733	0.008668	0.016662	0.020005	0.014054	0.018855

注：Ⅰ为弹旋流，Ⅱ为旋涡流，Ⅲ为波浪流，Ⅳ为聚泡流，Ⅴ为环柱流。

在弹旋流中，1 子频带占总能量 30% 左右，2 子频带也占到 16% 左右，基本上弹旋流的能量就集中在这两子频带中，而在 3 ~ 8 子频带中，能量有细微的变化。在对弹旋流流型分析中，可知，其基本上在三相的碰撞摩擦都比较少，主要是在提升时周期变化时产生的频率，此时大气泡也不会破裂，所以占能量百分比图也间接说明前面的分析是正确的。

在旋涡流中，能量在 1、2 子频带占的百分比也是占着大部分比值，但与弹旋流对比，可发现，旋涡流在 1 子频带的能量比值有所下降，1 子频带所占能量百分比只有 25% 左右，而 2 子频带的能量比值基本上没发生变化，1 子频带下降的能量比值出现在 3、4、5、6、7、8 子频带中，可清晰看到，在这几个子频带中，4、6、7、8 子频带变化较大，占能量百分比均在 5% 左右。说明在旋涡流出现时，提升管内的三相的碰撞是有明显的加剧的。从前面的流型分析中，旋涡流在头部部分三相旋转产生旋涡旋转着着上升，而尾部又是三相纵轴 S 形旋转着上升，三相在混合提升过程中，其波动比弹旋流有明显的变化。

在波浪流中，与旋涡流相比，1 子频带能量有所下降，占总能量 23% 左右，而 2 子频带变化较大，能量比值有所上升，上升到占能量的 18% 左右。在剩余的能量中，绝大部分的能量也基本上是集聚在 3、4、5、6、7、8 子频带中，而 4、6 子频带能量所占比例也有所增加。波浪流在三相混合时，从图像分析中，液相的变化较前两种流型更激烈，基本上呈不规则的形状，可能是在混合时在固相和液相碰撞时使气泡的发生爆裂，加上三相之间的相互作用，提升管内会出现高频率的压力脉动，而此能量百分比图则验证了此分析具有说服性。

在聚泡流中，能量还是主要集中在 1、2 子频带内，但又与波浪流有所不同，1 子频带只占总能量的 20% 左右，而 2 子频带的能量则上升到接近 1 子频带的能量。在 3、4、5、6、7、8 子频带中，能量值也有差别性变化，主要表现在 4、6、7、8 四个子频带中，4 子频带的能量比值的所下降，而表现在 6、7、8 子频带中。此流型在管内主要表现为大量的气泡，在三相混合碰撞过程中，进气量比前面三种流型都大，气相在混合过程变形形成各大小均基本一致的小气泡，所以在这一过程中，就表现为 6、7、8 子频带能量的上升，而在提升过程中，三相是平等上升的，三相之间相互的作用也会有所减低，即出现2子频带能量的上升。

在环柱流中，能量也主要表现在1、2子频带中，但1子频带的能量下降到18%左右，而2子频带的能量则比聚泡流出现细微上升，在21%左右。在剩余的能量中，能量也是集中在3、4、5、6、7、8子频带中，其中8子频带的能量比前面几种流型的都有所增加。

综上所述，三相流五种流型可根据流型在1、2、3、4、5、6、7、8子频带中能量的分布，以此作为判别气－液－固三相流流型的特征。

5.4 流型数据识别实例

5.4.1 气液两相流流型识别实例

在气液两相流实验中，采集的各流型压力信号组成的数据集合中共有数据256组（其中泡状流32组、弹状流32组、泡沫流88组、环状流104组），把各流型的压力动态信号经与5. 3节相同处理，得出其第四层各子频带的能量占总能量百分比，通过上述得到的各流型的特征，判断出其流型并作出标记，然后通过与其对应的图像分析得出该信号的实际流型（与气液两相流中流型转换界限图结果一致），最后通过统计，共有正确对应的流型数据234例，整体正解识别率达到91. 4%。而在错误的22例中，基本是出现在两流型的转换界限中的数据。

5.4.2 气－液－固三相流流型识别实例

在气－液－固三相流实验中，采集的到五种流型压力信号组成的数据集合中共有数据160组（其中弹旋流4组、旋涡流36组、波浪流64组、聚泡流32组、环柱流24组），把把各流型的压力动态信号经与5. 3节相同处理，得出其第五层各子频带的能量占总能量百分比，通过上述得到的各流型的特征，判断出其流型并作出标记，然后通过与其对应的图像分析得出该信号的实际流型（与气液固三相流中流型转换界限图结果一致），最后通过统计，共有正确对应的流型数据141例，整体正解识别率达到88. 1%。而在错误的19例中，基本是出现在旋涡流转换到波浪流及波浪流转换到聚泡流的界限的数据。

而其他学者对于多相流流型的整体辨识率也基本是在90%左右，如文有学者 基于小波包分解和Kohonen神经网络的气液两相流流型识别方法，对气液两相流流型的整体辨识达到92. 2%；也有学者基于连续图像灰度序列混沌特性的油气水三相流型识别整体辨识为90%；等等。因此可知道，本研究方法作为流型的辨识方法是可行的。

参考文献

[1] 郭岚威. 邛西须二气藏气举排水采气工艺技术研究 [D]. 成都: 西南石油大学, 2014.

[2] 胡东. 气举提升装置的理论分析和实验研究 [D]. 株洲: 湖南工业大学, 2007.

[3] 唐川林, 胡东, 杨林. 气举工作特性的实验与应用 [J]. 煤炭学报, 2008, 33 (3): 347 -352.

[4] 陆大玮. 脉冲气提装置的研究 [D]. 北京: 机械科学研究总院, 2007.

[5] 胡东, 唐川林, 张凤华, 杨林. 钻孔水力开采用气力提升装置模型的建立及实验研究 [J]. 煤炭学报, 2012, 37 (3): 522 -527.

[6] 唐川林, 葛瑞瑞, 胡东. 气力提升系统管道压力实验研究 [J]. 水动力学研究与进展 A 辑, 2016, 31 (1): 37 -42.

[7] Wang Z N, Kang Y, Li D, et al. Investigating the hydrodynamics of airlift pumps by wavelet packet transform and the recurrence plot [J]. Experimental Thermal and Fluid Science, 2018, 92 (1): 56 -68.

[8] Fawzy S A T, Jawdat A A J. Experimental study of an air lift pump [J], Engineering, Technology and Applied Science Research, 2017, 7 (3): 1670 -1680.

[9] 宁锋. 脉冲液体射流泵内部流场的分析与计算 [D]. 郑州: 华北水利水电学院, 2007.

[10] 王玲花, 杨泽明. ? 脉冲液体射流泵性能研究 [M]. 北京: 水利水电出版社, 2014.

[11] 高传昌. 脉冲液体射流泵技术理论与试验 [M]. 北京: 水利水电出版社, 2009.

[12] 李晓红, 卢义玉, 向文英. 水射流理论及在矿业工程中的应用 [M]. 重庆: 重庆大学出版社, 2007.

[13] 王新民, 古德生, 张钦礼. 深井矿山充填理论与管道输送技术 [M]. 长沙: 中南大学出版社有限责任公司, 2010.

[14] 端木礼明等. 高含沙水流远距离管道输送技术研究与实践 [M]. 郑州: 黄河水利出版社, 2016.

[15] 赵利安, 许振良, 王铁力. 浆体管道输送理论与技术 [M]. 北京: 煤炭工业出版社, 2018.

[16] 曹鹏. 气力提升管内流场特性的研究 [D]. 湖南工业大学, 2016.

[17] 王晓明. 非均匀颗粒气力提升的实验研究 [D]. 湖南工业大学, 2015.

[18] 裴江红. 钻孔水力开采中气力提升系统的特性 [D]. 重庆大学, 2010.
[19] 康灿. 高压水射流技术基础及应用 [D]. 北京: 机械工业出版社, 2016.
[20] 汤勃. 三相流管道输送加气减阻与助送技术研究 [D]. 武汉: 武汉理工大学, 2002.
[21] 杜鹏. 气举与喷射气举的理论分析及实验比较 [D]. 湖南工业大学, 2011.
[22] 章毓晋. 图像处理和分析技术 [M]. 北京: 高等教育出版社, 2014.
[23] Minav T A, Laurila L I E, Pyrh? nen J J. Analysis of electro - hydraulic lifting system's energy efficiency with direct electric drive pump control [J]. Automation in Construction, 2013, 30 (3): 144 - 150.